国家出版基金项目
NATIONAL PUBLICATION FOUNDATION

"十三五"国家重点图书出版规划项目

智能制造
系｜列｜丛｜书

智能制造实践

黄培 许之颖 张荷芳 编著

INTELLIGENT MANUFACTURING
PRACTICE

清华大学出版社
北京

图书在版编目(CIP)数据

智能制造实践/黄培,许之颖,张荷芳编著. —北京:清华大学出版社,2021.12(2022.8重印)
(智能制造系列丛书)
ISBN 978-7-302-59421-5

Ⅰ.①智… Ⅱ.①黄… ②许… ③张… Ⅲ.①智能制造系统 Ⅳ.①TH166

中国版本图书馆 CIP 数据核字(2021)第 212875 号

责任编辑:冯 昕 王 华
封面设计:李召霞
责任校对:赵丽敏
责任印制:丛怀宇

出版发行:清华大学出版社
   网 址:http://www.tup.com.cn,http://www.wqbook.com
   地 址:北京清华大学学研大厦 A 座   邮 编:100084
   社 总 机:010-83470000   邮 购:010-62786544
   投稿与读者服务:010-62776969,c-service@tup.tsinghua.edu.cn
   质量反馈:010-62772015,zhiliang@tup.tsinghua.edu.cn
印 装 者:涿州市京南印刷厂
经 销:全国新华书店
开 本:170mm×240mm 印 张:21.5 字 数:433 千字
版 次:2021 年 12 月第 1 版   印 次:2022 年 8 月第 3 次印刷
定 价:68.00 元

产品编号:089320-01

智能制造系列丛书编委会名单

主　任：
　　　周　济

副主任：
　　　谭建荣　李培根

委　员（按姓氏笔画排序）：

王　雪	王飞跃	王立平	王建民
尤　政	尹周平	田　锋	史玉升
冯毅雄	朱海平	庄红权	刘　宏
刘志峰	刘洪伟	齐二石	江平宇
江志斌	李　晖	李伯虎	李德群
宋天虎	张　洁	张代理	张秋玲
张彦敏	陆大明	陈立平	陈吉红
陈超志	邵新宇	周华民	周彦东
郑　力	宗俊峰	赵　波	赵　罡
钟诗胜	袁　勇	高　亮	郭　楠
陶　飞	霍艳芳	戴　红	

丛书编委会办公室

主　任：
　　　陈超志　张秋玲

成　员：

郭英玲	冯　昕	罗丹青	赵范心
权淑静	袁　琦	许　龙	钟永刚
刘　杨			

编 者 名 单

黄　培　许之颖　张荷芳　孙亚婷
张　洋　胡中扬　王　阳　胥　军
李　伟　杨　培　吴星星　吴红雷
韩　涛　涂　彬　李　璐　郑　倩
王　聪　梁　曦

制造业是国民经济的主体,是立国之本、兴国之器、强国之基。习近平总书记在党的十九大报告中号召:"加快建设制造强国,加快发展先进制造业。"他指出:"要以智能制造为主攻方向推动产业技术变革和优化升级,推动制造业产业模式和企业形态根本性转变,以'鼎新'带动'革故',以增量带动存量,促进我国产业迈向全球价值链中高端。"

智能制造——制造业数字化、网络化、智能化,是我国制造业创新发展的主要抓手,是我国制造业转型升级的主要路径,是加快建设制造强国的主攻方向。

当前,新一轮工业革命方兴未艾,其根本动力在于新一轮科技革命。21世纪以来,互联网、云计算、大数据等新一代信息技术飞速发展。这些历史性的技术进步,集中汇聚在新一代人工智能技术的战略性突破,新一代人工智能已经成为新一轮科技革命的核心技术。

新一代人工智能技术与先进制造技术的深度融合,形成了新一代智能制造技术,成为新一轮工业革命的核心驱动力。新一代智能制造的突破和广泛应用将重塑制造业的技术体系、生产模式、产业形态,实现第四次工业革命。

新一轮科技革命和产业变革与我国加快转变经济发展方式形成历史性交汇,智能制造是一个关键的交汇点。中国制造业要抓住这个历史机遇,创新引领高质量发展,实现向世界产业链中高端的跨越发展。

智能制造是一个"大系统",贯穿于产品、制造、服务全生命周期的各个环节,由智能产品、智能生产及智能服务三大功能系统以及工业智联网和智能制造云两大支撑系统集合而成。其中,智能产品是主体,智能生产是主线,以智能服务为中心的产业模式变革是主题,工业智联网和智能制造云是支撑,系统集成将智能制造各功能系统和支撑系统集成为新一代智能制造系统。

智能制造是一个"大概念",是信息技术与制造技术的深度融合。从20世纪中叶到90年代中期,以计算、感知、通信和控制为主要特征的信息化催生了数字化制造;从90年代中期开始,以互联网为主要特征的信息化催生了"互联网+制造";当前,以新一代人工智能为主要特征的信息化开创了新一代智能制造的新阶段。

这就形成了智能制造的三种基本范式，即：数字化制造（digital manufacturing）——第一代智能制造；数字化网络化制造（smart manufacturing）——"互联网＋制造"或第二代智能制造，本质上是"互联网＋数字化制造"；数字化网络化智能化制造（intelligent manufacturing）——新一代智能制造，本质上是"智能＋互联网＋数字化制造"。这三个基本范式次第展开又相互交织，体现了智能制造的"大概念"特征。

对中国而言，不必走西方发达国家顺序发展的老路，应发挥后发优势，采取三个基本范式"并行推进、融合发展"的技术路线。一方面，我们必须实事求是，因企制宜、循序渐进地推进企业的技术改造、智能升级，我国制造企业特别是广大中小企业还远远没有实现"数字化制造"，必须扎扎实实完成数字化"补课"，打好数字化基础；另一方面，我们必须坚持"创新引领"，可直接利用互联网、大数据、人工智能等先进技术，"以高打低"，走出一条并行推进智能制造的新路。企业是推进智能制造的主体，每个企业要根据自身实际，总体规划、分步实施、重点突破、全面推进，产学研协调创新，实现企业的技术改造、智能升级。

未来 20 年，我国智能制造的发展总体将分成两个阶段。第一阶段：到 2025年，"互联网＋制造"——数字化网络化制造在全国得到大规模推广应用；同时，新一代智能制造试点示范取得显著成果。第二阶段：到 2035 年，新一代智能制造在全国制造业实现大规模推广应用，实现中国制造业的智能升级。

推进智能制造，最根本的要靠"人"，动员千军万马、组织精兵强将，必须以人为本。智能制造技术的教育和培训，已经成为推进智能制造的当务之急，也是实现智能制造的最重要的保证。

为推动我国智能制造人才培养，中国机械工程学会和清华大学出版社组织国内知名专家，经过三年的扎实工作，编著了"智能制造系列丛书"。这套丛书是编著者多年研究成果与工作经验的总结，具有很高的学术前瞻性与工程实践性。丛书主要面向从事智能制造的工程技术人员，亦可作为研究生或本科生的教材。

在智能制造急需人才的关键时刻，及时出版这样一套丛书具有重要意义，为推动我国智能制造发展作出了突出贡献。我们衷心感谢各位作者付出的心血和劳动，感谢编委会全体同志的不懈努力，感谢中国机械工程学会与清华大学出版社的精心策划和鼎力投入。

衷心希望这套丛书在工程实践中不断进步、更精更好，衷心希望广大读者喜欢这套丛书、支持这套丛书。

让我们大家共同努力，为实现建设制造强国的中国梦而奋斗。

周济

2019 年 3 月

技术进展之快，市场竞争之烈，大国较劲之剧，在今天这个时代体现得淋漓尽致。

世界各国都在积极采取行动，美国的"先进制造伙伴计划"、德国的"工业 4.0 战略计划"、英国的"工业 2050 战略"、法国的"新工业法国计划"、日本的"超智能社会 5.0 战略"、韩国的"制造业创新 3.0 计划"，都将发展智能制造作为本国构建制造业竞争优势的关键举措。

中国自然不能成为这个时代的旁观者，我们无意较劲，只想通过合作竞争实现国家崛起。大国崛起离不开制造业的强大，所以中国希望建成制造强国、以制造而强国，实乃情理之中。制造强国战略之主攻方向和关键举措是智能制造，这一点已经成为中国政府、工业界和学术界的共识。

制造企业普遍面临着提高质量、增加效率、降低成本和敏捷适应广大用户不断增长的个性化消费需求，同时还需要应对进一步加大的资源、能源和环境等约束之挑战。然而，现有制造体系和制造水平已经难以满足高端化、个性化、智能化产品与服务的需求，制造业进一步发展所面临的瓶颈和困难迫切需要制造业的技术创新和智能升级。

作为先进信息技术与先进制造技术的深度融合，智能制造的理念和技术贯穿于产品设计、制造、服务等全生命周期的各个环节及相应系统，旨在不断提升企业的产品质量、效益、服务水平，减少资源消耗，推动制造业创新、绿色、协调、开放、共享发展。总之，面临新一轮工业革命，中国要以信息技术与制造业深度融合为主线，以智能制造为主攻方向，推进制造业的高质量发展。

尽管智能制造的大潮在中国滚滚而来，尽管政府、工业界和学术界都认识到智能制造的重要性，但是不得不承认，关注智能制造的大多数人（本人自然也在其中）对智能制造的认识还是片面的、肤浅的。政府勾画的蓝图虽气势磅礴、宏伟壮观，但仍有很多实施者感到无从下手；学者们高谈阔论的宏观理念或基本概念虽至关重要，但如何见诸实践，许多人依然不得要领；企业的实践者们侃侃而谈的多是当年制造业信息化时代的陈年酒酿，尽管依旧散发清香，却还是少了一点智能制造的气息。有些人看到"百万工业企业上云，实施百万工业 APP 培育工程"时劲头十足，可真准备大干一场的时候，又仿佛云里雾里。常常听学者们言，CPS（cyber-physical systems，信息-物理系统）是工业 4.0 和智能制造的核心要素，CPS 万不能离开数字孪生体（digital twin）。可数字孪生体到底如何构建？学者也好，工程师也好，少有人能够清晰道来。又如，大数据之重要性日渐为人们所知，可有了数据后，又如何分析？如何从中提炼知识？企业人士鲜有知其个中究竟的。至于关键词"智能"，什么样的制造真正是"智能"制造？未来制造将"智能"到何种程度？解读纷纷，莫衷一是。我的一位老师，也是真正的智者，他说："智能制造有几分能说清楚？还有几分是糊里又糊涂。"

所以，今天中国散见的学者高论和专家见解还远不能满足智能制造相关的研究者和实践者们之所需。人们既需要微观的深刻认识，也需要宏观的系统把握；既需要实实在在的智能传感器、控制器，也需要看起来虚无缥缈的"云"；既需要对理念和本质的体悟，也需要对可操作性的明晰；既需要互联的快捷，也需要互联的标准；既需要数据的通达，也需要数据的安全；既需要对未来的前瞻和追求，也需要对当下的实事求是……如此等等。满足多方位的需求，从多视角看智能制造，正是这套丛书的初衷。

为助力中国制造业高质量发展，推动我国走向新一代智能制造，中国机械工程学会和清华大学出版社组织国内知名的院士和专家编写了"智能制造系列丛书"。本丛书以智能制造为主线，考虑智能制造"新四基"［即"一硬"（自动控制和感知硬件）、"一软"（工业核心软件）、"一网"（工业互联网）、"一台"（工业云和智能服务平台）］的要求，由 30 个分册组成。除《智能制造：技术前沿与探索应用》《智能制造标准化》《智能制造实践》3 个分册外，其余包含了以下五大板块：智能制造模式、智能设计、智能传感与装备、智能制造使能技术以及智能制造管理技术。

本丛书编写者包括高校、工业界拔尖的带头人和奋战在一线的科研人员，有着丰富的智能制造相关技术的科研和实践经验。虽然每一位作者未必对智能制造有全面认识，但这个作者群体的知识对于试图全面认识智能制造或深刻理解某方面技术的人而言，无疑能有莫大的帮助。丛书面向从事智能制造工作的工程师、科研人员、教师和研究生，兼顾学术前瞻性和对企业的指导意义，既有对理论和方法的描述，也有实际应用案例。编写者经过反复研讨、修订和论证，终于完成了本丛书的编写工作。必须指出，这套丛书肯定不是完美的，或许完美本身就不存在，更何况智能制造大潮中学界和业界的急迫需求也不能等待对完美的寻求。当然，这也不能成为掩盖丛书存在缺陷的理由。我们深知，疏漏和错误在所难免，在这里也希望同行专家和读者对本丛书批评指正，不吝赐教。

在"智能制造系列丛书"编写的基础上，我们还开发了智能制造资源库及知识服务平台，该平台以用户需求为中心，以专业知识内容和互联网信息搜索查询为基础，为用户提供有用的信息和知识，打造智能制造领域"共创、共享、共赢"的学术生态圈和教育教学系统。

我非常荣幸为本丛书写序,更乐意向全国广大读者推荐这套丛书。相信这套丛书的出版能够促进中国制造业高质量发展,对中国的制造强国战略能有特别的意义。丛书编写过程中,我有幸认识了很多朋友,向他们学到很多东西,在此向他们表示衷心感谢。

需要特别指出,智能制造技术是不断发展的。因此,"智能制造系列丛书"今后还需要不断更新。衷心希望,此丛书的作者们及其他的智能制造研究者和实践者们贡献他们的才智,不断丰富这套丛书的内容,使其始终贴近智能制造实践的需求,始终跟随智能制造的发展趋势。

2019 年 3 月

从最早制造石斧等简单工具到今天能够制造纳米级芯片和飞向外太空的飞行器,制造活动伴随着人类社会的繁衍而不断进化。始于 18 世纪 60 年代的第一次工业革命用机器替代了手工劳动;始于 19 世纪 60 年代的第二次工业革命推动人类社会进入了电气时代,极大地推动了社会生产力的发展;而到了 20 世纪四五十年代,以原子能、电子计算机、空间技术和生物工程的发明和应用为主要标志,涉及信息技术、新能源技术、新材料技术、生物技术、空间技术和海洋技术等诸多领域的第三次工业革命应运而生,人类社会进入了信息时代;进入 21 世纪以来,随着互联网经济的蓬勃发展,物联网被广泛应用,人工智能技术逐渐实用化,计算和存储能力不断提升,成本迅速下降,通信技术不断进化,基因工程和量子计算等新兴技术兴起,以数字化、自动化和智能化为根本特征的第四次工业革命已经到来。

全球制造业面临着自然灾害、瘟疫、贸易壁垒,甚至逆全球化等诸多挑战;同时,世界各国对产品节能环保的要求越来越高,行业竞争加剧,客户需求日益个性化,产品生命周期不断缩短。在这种动态多变的环境下,全球制造业正在进行深刻变革:从大批量生产走向大批量定制和个性化定制;从纵向一体化转向横向一体化,强化供应链协作;从低成本竞争走向差异化竞争;从单纯卖产品转向提供产品+服务。

制造企业高度关注各种新技术、新材料和新工艺的应用,从而提高产品的附加值,提升产品质量和生产效率,降低运营成本,实现准时交货,提升核心竞争力。在这种背景下,智能制造日益受到制造企业的广泛关注。智能制造融合了工业软件、工业自动化、工业机器人、工业物联网、虚拟现实、增强现实和增材制造等关键使能技术,能够帮助企业优化企业运营,及时应对市场变化,提升创新能力,实现卓越运营。但是,推进智能制造是一个复杂的系统工程,不同行业、不同规模、不同产品、不同制造模式的制造企业推进智能制造的模式和策略差异很大,面临很多技术、管理、实施与应用的风险。

　　本书旨在通过剖析国外和国内知名制造企业的实践案例,帮助读者领悟智能制造的内涵、关键使能技术、应用场景、实施难点与推进策略,有效规避风险。本书面向实践,注重理念的落地,结合了 e-works 数字化企业网成立 19 年来,在中国工程院李培根院士的指导下,作为中立的第三方,为制造企业开展智能制造咨询培训,组织国内外名企进行智能制造考察的实践经验。

　　相信本书能够成为广大制造企业务实推进智能制造的实践指南。

作　者

2021 年 8 月

Contents | **目录**

第6章　国内外智能制造优秀实践案例

附录1　中国标杆智能工厂百强榜

附录2　中国非标自动化集成商百强榜

附录3　智能制造趋势与策略课程

部分名词缩略语中英文对照

参考文献

后记

第 1 章

智能制造的内涵与价值

当前,全球制造业面临着生产成本不断攀升、劳动力资源短缺、客户需求个性化、产能过剩、竞争加剧等诸多挑战。伴随着数字化技术、工业自动化技术和人工智能技术的迅速发展,制造业正在进入智能制造时代。智能制造的内涵是实现整个制造业价值链的智能化和创新,帮助制造企业通过实现业务运作的可视化、透明化、柔性化,实现降本增效、节能减排、更加敏捷地应对市场波动,实现高效决策。推进智能制造,首先需要全面理解相关概念。本章对智能制造发展的背景、发展历程、智能制造的内涵、智能制造对企业的价值,以及智能制造与相关概念的区别和联系进行了系统论述。

1.1 全球制造业变革与转型策略

制造业从来没有停止过创新的脚步。历史上三次工业革命的发起,其根本原因都是为了应对新兴的消费需求与挑战,提升相对滞后的生产力。第一次工业革命以珍妮纺纱机为起点,瓦特蒸汽机为主要标志,完成了从人力到机械化的进程;第二次工业革命以辛辛那提屠宰场的第一条自动化生产线为标志,制造业从此进入大批量流水线模式的电气时代;第三次工业革命将信息化和自动化相结合,推出第一个可编程逻辑控制器(programmable logic controller,PLC),赋予了生产线"可编程"的能力,使产品的加工精度和质量都得到了革命性的提升;当前,第四次工业革命的脚步越来越近,其核心就是推进智能制造。

图 1-1 深刻揭示了全球制造业变革的过程。图中:横坐标是产品种类及客户需求的差异化程度,越往右,客户需求的差异越大;纵坐标是每种变型产品的产量及市场的波动,越往下市场波动越大,越往上市场越稳定。1850—1913 年是手工制造为主的阶段,产品种类多,每种产品的产量低;1913 年福特公司的 T 型车出现,标志着人类社会进入大批量生产的时代;1955 年达到一个拐点,尽管大批量生产的能力达到极致,但客户需求开始分化;1980 年人类社会进入大批量定制的时代,客户追求差异化的产品,但仍然希望是大批量生产的价格;2000 年进入了全球化时代,标志性的事件是 2001 年中国加入了世界贸易组织(World Trade Organization,WTO)。2001 年之后,电子商务在全球兴起,客户开始追求个性化定制,企业需要基于信息

系统和互联网,根据客户的需求提供可配置的产品。同时,每个区域市场也显示出明显的差异化,因此,面向国际市场的制造企业必须充分考虑合规性。

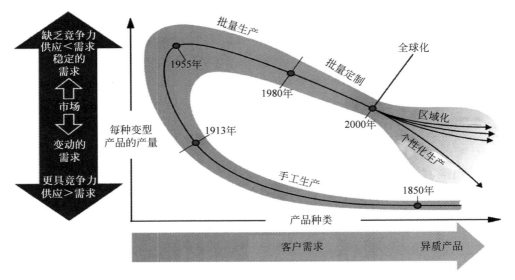

图 1-1　全球制造业变革的过程

(来源：KOREN Y. The global manufacturing revolution：product-process-business integration and reconfigurable systems[J]. John Wiley & Sons,2010.)

当前,全球经济形势复杂,充满了不确定和不稳定因素,制造业面临众多巨大挑战:生产成本不断攀升,尤其是劳动力资源短缺造成生产要素的成本不断上涨;客户需求日益个性化,对产品质量要求越来越高;产品的生命周期越来越短,对产品研发、原材料采购、制造、交付等各环节的运营效率提出越来越高的要求;随着人们对全球资源环境危机意识的觉醒,对制造业绿色环保的要求也不断提升。

面对诸多挑战,制造业将创新作为驱动其发展的核心力量,伴随着新一代信息技术的发展,制造业出现了以下转型趋势:

(1)随着客户需求的个性化和制造技术的发展进化,制造模式已经从大批量生产走向大批量定制和个性化定制;

(2)产品的复杂程度不断提高,发展成为机电软一体化的智能互联产品,嵌入式软件在其中发挥越来越重要的作用;

(3)制造企业的业务模式正在从单纯销售产品转向销售产品加维护服务,甚至完全按产品使用的绩效付费;

(4)制造企业全面依托数字化技术来支撑企业的业务运作、信息交互和内外协同,工业软件应用覆盖企业全价值链和产品全生命周期;

(5)制造企业之间的分工协作越来越多,供应链管理和协同创新能力已成为企业的核心竞争力之一;

（6）多种类型的工业机器人在制造业被广泛应用,结合机器视觉等传感器技术,发展进化为协作机器人、可移动的协作机器人,实现人机协作;

（7）制造企业开始广泛应用柔性制造系统和柔性自动化生产线,实现少人化;

（8）增材制造技术,尤其是金属增材制造技术的应用和增材制造服务的兴起,制造模式演化为应用多种增材、减材和等材制造技术混合制造;

（9）精益生产、六西格玛(6Sigma)、5S等先进管理理念在实践中不断发展进化;

（10）制造业广泛应用各种具有优异性能的新材料和复合材料,其制造模式发生本质变化;

（11）制造业高度重视绿色制造、节能环保、循环经济和可再生能源的应用;

（12）制造企业越来越关注实现生产、检测、试验等各种设备的数据采集和互联互通,以实现工厂运行的透明化;

（13）全球进入物联网时代,制造企业开始应用工业物联网技术对工厂的设备和已销售的高价值产品进行远程监控和预测性维护;

（14）虚拟仿真、虚拟现实和增强现实等技术在制造业的产品研发、制造、试验、维修维护和培训等方面得到广泛应用;

（15）5G无线通信技术为制造企业实现设备联网、数据采集和产品远程操控等应用带来新的机遇;

（16）制造企业在运营过程中,各种设备、仪表、产品,以及应用的信息系统和自动化系统都在不断产生各种异构的海量数据,业务决策更加依靠数据驱动;

（17）人工智能技术已经在制造业的质量检测与分析和设备故障预测等方面被广泛应用;

（18）制造企业广泛应用信息系统和自动化控制系统,正在逐渐基于工业标准实现互联互通。

总之,从传统制造迈向智能制造,已成为未来制造业的发展趋势,以智能化、柔性化、网络化、协同化和绿色制造为特征的第四次工业革命才刚刚拉开序幕。

随着新一代信息技术的兴起,世界各国都将智能制造作为制造业变革的方向,纷纷提出以智能制造为核心的再工业化战略。从智能制造发展趋势看,主要是以德国的"工业4.0"以及美国的"工业互联网"为代表;从智能制造战略执行层面看,各国尽管在发展重点上各有侧重,但在战略执行上都是围绕技术创新、环境建设和技术转移三个方面开展的,其核心目的是全力助推国家抢占智能制造制高点,巩固全球经济技术实力、竞争力以及工业领先地位。我国从"十五"期间推进制造业信息化,到"十一五"期间推进两化融合,到"十二五"期间推进两化深度融合,再到"十三五"期间开始大力推进智能制造,理念在不断进化。为了加快缩小与全球制造强国之间的明显差距,我国在2015年提出了制造强国发展战略,智能制造工程是其五大工程之一。我国将以推进智能制造为主攻方向,通过信息化和工业化的深度融合,引领和带动制造业发展,建设制造强国。"十四五"规划也强调,深入实施智能制造和绿色制造工程,发展服务型制造新模式,推动制造业高端化、智能化和绿色化。

1.2　智能制造的发展历程

随着制造业面临的竞争与挑战日益加剧,将传统的制造技术与信息技术、现代管理技术相结合的先进制造技术得到了重视和发展,先后出现计算机集成制造、敏捷制造、并行工程、大批量(大规模)定制、合理化工程等相关理念和技术。

1973 年,美国的约瑟夫·哈林顿(Joseph Harrington)博士在 *Computer Integrated Manufacturing*(《计算机集成制造》)一书中首次提出计算机集成制造(computer integrated manufacturing,CIM)理念。CIM 的内涵是借助计算机,将企业中各种与制造有关的技术系统集成起来,进而提高企业适应市场竞争的能力。书中特别强调两点:①企业各个生产环节是不可分割的,需要统一安排与组织——"系统的观点";②产品制造过程实质上是信息采集、传递、加工处理的过程——"信息化的观点"。20 世纪 90 年代,我国曾推出 863/计算机集成制造系统(CIMS)主题计划,在一些大型骨干企业尝试了计算机集成制造系统的应用。

1970 年,美国未来学家阿尔文·托夫勒(Alvin Toffler)在《未来的冲击》(*Future Shock*)一书中提出了一种全新的生产方式的设想:以类似于标准化和大规模生产的成本和时间,提供客户特定需求的产品和服务。1987 年,斯坦·戴维斯(Start Davis)在《完美的未来》(*Future Perfect*)一书中首次将这种生产方式称为大规模定制(mass customization,MC)。1993 年,B. 约瑟夫·派恩(B. Joseph Pine Ⅱ)在《大规模定制:企业竞争的新前沿》一书中写道:"大规模定制的核心是产品品种的多样化和定制化急剧增加,而不相应增加成本;范畴是个性化定制产品的大规模生产;其最大优点是提供战略优势和经济价值。"我国学者祁国宁教授认为,大规模定制是一种集企业、客户、供应商、员工和环境于一体,在系统思想指导下,用整体优化的观点,充分利用企业已有的各种资源,在标准技术、现代设计方法、信息技术和先进制造技术的支持下,根据客户的个性化需求,以大批量生产的低成本、高质量和效率提供定制产品和服务的生产方式。MC 的基本思路是基于产品族零部件和产品结构的相似性、通用性,利用标准化、模块化等方法降低产品的内部多样性;增加顾客可感知的外部多样性,通过产品和过程重组将产品定制生产转化或部分转化为零部件的批量生产,从而迅速向顾客提供低成本、高质量的定制产品。

20 世纪 90 年代,信息技术突飞猛进,为重新夺回制造业在世界的领先地位,美国政府把制造业发展战略的目标瞄向 21 世纪。美国通用汽车公司(General Motors Company,GM)和里海大学(Leigh University)的雅柯卡研究所(Lacocca Institute)在美国国防部的资助下,组织了百余家公司,由通用汽车公司、波音公司、国际商业机器公司(International Business Machines Corporation,IBM)、得州仪器公司、AT&T、摩托罗拉等 15 家著名大公司和美国国防部代表共 20 人,历时三年,于 1994 年底提出了《21 世纪制造企业战略》。在这份报告中,提出了既能体现美国国防部与工业界各自的特殊利益,又能获取共同利益的一种新的生产方式,即敏捷制造。敏捷制造的目的可概括为:"将柔性生产技术,有技术、有知识的劳动力与能够促进企业内部和企业之间合作的灵活管理(三要素)集成在一起,通过所建立的共同基础结构,对迅速改变的市场需求和市场实际做出快速响应。"从这一目标中可以看出,敏捷制造实际上主要包括三个要素:生产技术、管理和人力资源。

1988 年,美国国家防御分析研究所提出了并行工程(concurrent engineering,CE)理念。并行工程是集成、并行地设计产品及其相关过程(包括制造过程和支持过程)的系统方法。这种方法要求产品开发人员在一开始就考虑产品整个生命周期从概念形成到产品报废的所有因素,包括质量、成本、进度计划和用户要求。并行工程的目标是提高质量、降低成本、缩短产品开发周期和产品上市时间。并行工程的具体做法是在产品开发初期,组织多种职能协同工作的项目组,使有关人员从一开始就获得对新产品需求的要求和信息,积极研究涉及本部门的工作业务,并将所需要求提供给设计人员,使许多问题在开发早期就得到解决,从而保证了设计的质量,避免了大量的返工浪费。

合理化工程主要针对按订单设计(engineering-to-order,ETO)的制造企业。这类企业的产品通常需要按顾客的特殊要求进行设计制造。如果设计周期过长,导致产品交货期过长,则有可能失去顾客;如果要求在规定的时间内交货,产品设计周期过长,则产品的制作周期必须进行压缩,会影响产品的制造质量。因此,对于 ETO 企业,压缩产品的设计周期非常重要。推进合理化工程的目的是采用先进的信息处理技术,进行产品结构的重组、产品设计开发过程的重组和设计,尽可能减少产品零部件类别,从而缩短产品研发周期,提高产品质量,缩短产品制造周期,降低产品成本,改善售后服务。

1948 年,诺伯特·维纳(Norbert Wiener)发表了《控制论》,奠定了工业自动化技术发展的理论基础。自第三次工业革命以来,工业自动化技术取得了长足发展,从 PLC 的诞生到分布式控制系统(distributed control system,DCS)、人机界面、PC-Based,从工业现场总线到工业以太网,从历史数据库到实时数据库,从面向流程行业的过程自动化到面向离散制造业的工厂自动化,从单机自动化到产线的柔性自动化,从工业机器人的广泛应用到自动导引小车(AGV)和全自动立体仓库的物流自动化,工业自动化技术的蓬勃发展为智能制造奠定了坚实的基础。

从 1957 年帕特里克·汉拉蒂(Patrick Hanratty)研究出全球第一个数控编程软件 PRONTO 至今,全球工业软件已经经历了 60 多年波澜壮阔的创新历程。众多知名的工业软件源于世界级制造企业,尤其是航空航天与汽车行业的创新实践。例如,大名鼎鼎的仿真软件 Nastran 源于美国航空航天局(National Aeronautics and Space Administration,NASA),其名称的内涵就是 NASA 结构分析(NASA structural analysis);达索系统的 CATIA 软件源于达索航空,而波音、麦道航空、通用电气和通用汽车也孕育了当今众多主流的工业软件。这些世界级企业在工业实践中提出的需求，成为工业软件创新的源泉。另外，今天广泛应用的企业资源计划（ERP）软件发源于20世纪30年代在制造业管理实践中提出的订货点法，后来又进一步发展出物料需求计划（MRP）、制造资源计划（MRPⅡ），20世纪90年代，伴随着计算机系统走向客户机/服务器（C/S）架构，图形界面被广泛应用，著名信息技术研究机构Gartner提出了ERP理念，并将应用领域扩展到流程制造业。

从深刻影响全球制造业的CIM、并行工程、敏捷制造、大批量定制、合理化工程等先进理念，到工业自动化、工业软件的长足发展，以及在工业实践中蓬勃发展的工业工程和精益生产方法，都成为智能制造蓬勃发展的基石。而互联网、物联网的兴起，人工智能技术的实践应用，又为智能制造理念的落地实践提供了有力支撑。

智能制造的概念经历了提出、发展和深化等不同阶段。最早在20世纪80年代，美国的保罗·肯尼思·赖特（Paul Kenneth Wright）和戴维·艾伦·伯恩（David Alan Bourne）在专著《制造智能》（*Smart Manufacturing*）中首次提出"通过集成知识工程、制造软件系统、机器人视觉和机器人控制来对制造技工们的技能与专家知识进行建模，以使智能机器能够在没有人工干预的情况下进行小批量生产"。在此基础上，英国的威廉姆斯（Williams）对上述定义做了更为广泛的补充，他认为"集成范围还应包括贯穿制造组织内部的智能决策支持系统"。之后不久，美国、日本、欧盟等工业化发达的国家和组织围绕智能制造技术与智能制造系统开展了国际合作研究。1991年，美国、日本、欧盟等国家和组织在共同发起实施的"智能制造系统国际合作研究计划"中提出"智能制造系统是一种在整个制造过程中贯穿智能活动，并将这种智能活动与智能机器有机融合，将整个制造过程从订货、产品设计、生产到市场销售等各环节以柔性方式集成起来的能发挥最大生产力的先进生产系统"。

美国国家标准与技术研究院（National Institute of Standards and Technology，NIST）在《智能制造系统现行标准体系》这一报告中提到，智能制造区别于其他基于技术的制造范式，是一个有着增强能力，从而面向下一代制造的目标愿景，它基于新兴的信息和通信技术，并结合了早期制造范式的特征（图1-2）（原文：Smart manufacturing, different from technology-based manufacturing paradigms, defines a vision of next-generation manufacturing with enhanced capabilities. It is built on emerging information and communication technologies and enabled by combining features of earlier manufacturing paradigms.）。

我国最早的智能制造研究始于1986年，杨叔子院士开展了人工智能与制造领域中的应用研究工作。杨叔子院士认为，智能制造系统是"通过智能化和集成化的手段来增强制造系统的柔性和自组织能力，提高快速响应市场需求变化的能力"。吴澄院士认为，从实用、广义角度理解，智能制造是以智能技术为代表的新一代信息技术，它包括大数据、互联网、云计算、移动技术等，以及在制造全生命周期的应用中所涉及的理论、方法、技术和应用。周济院士认为，智能制造的发展经历了数

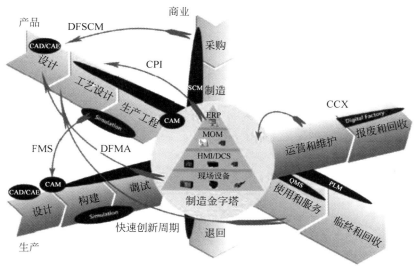

图 1-2　美国智能制造的生态系统

（来源：美国国家标准与技术研究院（NIST））

字化制造、智能制造 1.0 和智能制造 2.0 三个基本范式的制造系统的逐层递进。智能制造 1.0 系统的目标是实现制造业数字化、网络化，最重要的特征是在全面数字化的基础上实现网络互联和系统集成。智能制造 2.0 系统的目标是实现制造业数字化、网络化、智能化，实现真正意义上的智能制造。

　　工业和信息化部在《智能制造发展规划（2016—2020 年）》中定义，智能制造是"基于新一代信息通信技术与先进制造技术深度融合，贯穿于设计、生产、管理、服务等制造活动的各个环节，具有自感知、自学习、自决策、自执行、自适应等功能的新型生产方式"。实际上，智能制造是制造业价值链各个环节的智能化，是融合了信息与通信技术、工业自动化技术、现代企业管理技术、先进制造技术和人工智能技术五大领域技术的全新制造模式，它实现了企业的生产模式、运营模式、决策模式和商业模式的创新。

　　目前国际上与智能制造对应的术语是 smart manufacturing 和 intelligent manufacturing。其中 smart 被理解为具有数据采集、处理和分析的能力，能够准确执行指令、实现闭环反馈，但尚未实现自主学习、自主决策和优化提升；intelligent 则被理解为可以实现自主学习、自主决策和优化提升，是更高层级的智慧制造。从目前的发展来看，国际上达成的普遍共识是智能制造还处于 smart 阶段，随着人工智能的发展与应用，未来将实现 intelligent。智能制造技术是计算机技术、工业自动化控制、工业软件、人工智能、工业机器人、智能装备、数字孪生（digital twin）、增材制造（AM）、传感器、互联网、物联网、通信技术、虚拟现实/增强现实（VR/AR）、云计算，以及新材料、新工艺等相关技术蓬勃发展与交叉融合的产物。智能制造并不是一种单元技术，而是企业持续应用先进制造技术、现代企业管理，以及数字化、自动化和智能化技术，提升企业核心竞争力的综合集成技术。可以说，智能制造是一个"海纳百川"的集大成者（图 1-3）。

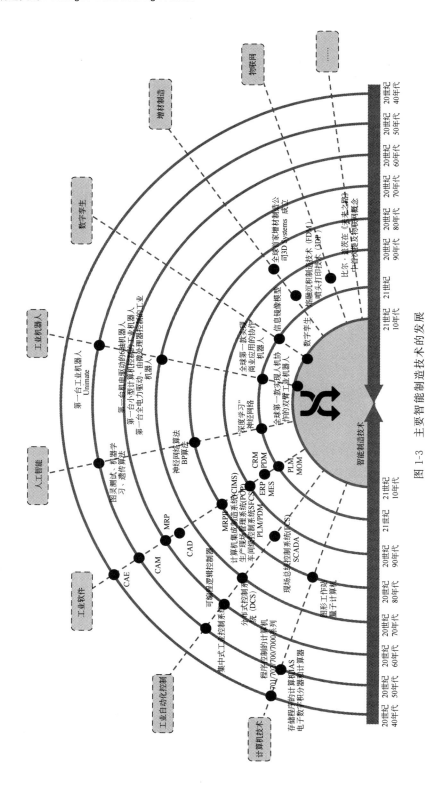

图 1-3　主要智能制造技术的发展

1.3　智能制造的内涵

智能制造中的"制造"指的是广义的制造,智能制造并不仅仅包括生产制造环节的智能化,而是包括制造业价值链各个环节的智能化,即涵盖从研发设计、生产制造、物流配送到销售与服务整个价值链。图 1-4 是 e-works 对智能制造的理解。

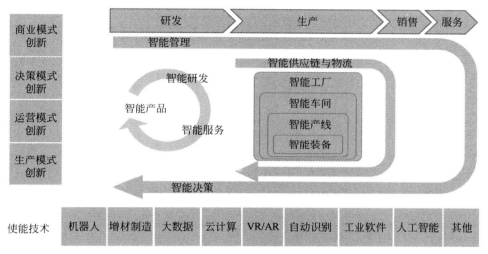

图 1-4　e-works 对智能制造的理解

从技术层面来理解,智能制造融合了信息技术、先进制造技术、工业自动化技术、智能化技术以及先进的企业管理理念,具体包括物联网、增材制造、云计算、移动应用、虚拟现实与增强现实、工业软件、自动控制、自动识别、工业大数据、信息安全、工业标准等关键技术,这些支撑技术是制造业转型升级的有力推手。

从实施层面来理解,智能制造包括:利用以上支撑技术开发智能产品;应用智能装备,自底向上建立智能产线,构建智能车间,打造智能工厂;践行智能研发,提升研发质量与效率;打造智能供应链与物流体系;开展智能管理,实现业务流程集成;推进智能服务,实现服务增值;最终实现智能决策,帮助企业应对市场的快速波动。智能制造的实施内容涵盖产品、装备、产线、车间、工厂、研发、供应链、管理、服务与决策等方面。

从创新效果层面来看,智能制造基于新一代信息通信技术,给传统的管理理念、生产方式、商业模式等带来革命性、颠覆性影响。例如智能产品与智能服务可以为企业带来商业模式的创新;智能装备、智能产线、智能车间、智能工厂帮助企业实现生产模式的创新;智能研发、智能管理、智能供应链与物流可以促进企业运营模式的创新;而智能决策则可以辅助企业实现科学决策。

与智能制造相关的概念很多,举例如下。

（1）数字化制造（digital manufacturing，DM）：这是一种软件技术，指的是通过仿真软件对产品的加工装备与过程，以及对车间的设备布局、物流、人机工程等进行仿真，目前主流的 DM 软件包括西门子的 Tecnomatix、达索系统的 DELMIA、欧特克（Autodesk）的 Revit、海克斯康旗下的 Intergraph 等。在 CIMdata 对产品生命周期管理（product lifecycle management，PLM）的定义中，DM 属于其中一个领域。

（2）数字化工厂（digital factory）：数字化工厂指的是产品研发、工艺、制造、质量和内部物流等与产品制造价值链相关的各个环节都基于数字化软件和自动化系统的支撑，能够实现实时的数据采集和分析。西门子采用这个概念较多，西门子数字工业软件专门提供相关的产品和解决方案。西门子成都电子工厂也被称为数字化工厂，该工厂已经广泛应用了无线射频识别（RFID）技术、机器视觉，实现了工控产品的混流生产。数字化工厂的一个重要标志，是需要制造执行系统（manufacturing execution system，MES）、仓储管理系统（warehouse management system，WMS）的支撑。

（3）智能工厂（smart factory）：相对于数字化工厂而言，智能工厂主要强调生产数据、计量数据、质量数据的采集的自动化，不需要人工录入信息，能够实现对采集数据的实时分析，实现 PDCA① 循环。

实现智能制造的核心是数据和集成，一方面，基础数据需要准确；另一方面，信息系统之间、信息系统与自动化系统之间需要实现深度集成。智能制造专家宁振波和赵敏提出了智能制造的二十字箴言——状态感知、实时分析、自主决策、精准执行、学习提升，揭示了智能制造技术的发展方向。

智能制造的十大核心应用领域（图 1-5）之间是息息相关的，制造企业应当渐进式、理性地推进这些领域的创新实践。

1. 智能产品（smart product）

智能产品通常包括机械结构、电子或电气控制和嵌入式软件，具有记忆、感知、计算和传输功能。典型的智能产品包括智能手机、智能可穿戴设备、无人机、智能汽车、智能家电、智能数控机床和智能售货机等。在工程机械上添加物联网盒子，可以通过采集的传感器数据对产品进行定位和关键零部件的状态监测，为实现智能服务打下基础。制造企业应该思考如何在产品上加入智能化的单元，提升产品的附加值。智能产品属于信息物理系统（cyber-physical systems，CPS），具有通信（communication）、计算（computing）和控制（control）三个基本特征。

2. 智能服务（smart service）

智能服务是指基于传感器和物联网，可以感知产品的状态，从而进行预测性维修维护，及时帮助客户更换备品备件，甚至可以通过了解产品运行的状态，给客户

---

① PDCA 循环的含义是将质量管理分为四个阶段，即 Plan（计划）、Do（执行）、Check（检查）和 Act（处理）。

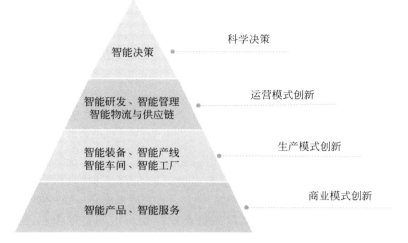

图 1-5　智能制造的十大核心应用领域

带来商业机会；可以采集产品运营的大数据，辅助企业进行市场营销的决策。此外，企业通过开发面向客户服务的 APP，根据所购买的产品向客户提供有针对性的智能服务，从而锁定客户，开展服务营销。

3. 智能装备（smart equipment）

制造装备经历了机械装备、数控装备到智能装备的发展过程。智能装备具有自检测功能，可以实现在机检测，从而补偿加工误差和热变形，提高加工精度。以往一些精密装备对运行环境的要求很高，现在由于有了闭环的检测与补偿，可以降低对环境的要求。典型的智能装备提供开放的数据接口，能够支持设备联网，实现机器与机器互联（M2M）。此外，智能制造装备还可以配备自动上下料的机械手，添加机器视觉应用，能够准确识别工件，或者具有自主进行装配、自动避让工人等功能，实现人机协作。

4. 智能产线（smart production line）

智能产线的特点是在生产和装配的过程中，能够通过传感器自动进行数据采集，并通过电子看板显示实时的生产状态；能够通过机器视觉和多种传感器进行质量检测，自动剔除不合格品，并对采集的质量数据进行统计过程控制（SPC）分析，找出质量问题的成因；能够通过自动识别条码或 RFID 标签，区分是哪种产品，从而支持多种相似产品的混线生产和装配，灵活调整工艺，适应小批量、多品种的生产模式；具有柔性，如果生产线上有设备出现故障，能够将产品调整到其他设备生产；针对人工操作的工位，能够给予智能的提示。

5. 智能车间（smart workshop）

要实现车间生产过程的有效管控，需要在设备联网的基础上，利用 MES、高级计划与排程（APS）、劳动力管理等软件进行高效的生产排产和合理的人员排班,提高设备综合效率（overall equipment effectiveness,OEE）,实现生产过程的透明与可追溯,减少在制品库存,应用人机界面（human machine interface,HMI）以及工业平板电脑等移动终端,实现生产过程的无纸化。另外,还可以利用数字孪生技术将数据采集与监视控制（supervisory control and data acquisition,SCADA）系统采集的车间数据在虚拟的三维车间模型中实时地展现出来,显示设备的实际状态和设备停机的原因,查看各条产线的实时状态。

6. 智能工厂（smart factory）

一个工厂通常由多个车间组成,大型企业有多个工厂。作为智能工厂,不仅生产过程应实现自动化、透明化、可视化、精益化,同时,产品检测、质量检验和分析、生产物流也应当与制造执行系统实现集成。一个工厂的多个车间之间要实现信息共享、准时配送、协同作业。不少离散制造企业建立了生产指挥中心,对整个工厂进行指挥和调度,及时发现和解决突发问题,这也是智能工厂的重要标志之一。智能工厂必须依赖无缝集成的信息系统支撑,主要包括 PLM 系统、ERP 系统、客户关系管理（CRM）系统、供应链管理（SCM）系统和 MES 五大核心系统。例如,MES是一个企业级的实时信息系统,大型企业的智能工厂需要应用 ERP 系统制订多个车间的生产计划（production planning）,并由 MES 根据各个车间的生产计划进行精确到天、小时甚至分钟级的排产（production scheduling）。

7. 智能研发（smart R & D）

离散制造企业在产品研发方面,除了计算机辅助设计（CAD）/计算机辅助制造（CAM）/计算机辅助工程（CAE）/计算机辅助工艺规划（CAPP）/电子设计自动化（EDA）等工具软件和产品数据管理（PDM）/PLM 系统,还有一些智能研发的专业软件,例如,Geometric 的 DFMPro 软件可以自动判断三维模型的工艺特征是否可制造、可装配、可拆卸（图 1-6）;CAD Doctor 软件可以自动分析三维模型转换过程中存在的问题,比如曲面片没有连接。基于互联网与客户、供应商和合作伙伴协同设计,成为智能研发的创新形式。Altair 公司的拓扑优化软件可以在满足产品功能的前提下,减轻结构的重量;系统仿真技术可以在概念设计阶段,分析与优化产品性能,达索系统、西门子和 ANSYS 等公司已有成熟的系统仿真技术,天喻软件也开发出系统仿真的平台,并在中国商飞等企业应用;PLM 向前延伸到需求管理,向后拓展到工艺管理,例如,西门子的 Teamcenter Manufacturing 系统将工艺结构化,可以更好地实现典型工艺的重用;开目软件推出的基于三维的装配 CAPP、机加工 CAPP,以及参数化 CAPP 具备一定的智能,可根据加工表面特征自动生成加工工艺,华天软件、湃睿软件也有类似产品;索为高科和金航数码合作,开发了面向飞机机翼、起落架等大部件的快速设计系统,可以大大提高产品的设计效率。

8. 智能管理（smart management）

从产品研发、工艺规划到采购、生产、销售与服务形成了企业的核心价值链,价

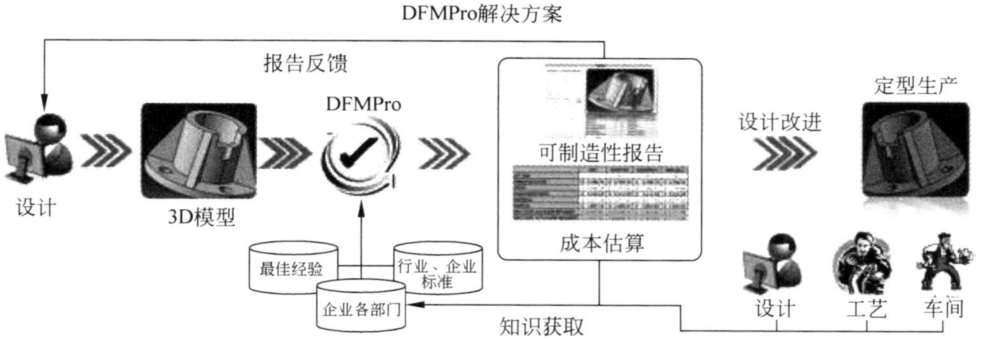

图 1-6　DFMPro 软件进行可制造性分析

值链上通畅的信息流,有助于企业优化流程、精准决策,提高整体运营效率。制造企业核心的运营管理系统包括企业资源计划系统、制造执行系统、业务流程管理(BPM)系统、供应链管理系统、客户关系管理系统、供应商关系管理(SRM)系统、企业资产管理(EAM)系统、人力资本管理(HCM)系统、企业门户(EP),以及办公自动化(OA)系统等核心信息系统。其中,企业资源计划系统是制造企业实现现代化运营管理的基石,基本贯穿企业全部的核心业务流程,起到从运营到决策的关键作用。而实现智能管理最重要的前提就是基础数据准确、编码体系一和主要信息系统无缝集成。

9. 智能物流与供应链管理(smart logistics and SCM)

制造企业内部的采购、生产、销售流程都伴随着物料的流动,因此,越来越多的制造企业在重视生产自动化的同时,也越来越重视物流自动化,自动化立体仓库、无人导引小车、智能吊挂系统得到了广泛的应用;而在制造企业和物流企业的物流中心,智能分拣系统、堆垛机器人、自动辊道系统的应用日趋普及。仓储管理系统和运输管理系统(transport management system,TMS)也受到制造企业和物流企业的普遍关注。其中,TMS 涉及全球定位系统(GPS)和地理信息系统(GIS)的集成,可以实现供应商、客户和物流企业三方的信息共享。实现智能物流与供应链的关键技术(包括自动识别技术),例如无线射频识别技术或条码、GIS/GPS 定位、电子商务、电子数据交换(electronic data interchange,EDI),以及供应链协同计划与优化技术。

10. 智能决策(smart decision making)

对于制造企业而言,要实现智能决策,首先必须将业务层的信息系统用好,实现信息集成,确保基础数据的准确,这样才能使信息系统产生的数据真实可信。这些数据是在企业运营过程中产生的,包括来自各个业务部门和业务系统的核心业务数据,比如合同、回款、费用、库存、现金、产品、客户、投资、设备、产量、交货期、员工、供应商、组织结构等数据,在此基础上,通过建立数据仓库,应用商业智能

(business intelligence,BI)软件对数据进行多维度分析,实现数据驱动决策;还可以基于企业各级领导的岗位,基于角色将决策数据推送到移动终端。企业还可以应用企业绩效管理(enterprise performance management,EPM)软件,实现对企业运营绩效和员工的绩效考核。

上述十大领域覆盖了企业核心业务。智能制造的推进需要企业根据自身的产品特点、生产模式和已形成的智能制造基础,制定智能制造规划与蓝图,分步实施、务实推进,有针对性地补强业务短板,提升核心能力,将企业打造成具备差异化竞争优势的企业。

1.4　推进智能制造对制造企业的价值

当前,由于经济与社会环境的不稳定性与不确定性,我国制造企业正面临着巨大的转型压力,需要从低成本竞争策略转向建立差异化竞争优势,需要均衡产能、提升产品质量、实现降本增效、不断缩短产品研制和上市周期。

推进智能制造是企业发展战略的支撑手段,而非目标。推进智能制造,可以给制造企业带来多方面的价值,主要包括以下几方面。

(1) 快速应对市场波动,缩短产品上市周期。激烈的市场竞争以及客户需求的不断变化导致市场频繁波动,给市场带来了诸多不确定性,同时,产品生命周期越来越短,因此,制造企业快速应对市场变化,用最短的时间推出符合市场需求的产品,才能在竞争中取胜。通过智能制造技术的应用,可以帮助企业大幅缩短产品的研制周期。例如,在产品的研发环节,利用 CAD 工具建立产品数字模型,借助仿真技术驱动产品优化设计,借助 PLM 系统提高并行设计和协同的能力。波音 777 采用全数字化设计、测试与装配,利用仿真技术和引入虚拟现实技术对数字模型进行各项指标的验证、模拟试飞,实现了机身和机翼对接一次成功和飞机上天一次成功。其研制过程中多种应用的数字化技术,使得研制周期缩短了 2/3,研制成本降低了 50%,设计变更减少了 95%。

(2) 促进企业降本增效,实现少人化。工业机器人、传感器、人工智能技术在工业场景开展应用,通过智能化手段提升自动化能力,实现少人化,提高生产效率。通过机器视觉技术与工业机器人技术结合,实现了工业机器人的智能化应用和人机协作。例如,发那科(FANUC)机器人采用标准化和系列化,批量生产,通过机器人装配机器人的大部分部件,同时,通过协作机器人配合工人完成机器人线缆的装配。马扎克(MAZAK)和牧野机床的机加工车间都采用了柔性制造系统(FMS),组合多台加工中心、机器人去毛刺和自动清洗单元、轨道运输车和立体货架,实现了不同零件的自动化加工,生产现场无人值守。

(3) 实现企业运作的可视化、透明化,实时洞察企业运营状态。通过工业软件的应用、设备互联以及数据采集,实现核心业务数字化,制造过程透明化,物料输送自动化,可以显著提升生产效率和生产质量。利用 MES、WMS 以及 SCADA 系统对于设备数据的采集和传递,实现完工以及物料消耗数据的实时反馈,不仅可及时拉动物流配送,保障生产计划的顺利执行,生产管理人员在控制室即可获知状态,安灯(Andon)系统以及生产管理系统对于生产异常的实时报警,有助于管理人员在第一时间处理解决。通过实现供应链协同,采购人员可以随时查询到供应商的生产状态、发运状态,进而便于生产计划人员合理安排生产资源。通过 BI 系统抓取和分析关键数据,再通过管理驾驶舱等直观的数据展现手段,并基于管理者的角色将关键数据和分析图表推送到移动终端,可以帮助企业各级领导实时掌控运营状况。

(4)提高生产效率,缩短交货期。通过准确把控企业的实际产能、加工工时,及时采购,并运用 APS 等技术,实现科学排产,显著提升 OEE。并通过精益改善、动作分析、数字化工厂仿真等技术,提高自动化产线的生产节拍。在此基础上,智能制造技术的应用可以帮助企业显著提升产品的按期交货率。

(5)提高企业质量管控水平。不断提升产品质量水平,高质量发展已成为制造企业转型的基本诉求。当前,随着技术的大力发展,质量检验的智能化程度越来越高,机器视觉、人工智能与大数据等技术的融合应用,不仅大幅提升检测效率,还能将一线人员从重复单调的劳动中解脱出来;结合质量管理系统(QMS)等的应用,实现数字化质量管控,利用实时的质量数据,及时发现问题,及时调整优化,有助于企业形成质量管理的闭环。例如,深圳华星光电是国内大型智能显示面板的制造基地,在其面板产品的检测中,光学和点灯站点每天需要大量的人力判定超过200 万张的图片,该工厂利用人工智能(AI)和机器视觉技术替代人力,能在数毫秒内完成产品图像分析,人工减少 70% 以上,检测时间缩短 85% 以上,带来显著的经济效益,降低了工人的劳动强度。

(6)助力企业节能降耗。可持续发展正在倒逼制造业走绿色发展之路,很多国际领先企业已在绿色、节能、环保、循环利用方面取得明显成效。例如,施耐德电气是全球能效和工业自动化的领导者,一直致力于实现绿色高效。施耐德电气的总部大楼就是绿色节能的标杆,通过应用施耐德电气的 EcoStruxure 架构对能源进行精确管理,大楼的能耗比 6 年前降低了一半。再如,日本对家电产品回收建立了强制性的标准,松下的电子产品回收工厂(PETEC)在这方面做出了典范。该工厂充分体现了绿色制造的 3R 原则(reduce、reuse、recycle,减少、再利用、回收)将家电的回收视为一次"寻宝"的过程,实现了冰箱、电视机、洗衣机等各类家电的拆解,并使用各种分选技术,将金属材料和各类塑料进行分拣和回收,回收率高于 90%。

推进智能制造是一个持续改善、持续变革和持续见效的过程,需要企业内部各个业务部门,尤其是信息技术(IT)、自动化、规划、工艺和精益部门的密切配合,还需要引入各类解决方案提供商、实施服务商和第三方咨询服务机构,才能规避各种风险。企业不仅需要关注和应用各种新兴技术,更需要结合每个企业的发展愿景、发展现状、盈利能力和行业竞争力,制定明确的规划和路线图。推进智能制造不是简单地实施一个又一个的信息化和自动化项目,而是需要有高层的引领和多种类型的人才队伍,有周密的计划和 PDCA 的循环机制。企业应当将智能制造作为实现企业发展战略目标的重要支撑手段,三年一规划,一年一滚动,才能真正实现价值创造,达到预期的目标。

1.5　智能制造领域相关概念之间的区别与联系

1. 智能制造与两化融合

两化融合是指工业化与信息化的深度融合,这一概念的提出是为了通过信息化带动工业化、以工业化促进信息化,进而促进制造企业走新型工业化道路。两化融合是中国制造业转型的必由之路,而智能制造是实现两化融合的核心途径,是推进两化融合的重要抓手。

2. 智能制造与工业互联网

智能制造致力于实现整个制造业价值链的智能化,推进智能制造过程中需要诸多使能技术。其中,工业互联网是实现智能制造的关键基础设施和使能技术之一,是智能制造实现应有价值、让企业真正从中获益的必要条件(图 1-7)。工业互联网是工业互联的网,其核心就是工业互联,需要连接的内容包括企业的各种设备、产品、客户、业务流程、员工、订单和信息系统等工业要素,而且必须实现安全、可靠的连接。工业互联网与智能制造密切相关,可谓欲善其事,先利其器。

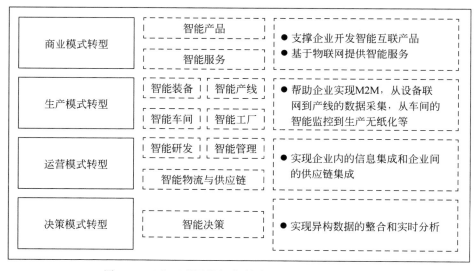

图 1-7　工业互联网是智能制造的关键基础设施之一

3. 智能制造与人工智能、工业大数据

人工智能研究的主要方向包括语音识别、图像识别、自然语言处理和专家系统,可以分为感知智能、运动智能和认知智能,近年来机器学习和深度学习算法得到广泛的应用。

工业大数据主要是由工业互联网采集,通过统计分析方法或人工智能算法寻找数据中呈现的规律,再进行数据建模和数据展现,解读数据的内涵,进而实现优化与控制,实现数据驱动,最终帮助企业实现提高产品质量、优化设备运营绩效、降低能耗、优化产品性能、提升客户满意度、提高企业盈利能力、缩短产品上市周期等业务目标。

人工智能与工业大数据是支撑智能制造的重要使能技术。大数据驱动知识学习,与人工智能技术的融合实现从数据到知识、从知识到决策。智能制造有赖于人工智能技术、工业大数据与制造技术融合,实现自主控制和优化。

4. 智能制造与数字化转型

数字化转型(digital transformation)是企业真正实现将模拟信息转化为数字信息(如将手工填写的单据自动识别转为数字信息)的过程。制造企业推进数字化转型是实现智能制造的基础和必要条件。事实上,对于智能制造应用的各个范畴,数字化技术都提供了重要的支撑,具体如下。

(1) 智能产品:CPS、高级驾驶辅助系统(advanced driver assistance system,ADAS)、产品性能仿真。

(2) 智能服务:数字孪生、状态监控、物联网、虚拟现实与增强现实。

(3) 智能装备:CAM 系统、增材制造及其支撑软件。

(4) 智能产线:FMS 的控制软件系统、协作机器人的管控系统。

(5) 智能车间:SCADA、车间联网、MES、APS。

(6) 智能工厂:视觉检测、设备健康管理、工艺仿真、物流仿真。

(7) 智能研发:CAD、CAE、EDA、PLM、嵌入式软件、设计成本管理、可制造性分析、拓扑优化。

(8) 智能管理:ERP、CRM、EAM、SRM、主数据管理系统(master data management,MDM)、质量管理、企业门户。

(9) 智能物流与供应链:AGV、同步定位与建图(simultaneous localization and mapping,SLAM)、自动化立库、WMS、TMS、电子标签摘取式拣货系统(DPS)。

(10) 智能决策:BI、工业大数据、企业绩效管理、移动应用。

5. 智能制造与精益生产

精益生产是在工业实践中总结出来的实现持续改善的思想。在制造业转型升级的浪潮中,精益生产与智能制造缺一不可、相得益彰。通过数字化、自动化和智能化技术的应用,精益生产将取得更大的实效。

实现中国制造业转型，推进两化融合，智能制造是核心。数字化转型是实现智能制造的基础，工业互联网是支撑智能制造的基础设施。同时，在推进智能制造的过程中，还要采用工业大数据、人工智能以及各种工业软件等诸多使能技术。图 1-8 是智能制造领域相关技术之间的关系。

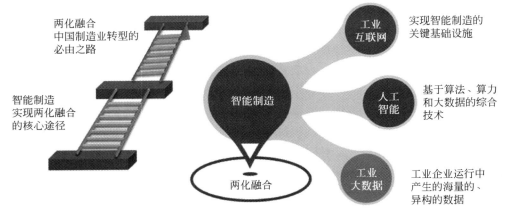

图 1-8　智能制造领域相关技术之间的关系

第 2 章

智能制造关键使能技术的发展与应用实践

智能制造关键使能技术可以分为信息与通信技术、工业自动化技术、先进制造技术、人工智能技术和现代企业管理。本章将对工业软件、工业自动化、工业互联网、工业大数据、增材制造、工业机器人、数字孪生、虚拟现实与增强现实、工业安全、精密测量等智能制造关键使能技术的内涵、发展趋势和市场格局进行深入剖析。

2.1 智能制造使能技术分类

智能制造的推进离不开使能技术的支撑,e-works 提出的"五力模型"(图 2-1、表 2-1)是一系列关键技术的集合,是能够推动智能制造某一方面或多方面核心能力的技术群或技术体系。这五大类使能技术的迅速兴起或突破性发展,交叉融合、集成应用,为推进制造业创新与转型提供了良好的技术支撑。

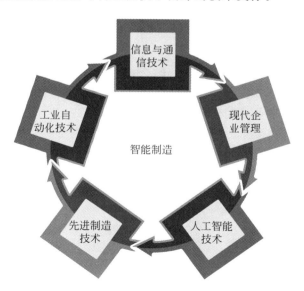

图 2-1 智能制造关键使能技术"五力模型"

表 2-1　五大类智能制造关键使能技术列表

序号	分类	具 体 技 术
1	信息与通信技术	物联网、NB-IoT、互联网、传感器、4G/5G 通信技术、WiFi、ZigBee、蓝牙、云计算技术、信息安全、大数据分析、边缘计算、CAX、ERP、MES、PLM、SCM、CRM、EAM、EMS、QMS、BPM、OA、BI 等工业软件
2	工业自动化技术	工业机器人、运动控制、伺服驱动、数据采集、人机界面、数控系统、PLC/DCS、HMI、SCADA、传感器、先进过程控制（APC）、仪器仪表等
3	先进制造技术	增材制造、新材料、新工艺、精密加工、激光加工、精密检测技术、绿色制造、服务型制造、仿生制造，以及设计方法学等
4	人工智能技术	机器学习、自然语言处理、语言文本转换、图像识别、计算机视觉、自动推理、知识表达等
5	现代企业管理	精益管理、敏捷制造、绿色制造、柔性制造、网络制造、云制造、并行工程、计算机集成制造、全面质量管理、供应链管理、全员生产维护（TPM）等

1．信息与通信技术

信息与通信技术（information and communication technology，ICT）是信息技术和通信技术创新发展和融合应用的产物。当前，我国正在大力推进 5G＋工业互联网应用。工程机械行业普遍在挖掘机上部署了物联网盒子，将传感器采集的数据通过 4G或 5G 的 SIM[①] 卡传到工业互联网平台，再通过工业大数据和人工智能技术进行分析处理。工业无源光纤网络（passive optical network，PON）和工业 WiFi 技术在制造企业的车间也得到广泛应用，小松公司基于 ICT 为工程建设行业提供了智能施工解决方案。

2．工业自动化技术

工业自动化技术是基于控制理论，综合运用仪器仪表、工业计算机、工业机器人、传感器和工业通信等技术，对生产过程实现检测、控制、优化、调度、管理和决策的综合性技术，包括工业自动化软件、硬件和系统三大部分。工业自动化技术的发展是工业 3.0 的重要标志。无论大批量生产，还是小批量多品种的制造企业，都需要依靠工业自动化技术的应用。工业自动化技术可以分为面向流程行业的过程自动化（process automation）和面向离散行业的工厂自动化（factory automation），车间的物流自动化近年来发展迅速。工业自动化技术的发展趋势是人机协作，实现柔性自动化，并与 IT 系统集成应用。

3．先进制造技术

先进制造技术（advanced manufacturing technology，AMT）是各类新兴制造技

---

① SIM：subscriber identity module，用户身份识别模块。

术的统称,包括新材料、新工艺、产品设计技术和精密测量技术等。随着制造业的科技进步,智能、灵活、可靠、高效的制造技术不断取得新突破,研发出各种新型材料,例如复合材料、工程塑料、纳米材料等;在制造工艺方面,增材制造尤其是金属增材制造的应用越来越广,冷弯、压铸、精密铸造、激光加工、表面工程等新工艺层出不穷;在产品设计技术方面,模块化设计、创成式设计(generative design)、设计成本管理、DFM 等新兴技术可以显著提升产品的性能,降低成本;精密测量技术集光学、电子、传感器、图像、制造及计算机技术为一体,在三坐标测量机等接触式测量技术逐渐成熟的基础上,相关厂商已提供了在机检测技术;近年来基于机器视觉、激光干涉、与工业机器人集成的测量技术在制造业也得到了广泛应用。

4. 人工智能技术

人工智能技术经过半个多世纪的发展,已形成了人工神经网络、机器学习、深度学习和知识图谱等相关算法,国际上出现了多种开源人工智能引擎。人工智能技术在智能驾驶、预测性质量分析、预测性设备维护、表面质量检测、生产排产和客户需求预测等领域得到广泛应用。部署在设备应用现场的边缘人工智能技术、机器智能与人类智能相结合的混合智能技术,已成为研究和应用的热点。

5. 现代企业管理

在全球制造业的发展与变革过程中,工业工程、精益生产、柔性制造、敏捷制造、全面质量管理、供应链管理和六西格玛等先进的企业管理理念不断涌现,在各个制造行业进行了实践。这些先进的现代企业管理理念强调企业管理的规范化、精细化、人性化,消除一切浪费,从串行工程走向并行工程,从多个维度帮助制造企业提升产品质量,提高生产效率,敏捷应对市场变化。通过这些管理理念的实践,为制造业指明了持续改善的方向。

2.2　工业软件

工业软件是计算机科学、数学、物理学和管理学等各领域科学技术蓬勃发展与交叉融合的产物。本书聚焦在工业企业应用的业务支撑软件,对于诸如通信设备企业开发的,用于通信网络管理和电信运营商的业务支持的一些专用软件,以及用于汽车、家电、电子与通信等产品内部运行的嵌入式软件,不在本书讨论的范围。

2.2.1　工业软件包含的范畴

工业软件主要包括工业应用软件和嵌入式工业软件。工业软件主要分三大类,包含范畴如图 2-2 所示。

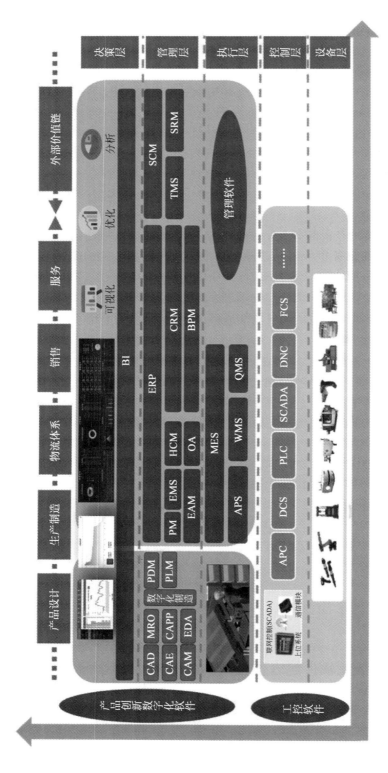

图 2-2 工业软件包含的范畴

（1）产品创新数字化软件领域：支持工业企业进行研发创新的工具类和平台类软件。

产品创新数字化软件具体包括：CAD（主要包括计算机辅助机械 MCAD 和电气设计 ECAD）、CAE、CAM（主要指数控编程软件）、CAPP、EDA、数字化制造、PDM/PLM（涵盖了产品研发与制造、产品使用和报废回收再利用三个阶段）以及相关的专用软件。例如公差分析、软件代码管理或应用生命周期管理（CASE/ALM）、大修维护管理（MRO）、三维浏览器、试验数据管理、设计成本管理、设计质量管理、三维模型检查、可制造性分析等。建筑与施工行业（AEC 行业）也广泛应用 CAD、CAE 软件。CAD 软件还包括工厂设计、船舶设计，以及焊接 CAD、模具设计等专用软件，CAD 软件经历了从二维工程图甩图板，到转向三维特征建模，进而实现基于模型的产品定义（model-based definition，MBD）的过程。数字化制造主要包括工厂的设备布局仿真、物流仿真、人因工程仿真等功能。CAE 软件包含的门类很多，可以从多个维度进行划分，主要包括运动仿真、结构仿真、动力学仿真、流体力学仿真、热力学仿真、电磁场仿真、工艺仿真（涵盖铸造、注塑、焊接、增材制造、复合材料等多种制造工艺）、振动仿真、碰撞仿真、疲劳仿真、声学仿真、爆炸仿真等，以及设计优化、拓扑优化、多物理场仿真等软件，另外还有仿真数据、仿真流程和仿真知识管理软件。近年来，在三维建模技术、三维可视化技术、虚拟仿真技术和工业物联网技术的发展与交叉融合的背景下，数字孪生技术应运而生，成为当前学术界和工业界关注的热点。创成式设计则因引入全新的设计方式，融合人工智能技术，也成为业界关注的热点。

（2）管理软件领域：支持企业业务运营的各类管理软件。

管理软件具体包括：ERP、MES、CRM、SCM、供应商关系管理（SRM）、EAM、HCM、BI、APS、QMS、项目管理（PM）、EMS、MDM、实验室管理（LIMS）、BPM、协同办公与企业门户等。ERP 是由 MRP、MRPⅡ发展起来的。CRM、HCM、BI、PM、协同办公和企业门户应用于各行各业，但工业企业对这些系统有特定的功能需求。例如，人力资产管理具体包括人力资源管理、人才管理和劳动力管理，其中，工业企业对劳动力管理有特定需求。随着移动通信技术的普及，越来越多的管理软件支持手机APP、基于角色分配权限、集成位置信息，能够将相关信息推送到不同类型的用户。

（3）工控软件领域：支持对设备和自动化产线进行管控、数据采集和安全运行的软件。

工控软件具体包括：先进过程控制（advanced process control，APC）、DCS、PLC、SCADA、分布式数控与机器数据采集（DNC/MDC），以及工业网络安全软件等。其中，DCS、PLC 和 SCADA 的控制软件与硬件设备紧密集成，是工业物联网应用的基础。

工业应用软件的特质是包含复杂的算法和逻辑、融合工程实践的 Know-how、与硬件系统和设备集成、具有鲜明的行业特点、能够满足客户的个性化需求、提供二次开发平台、实现端到端的集成应用才能发挥预期价值等。因此,很多工业软件企业将软件进行配置,形成行业解决方案,以便缩短实施与交付周期。

2.2.2 工业软件的发展趋势

工业软件具有鲜明的行业特质,不同行业、不同生产模式、不同产品类型的制造企业,对工业软件的需求差异很大。因此,工业软件需要很强的可配置性,并具备二次开发的能力。工业软件蕴含着业务流程和工艺流程,包含诸多算法,因此,需要结合企业的实际需求进行实施和落地。制造企业需要应用的工业软件类型众多,要取得实效,需要实现工业软件的集成,构建集成平台。

工业软件正在从以下 7 个方面进行演进。

1) 工业软件正在重塑制造业

工业软件的重要程度不断提升,软件成为体现产品差异化的关键。例如,70%的汽车创新来自汽车电子,而 60% 的汽车电子创新属于软件创新;智能手机的核心差异化主要体现在操作系统和应用软件,直接影响用户体验。另外,工业互联网的应用也涉及诸多工业软件,为工业设备插上了智慧的翅膀。

"软件定义"成为业界共识,如软件定义的产品、软件定义的机器(图 2-3)、软件定义的数据中心、软件定义的网络、软件定义的业务流程、数据驱动智能决策等。对工业软件的开发与应用效果和掌控程度,已成为制造企业体现差异化竞争优势的关键。工业软件的应用贯穿企业的整个价值链,从研发、工艺、采购、制造、营销、物流供应链到服务,打通数字主线(digital thread);从车间层的生产控制到企业运营,再到决策,建立产品、设备、产线到工厂的数字孪生模型;从企业内部到外部,实现与客户、供应商和合作伙伴的互联和供应链协同,企业所有的经营活动都离不开工业软件的全面应用。因此,工业软件正在重塑制造业,成为制造业的数字神经系统。

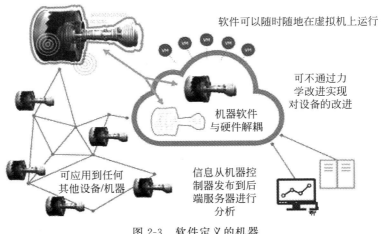

图 2-3 软件定义的机器

(来源:GE)

2）工业软件的应用模式走向云端和设备端

工业软件的应用模式已经从单机应用、C/S、浏览器/服务器（B/S），逐渐发展到走向云端部署和边缘端部署（嵌入式软件）。早期的工业软件是基于 PC 的单机应用，很多软件带有"加密狗"。后来，软件应用出现了网络版。ERP、SCM 等管理软件的应用是基于 C/S 的应用模式，需要在客户机和服务器都安装软件，在服务器安装数据库。随着互联网的兴起，越来越多的工业软件转向 B/S 架构，不再需要在客户端安装软件，直接在浏览器上输入网址即可登录，这使得软件升级和迁移变得更加便捷。服务器虚拟化、桌面虚拟化等技术则可以帮助企业更好地利用服务器资源。

此外，很多智能装备如无线通信基站和程控交换机内部，部署了诸多嵌入式的控制、检测、计算、通信等软件。近年来，设备端的边缘计算能力迅速增强，一些原来在 PC 上部署的软件也移植到设备端，实现边缘计算，更高效地进行数据处理和分析。

3）工业软件的部署模式从企业内部转移到外部

工业软件的部署模式从企业内部部署（on premise）转向私有云、公有云以及混合云。云计算技术的发展，使得企业可以更高效、更安全地管理自己的计算能力和存储资源，建立私有云平台；中小企业可以直接应用公有云服务，不再自行维护服务器；大型企业可以将涉及关键业务和数据的应用系统放在私有云，而将其他面向客户、供应商及合作伙伴，以及安全级别要求不高的应用系统放在外部的数据中心，实现混合云应用。

国外管理软件公司纷纷加速向云部署转型，并购基于公有云的应用系统。向云服务转型，成为众多管理软件公司最大的增长点。如 Salesforce 提供完全基于公有云的 CRM 系统，取得了巨大的成功；原 SOLIDWORKS 创业团队创建的 Onshape（图 2-4）是一个完全基于公有云的三维 CAD 系统，可以在任何终端进行三维设计，方便地进行协作，已累计获得 1.69 亿美元的融资，2019 年被 PTC 公司以 4.7 亿美元并购；甲骨文公司已提供支持多租户的数据库，能够确保运行在公有云平台的应用系统彼此独立。另外，已有很多软件公司支持软件的灵活部署，可以在内部部署、私有云、公有云和混合云的模式之间动态调整。

随着云应用的不断深入，越来越多的企业用户开始接受基于公有云的部署方式，将复杂的 IT 运维工作交给大型的互联网 IT 公司，例如亚马逊云（AWS）、微软 Azure 云平台等，其最大的优势是管理专业且方便。我国的阿里云、华为云、腾讯云、京东云以及三大电信运营商也都提供了多种形式的云服务。有的公司还推出了托管服务（managed service），帮助制造企业管理部署在企业内部的应用系统。

4）工具类软件从销售许可证转向订阅模式

工具类软件的销售方式从销售许可证（license）转向订阅（subscription）模式。例如，Autodesk 公司的 CAD 软件已经不再销售许可证，只支持订阅方式；PTC 的

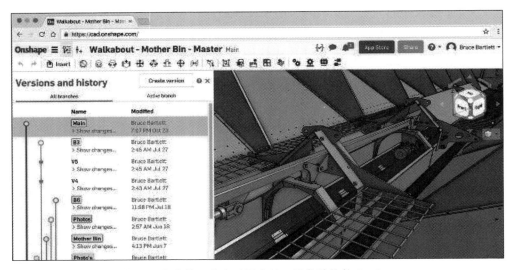

图 2-4　完全基于公有云平台的三维设计软件 Onshape

Creo 软件也在大力转向订阅模式。订阅模式的软件并不一定都是基于云部署,可以仍然是在企业内部安装,但是通过订阅模式定期获得授权密码。

订阅模式是一种对于用户企业和软件公司而言双赢的模式。用户企业可以根据应用需求,灵活地增减用户数,还可以即时获得最新的软件版本。而对于软件公司,则可以确保用户产生持续的现金流。虽然当期某个用户企业带来的收入可能减少,但是几年下来,订阅服务的收入通常会超过销售固定许可证的营业收入。同时,由于用户企业已经产生了大量数据,也不可能轻易更换软件。正因为如此,有的软件企业在向订阅模式转型的过程中,尽管有几年时间营业收入下降,甚至出现亏损,但股票价格却反而节节攀升。

5）工业软件走向平台化、组件化,解构为工业 APP

工业软件的架构从紧耦合转向松耦合,呈现出组件化、平台化、服务化、平台即服务＋软件即服务（PaaS＋SaaS）的特点。早期的工业软件是固化的整体,牵一发动全身,修改起来很麻烦。后来出现了面向对象的开发语言,进而产生了面向服务的架构（SOA）,软件的功能模块演化为万维网服务（web service）组件,通过对组件进行配置,将多个组件连接起来,完成业务功能。

互联网的浪潮催生了应用服务提供商（application service provider,ASP）,后来演化为 SaaS 服务。然而,单纯将软件服务化并不能满足企业客户差异化的需求,只有将软件开发的平台也迁移到互联网平台,才能授之以渔。PaaS 平台是否强大,成为工业软件能否向云模式成功转型的关键。

近年来,又出现了微服务架构,每个微服务可以用不同的开发工具开发,独立进行运行和维护,通过轻量化的通信机制将微服务组合起来,完成特定功能。管理软件尤其是电商平台在前台和后台之间,增加了中台系统,以便能够及时处理海量的并发需求和数据。

工业软件正在解构为运行于工业云平台或者工业互联网平台上的工业 APP（其参考模型如图 2-5 所示），可以实现即插即用，操作简便易用，随需而变。工业 APP 蕴含了工业技术和 Know-how。随着工业 PaaS 的标准不断完善，不同企业开发的工业 APP 将可以实现互操作，从而催生工业 APP Store，方便地进行交易和应用。

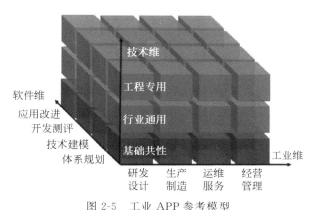

图 2-5　工业 APP 参考模型

（来源：《工业互联网 APP 白皮书》，工业技术软件化联盟，2018.4）

6）工业软件的开发环境转向开放、开源

工业软件的开发环境已从封闭、专用的平台走向开放和开源的平台。Linux 操作系统的广泛应用显著降低了企业的 IT 成本；Java 以其跨平台应用的特点，得到了工业软件开发商的青睐；在人工智能领域，谷歌（Google）推出了 Tensorflow 开源引擎，使得企业可以快速开展相关应用；智能机器人领域的开源操作系统 ROS，使得 IT 专家能够快速开发机器人应用；ARM 公司发布了开源的物联网操作系统 Mbed OS。在 CAD 软件领域，IntelliCAD 技术协会（IntelliCAD Technology Consortium，ITC）提供了一个类似 AutoCAD 的 CAD 开源平台，也在全球吸引了很多软件开发商。

7）工业软件的运行平台从 PC 转向移动端

工业软件的运行平台从以 PC 为主，走向支持多种移动操作系统（安卓、iOS）和微信小程序等。如果要开发支持多个移动操作系统的 APP，对于工业软件开发商而言，无疑需要并行维护多套系统。因此，很多工业软件开发商选择了基于 HTML5 来开发适应 Windows 和多种移动操作系统的软件。

2.2.3　主要工业软件概览

制造企业推进智能制造，涉及众多工业软件应用。本节概要介绍主要工业软件的基本思想和原理。

1. ERP

企业资源计划(enterprise resource planning,ERP)是制造企业的核心管理软件。ERP 系统的基本思想是以销定产,协同管控企业的产、供、销、人、财、物等资源,帮助企业按照销售订单,基于产品的制造物料清单(BOM)、库存、设备产能和采购提前期、生产提前期等因素,准确地安排生产和采购计划,进行及时采购、及时生产,从而降低库存和资金占用,帮助企业实现高效运作,确保企业能够按时交货,实现业务运作的闭环管理。ERP 的发展经历了 MRP、闭环 MRP(考虑企业的实际产能)、MRP Ⅱ(结合了财务与成本,能够分析企业的盈利)等发展过程,ERP 的概念是由 Gartner 公司在 20 世纪 90 年代提出,能够适应离散和流程行业的应用,大型 ERP 软件能够支持多工厂、多组织、多币种,满足集团企业管控以及上市公司的合规性管理等需求。

ERP 与其他系统的集成关系见图 2-6。

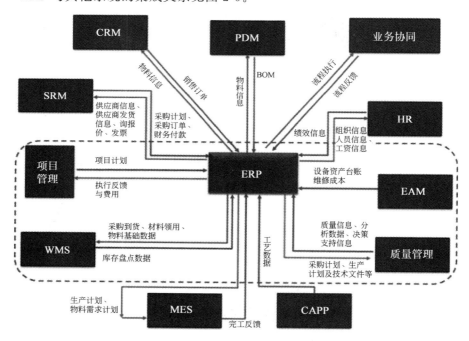

图 2-6　ERP 与其他系统集成

2. MES

制造执行系统(manufacturing execution system,MES)是一个车间级的管理系统,负责承接 ERP 系统下达的生产计划,根据车间需要制造的产品或零部件的各类制造工艺,以及生产设备的实际状况进行科学排产,并支持生产追溯、质量信息管理、生产报工、设备数据采集等闭环功能。在应用方面,MES 是带有很强的行业特征的系统,不同行业企业的 MES 应用会有很大的差异。表 2-2 列举了几个重点行业的 MES 需求差异。

表 2-2　MES 行业个性化需求差异表

行业	MES 应用个性化需求
电子	强调上料防错 强制制程 产成品及在制品生产追溯 过程质检实时性要求高
食品饮料	生产过程能满足相关法律法规 称量管理 严格实现生产过程的正反向追溯 生产环境监控 关键设备监控
钢铁	一体化计划管理 生产连续性要求下的作业调度 生产设备实时监控以及维护 能源计量
石化	对油品的加工移动过程进行监控管理 安全生产 生产环境监控 配方管理
汽车	混流生产排程 实时生产进度掌控 实时配送 生产现场的可视化
机械	排产优化 柔性化的任务调度 物料追溯 上下游系统的数据集成
服装	多维度的编码管理 灵活的生产计划管理 面辅料管理 缝纫等专业设备管理
医药	配方管理 GMP 管理 跟踪与追溯 日期及环境管理
烟草	生产工艺与配方管理 批次跟踪 全程可追的质量控制 设备 OEE

近年来,制造运营管理(manufacturing operation management,MOM)逐渐被业界所关注。2000年,美国仪器、系统和自动化协会(Instruments Systems Association,ISA)首次提出MOM概念,并定义MOM的覆盖范围是制造运行管理内的全部活动,包含生产运行、维护运行、质量运行、库存运行四大部分,极大地拓展了MES的传统定义,如图2-7所示。MOM与MES之间并非是非此即彼的替代关系,MOM是对MES的进一步扩展,是制造管理理念升级的产物,相对而言更符合集成标准化、平台化的发展趋势。

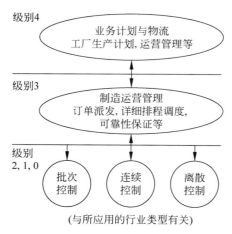

图2-7 ISA-95提出的企业信息化5层结构
(来源:ISA)

3. PLM

全球权威PLM研究机构CIMdata认为,产品生命周期管理(PLM)是应用一系列业务解决方案,支持在企业内和企业间协同创建、管理、传播和应用贯穿整个产品生命周期的产品定义信息,并集成人、流程、业务系统和产品信息的一种战略业务方法。随着PLM技术的发展,CIMdata在此基础上进一步延伸了对PLM的内涵定义:PLM不仅仅是技术,还是业务解决方案的一体化集合;它协同地创建、使用、管理和分享与产品相关的智力资产;它包括所有产品/工厂的定义信息,如MCAD、AEC、EDA、ALM分析、公式、规格参数、产品组、文档等,还包括所有产品/工厂的流程定义,例如与规划、设计、生产、运营、支持、报废、再循环相关的流程;PLM支持企业间协作,跨越产品和工厂的全生命周期(图2-8),从概念设计到生命周期终结。

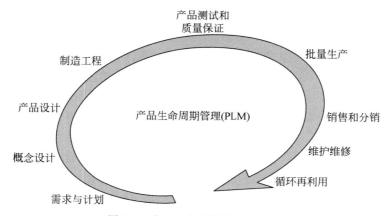

图2-8 产品生命周期管理(PLM)

PLM 软件的核心功能包括图文档管理、研发流程管理、产品结构、结构管理、BOM 管理、研发项目管理等。为满足特定的数据管理需求,PLM 有针对性地提供一系列集中功能,例如:工程变更管理、配置管理、元件管理、产品配置器、设计协同、设计成本管理、内容和知识管理、技术规范管理、需求管理、工艺管理、仿真管理和设计质量管理。针对嵌入式软件开发,衍生出 ALM 系统;针对维修服务过程,衍生出 MRO 和服务生命周期管理(SLM)系统。通过 PLM 与 ERP、MES 以及其他运营管理系统的集成,实现统一的产品数据在生命周期不同阶段的共享和利用。

4. CAD

计算机辅助设计(computer aided design,CAD)软件是指利用计算机及其图形设备帮助工程师设计和制造实体产品的软件程序。CIMdata 将 CAD 软件分为多学科机械 CAD(简称多学科 CAD)和以设计为核心的机械 CAD(简称设计 CAD)。多学科 CAD 主要指全功能的机械 CAD 系统,支持绘图、三维几何造型、实体造型、曲面造型(包括汽车行业应用的 A 级曲面)和特征造型,基于约束和特征的设计(或具备类似功能,如相关设计)、集成的工程分析、集成的 CAM 系统包括数控编程,以及其他产品开发功能。设计 CAD 与多学科 CAD 相比,提供较少的专业软件包,例如,不提供线束设计、深奥的分析功能 CAM 等,这些专业模块由第三方的开发商提供,通过一个比较简单的 CAD 数据管理软件集成起来,以设计为核心的机械 CAD 系统通常只提供基本的实体建模和二维绘图功能,不提供数据管理功能,属于基于文件的系统。除应用在机械领域之外,还有用于电气设计领域的电气 CAD 软件,可以帮助电气工程师提高电气设计的效率,减少重复劳动和差错率;还有钣金 CAD、模具 CAD 等专业软件。近年发展起来的基于直接建模的 CAD 软件,以及结合实体造型和直接建模技术的同步建模的 CAD 系统,进一步提升了 CAD 系统进行三维造型和编辑的灵活性。同时,以工程绘图功能为主的二维 CAD 软件也还将长期存在。但是,实现全三维 CAD 设计和 MBD 已成为业界的共识。

5. EDA

电子设计自动化(electronic design automation,EDA)是指利用计算机辅助工具完成大规模集成电路芯片的功能设计、综合、验证、物理设计等流程的设计。CIMdata 将 EDA 定义为设计、分析、仿真和制造电子系统的工具,包括从印制电路板到集成电路。由于 EDA 涉及电子设计的各个方面,这使得 EDA 软件非常多,可以归纳为电子电路设计及仿真工具、印制电路板(printed circuit board,PCB)设计软件、可编程逻辑器件(programmable logic device,PLD)设计软件、集成电路(integrated circuit,IC)设计软件等类别。EDA 的核心功能包括数字系统的设计流程、印制电路板图设计、可编程逻辑器件及设计方法、硬件描述语言 VHDL、EDA 开发工具等。当前,EDA 已成为集成电路产业链的命脉,从芯片设计、晶圆制造、封装测试,到电子产品的设计,都离不开 EDA 工具。

6．CAPP

计算机辅助工艺规划(computer aided process planning,CAPP)软件,包括工艺方案设计、工艺路线制定、工艺规程设计、工艺定额编制等制造工艺设计的相关工作。CAPP是连接产品设计与制造的纽带,将产品设计信息转变为制造工艺信息。CAPP技术可分为卡片式工艺编制和结构化工艺设计。卡片式工艺编制采用"所见即所得"的形式填写工艺卡片,还可通过整体劳动力效能(overall labor effectiveness,OLE)等方式引入CAD工具完成工艺简图的绘制,可明显提高工艺编制的效率。但是,卡片式工艺编制因与产品数字模型脱节,缺乏产品结构信息。结构化工艺规划软件基于三维CAD环境,关注工艺设计数据的产生与管理,可以实现对加工和装配工艺的可视化,物料、工艺资源、工艺知识均数据化、模型化,可以通过PLM/PDM系统承接设计BOM、设计模型,用于制造物料清单(bill of material,BOM)的构建、标准作业程序(standard operating procedure,SOP)的内容编制,在编制过程中可对物料、工艺资源库、工艺知识库信息检索填写,提高编制效率和准确性,支持协同工艺设计以及工艺信息的版本管理。结构化工艺规划软件通过与MES的集成,可以将SOP下发到机台,直接用于生产制造,同时,也可以通过MES反馈工艺规划的执行情况,从而进行工艺优化。

7．CAE

计算机辅助工程(computer aided engineering,CAE)泛指仿真技术,包括对产品的物理性能和制造工艺进行仿真分析和优化设计的工艺软件。其中,工程仿真是指用计算机辅助求解复杂工程和产品结构强度、刚度、屈曲稳定性、动力响应、热传导、三维多体接触、弹塑性等力学性能的分析计算以及结构性能的优化设计等问题的一种近似数值分析方法;工艺仿真包括冲压、焊接、铸造、注塑、折弯等工艺过程的仿真;性能仿真包括对产品在特定工况下的振动和噪声进行仿真、跌落仿真、碰撞仿真等;优化软件则包括数值优化、拓扑结构优化等软件,还包括进行各类虚拟试验的软件。近年来,多物理场仿真、多学科仿真与优化技术发展迅速,仿真数据管理、仿真流程管理、仿真标准和仿真规范建设受到企业广泛关注。CIMdata将CAE仿真分析定义为包括诸如结构分析、多体仿真、计算流体力学和其他可以帮助工程师仿真真实世界中的载荷、应力以及功能的一系列技术,以便通过数字化建模实现仿真分析,探索新的设计和技术,评估各种可能性,对产品的性能进行深入评估。在拓扑优化技术的基础上,融合增材制造等工艺,创成式设计技术成为国际PLM和仿真软件巨头竞相研发和创新的新兴技术。

随着仿真技术已进入相对成熟的发展期,国际先进企业纷纷将仿真技术作为竞争的制胜法宝,仿真技术带来的效益越来越高,在产品创新和技术突破方面的作用也越来越大。目前,仿真技术已经被广泛应用于各行各业,在新型飞机、汽车、装备乃至新药与疫苗的研发与制造过程中,发挥着重要作用:通过系统仿真优化产品整体设计方案,通过多物理场仿真提升产品性能,通过工艺仿真提高产品品质和可制造性,通过虚拟试验减少实物试验,通过数字孪生实现虚实融合,优化产品运营,改进下一代产品的性能。图 2-9 是 CAE 在各行业的应用。

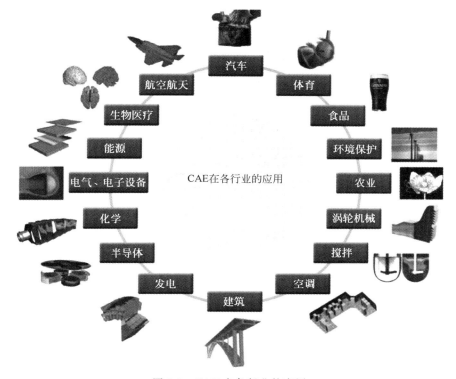

图 2-9　CAE 在各行业的应用

8．数字化工厂规划与仿真

传统的工厂规划流程一般是基于产品进行工艺规划,然后进行节拍分析及优化,最后进行物流、辅助区域及厂房总体规划,这些规划相互关联,逻辑复杂,传统方式往往依赖经验计算,很难得到最优的结果。随着虚拟建模和仿真技术的大力发展,工厂规划可基于产品的三维数字模型进行工艺流程开发,然后根据产品工艺进行产线规划设计,最后通过产线仿真验证工厂的规划是否可行和满足设计需求。数字化工厂规划与仿真的内容主要包含数字化工艺规划、产线规划设计、产线仿真验证。其中,数字化工艺规划在于针对产品数模进行加工工艺和装配工艺规划、节拍分析和加工过程仿真,并形成工艺流程图;产线规划设计是基于工艺流程图和标准工时,对设备、产线、物流区域等布局进行初步的三维设计及方案评估与优化,再完成三维厂房的建模及仿真;产线仿真验证是对产线规划的方案进行评估,验证产能是否符合设计需求,包括模拟实际的生产状况,分析瓶颈,验证产线的产能,以及物流路径与运作的仿真。同时,通过仿真进一步优化物流装备、物流路径以及库位,提高精益能力。最后,通过虚拟调试对整个产线系统进行测试,利用工厂、车间、制造机器的模型,模拟运行整个或部分生产流程,在产线正式投产前对重要功能和性能进行测试,以消除设计缺陷。国际上部分主流 PLM 厂商提供了数字化工厂规划和仿真的解决方案,例如西门子 Tecnomatix 的 Line Planning & Designer 提供了数字化工厂设计的方案,Tecnomatix 的 Plant Simulation 提供了工厂仿真解决方案,达索系统的 DELMIA 提供了数字化工厂设计与仿真的解决方案,Autodesk 有 Revit 用于数字化工厂设计,此外,AVEVA 提供了面向石油化工行业的数字化工厂规划方案,海克斯康旗下 Intergraph 提供了 SmartPlant 解决方案,国内有北京达美盛面向流程和电力工厂提供工厂数字化交付系统。

9. CAM

计算机辅助制造(computer aided manufacturing,CAM)是用来创建零件制造的数控设备代码的软件,其核心是基于零件的三维模型,利用可视化的方式,根据加工路径以及工装设备,模拟现实中机床加工零件的整个过程并自动生成机床可以识别的 NC 代码。此项技术的关键是能够真实模拟现实的 2.5 轴、3 轴、5 轴等数控机床的运动,能够支持并识别不同厂商不同型号的数控机床。CAM 软件已广泛应用于汽车、飞机、国防、航空航天、计算机、通信电子、重型工业、机床仪器、医疗设备、能源电力、娱乐玩具、消费产品等行业的制造企业。通过 CAM 的应用,可以实现 NC 代码生成、刀具路径规划及仿真、数控机床加工仿真、基于 NC 程序的数控加工过程仿真、板材激光切割系统、5 轴加工、生产工艺仿真、后置处理等。随着加工技术的不断进步,CAM 技术正在不断发展,数控仿真技术可以对数控代码的加工轨迹进行模拟仿真和优化。同时,数控仿真技术也支持对机床运动进行仿真,从而避免在数控加工过程中由于碰撞、干涉而对机床造成损坏。图 2-10 为典型的产品设计与制造过程。

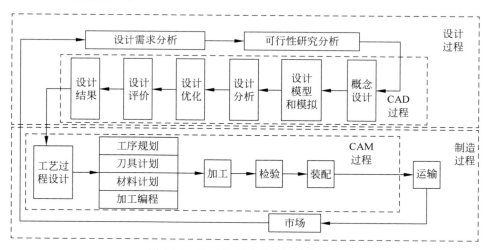

图 2-10　典型的产品设计与制造过程

10. CRM

客户关系管理(customer relationship management, CRM)的概念由 Gartner 率先提出,是辨识、获取、保持和增加"能够带来利润的客户"的理论、实践和技术手段的总称。CRM 是通过采用信息技术,使企业市场营销、销售管理、客户服务和支持等经营流程信息化,实现客户资源有效利用的管理软件系统。其核心思想是"以客户为中心",提高客户满意度、改善客户关系,从而提高企业的竞争力。CRM 常见的功能模块包含客户管理、营销管理、销售管理、客户服务等。随着人工智能及大数据技术的发展,智能 CRM 越来越受到企业青睐。图 2-11 为 CRM 与其他系统之间的关系。

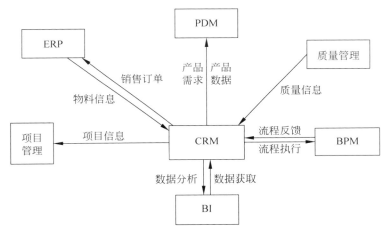

图 2-11　CRM 与其他系统之间的关系

11. EAM

Gartner 对企业资产管理(enterprise asset management, EAM)的定义是指在资产密集型企业中,围绕资产从设计采购、安装调试、运行管理到转让报废的全生命周期,运用现代信息技术提高资产的运行可靠性与使用价值,降低维护与维修成本,提升企业管理水平与人员素养,加强资产密集型企业核心竞争力的一套系统。EAM 系统是以设备综合管理为主要内容,以提高设备可靠性、降低维修成本为目的的设备资产全生命周期管理系统,使企业设备的使用率最高,风险率最低,维修费用最低,从而达到资产的回报最大化。对于 EAM 而言,预防性维修(preventive maintenance, PM)是十分重要的理念和应用方向。伴随着全球工业领域的转型升级和新兴技术的不断发展,具有预测感知功能的设备管理系统更加受到企业青睐。工业互联网利用泛在感知技术对多源设备、异构系统、运营环境等要素信息进行精准实时高效采集,构建基于"数据＋算力＋算法"的新型能力图谱,实现人、机、物和知识的智能化连接,支撑工业数据的全面感知、动态传输、实时分析,从而形成科学决策、智能控制等关键能力。EAM 系统通过与工业互联网深度融合可实时获取资产健康状态,确定最佳的预防性维修策略,让企业从一个无缝的平台完整地了解设备资产。

12. SCM

供应链管理(supply chain management,SCM)是基于协同供应链管理的思想,借助互联网、信息系统和IT技术的应用,使企业供应链的上下游各环节无缝链接,形成物流、信息流、单证流、商流和资金流五流合一的模式。SCM通过利用供应链上的共享信息,加速供应链上物流和资金的流动速度,加强供应链的可视化管理,从而为企业创造更多的价值。供应链管理软件是伴随供应链的发展应运而生的,由于供应链管理环节众多,目前的供应链软件包括供应链执行层面和供应链计划与规划层面两类。供应链执行指的是供应链实际的操作和运营管理,如库存管理、运输管理和配送管理,包括仓储管理系统(WMS)、运输管理系统(TMS)、配送管理系统(DMS);供应链计划包括供应链网络优化、需求计划、配送计划、制造计划、高级计划与排程等。完整的SCM主要由供应链计划(supply chain planning)、供应链执行(supply chain execution)、供应链协同(supply chain collaboration)三部分组成。表2-3是SCM主要涵盖内容。

表 2-3　SCM 涵盖的内容

供应链 计划	供应链绩效评价与智能决策	供应链业务流程评价	供应链成本评价	供应链效率评价	供应链客户服务评价	供应链生产与质量评价	供应链资产管理评价	配送中心与新生产线选址
	供应链计划与优化	需求计划与订单预测	生产计划与延迟制造	排程计划与能力平衡	安全库存管理与库存优化	采购提前期与采购计划	供应链网络优化	配送计划与运输路线优化
供应链 执行	订单管理	订单合并与分解	订单可视化					
	分销与配送	调拨控制	信息跟踪					
	运输管理	路线优化与定位	第三方外包管理	支付与结算	保险			
	仓储管理	出入库管理	品项与批次管理	逆向回收管理	货品折损管理	货架与货位管理	周期盘点管理	第三方外包管理
	采购管理	寻源	支付与结算	质量评估	报关			
供应链 协同	供应商关系管理	供应商信息管理	供应商合同管理	业务流程管理	供应商绩效评估	供应商管理库存(VMI)管理		
	电子数据交换	Web-EDI	Internet EDI	VAN网				

13. SRM

供应商关系管理(supplier relationship management,SRM)是建立在对企业的供方以及与供应相关信息完整有效的管理与运用的基础上,对供应商的现状、历史、提供的产品或服务、沟通、信息交流、合同、资金、合作关系、合作项目以及相关的业务决策等进行全面的管理与支持。供应商关系管理是指在改善企业与供应商之间关系的新型管理机制,目标是通过与供应商建立长期、紧密的业务关系,并通过对双方资源和竞争优势的整合,来建立"双赢"的企业管理模式。SRM 系统是一种客户定制、实施性很强的软件,根据企业的具体情况,可能涉及供应双方多个部门,如 IT 部、管理部、招标部、采购部、财务部等。SRM 实施的周期通常为 3~6 个月甚至更长的时间。SRM 的关键技术主要包括数据仓库(dataware housing)、数据挖掘、联机分析处理以及电子数据交换等。图 2-12 是 SRM 系统典型功能架构。

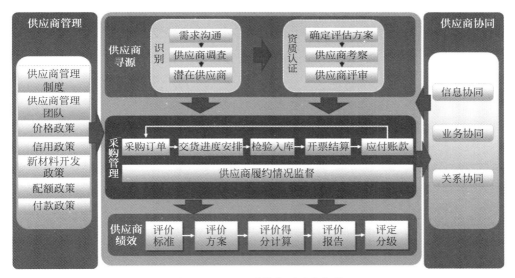

图 2-12　SRM 系统典型功能架构

常用的工业软件还包括以下 5 种。

(1) 分布式控制系统(distributed control system,DCS),它是一个由过程控制级和过程监控级组成的,以通信网络为纽带的多级计算机系统,其基本思想是分散控制、集中操作、分级管理、配置灵活以及组态方便。

(2) 先进过程控制(advanced process control,APC)软件采用先进的控制理论和控制方法,以工艺过程分析和数学模型计算为核心,以工厂控制网络和管理网络为信息载体,使生产过程控制由原来常规的比例、积分、微分(proportional integral derivative,PID)控制过渡到多变量模型预测控制,最终实现增强装置运行的平稳性,并提高装置经济效益的目的。先进控制系统是企业实现管控一体化的基础,是实现信息化与自动化融合的重要手段。

（3）能源管理软件可以实现对企业能耗状态进行监测、分析和预测，达到深挖节能潜力，合理计划和利用能源，实时监测和推送能耗异常信息的精细化能源管控的目标。

（4）质量管理信息系统（quality management system，QMS）能够辅助企业建立有效运行的质量保证体系，通常包括制定质量方针、目标以及进行质量策划、质量控制、质量保证和质量改进等活动，实现质量管理的方针目标，有效地开展各项质量管理活动。QMS涵盖了产品全生命周期，加强了设计研制、生产、检验、销售、使用全过程的质量管理，并予以制度化、标准化，从而提升质量的稳健性。市场上主流的QMS产品的功能模块主要包括质量体系管理、产品设计质量管理、供应管控质量管理、生产过程质量管理、售后质量管理、质量追溯分析等模块，涵盖研发、采购、检验、样件、制造、备件和维修维护等环节的质量工作。

（5）高级计划排程（advanced planning and scheduling，APS）基于产品制造的制造BOM、工艺规划、实际工时和设备的实际产能等约束条件，根据企业的计划和排产优先级进行自动计划和排程，能够显著提升企业的设备综合效率和利用率，提高生产效率，可以替代ERP软件中的MRP模块。但是，APS对基础数据的准确性要求很高，实施有较大难度。

此外，还有各类自动化控制系统编程和仿真软件、工业机器人离线编程与仿真软件、组态软件和数据采集与监视控制软件、实验室信息管理系统、测试数据管理（TDM）、经销商管理、分布式数控（将数控程序分发到机床）和机床数据采集等。主数据管理系统在大型企业也开始应用。OA、文档管理、知识管理、业务流程管理、项目管理（包括多项目管理）等软件在制造业也得到广泛应用。

2.2.4　全球工业软件市场纵览

历经半个多世纪的发展，全球工业软件已经发生了翻天覆地的变化，形成了相对稳定的市场格局。但是，伴随着计算速度的迅速提升、计算成本的快速下降、移动互联网的普及、工业物联网（IIoT）的广泛应用，以及新材料（例如复合材料）、新工艺（例如增材制造）的发展，人工智能技术的应用，工业软件领域也不断有技术突破，应用领域不断扩展，工业软件领域的并购与整合非常活跃，全球工业应用软件主流厂商见图2-13。

在产品创新数字化软件领域，主流厂商包括达索系统、西门子数字工业软件、欧特克、PTC、新思、CADENCE、Aveva、Ansys、Altair、海克斯康、ESI、ZUKEN、Altium、ARAS、Numeca等。SAP、Oracle、Infor等管理软件主流厂商也有PLM相关软件。EPLAN是电气设计领域的领导厂商，CADENAS是三维零件库领域的领导厂商，Bentley Solutions是AEC行业主流厂商，Materialise专注于增材制造的设计、优化等软件与增材制造服务，MathWorks公司的MATLAB软件则是全球主流的工程计算软件。全球主流增材制造设备厂商3DSYSTEM旗下有面向

图 2-13　全球工业应用软件主流厂商

PTC（美国参数技术公司）；CADENCE（楷登电子/铿腾电子）；Aveva（剑维软件）；Ansys（安世辅伦特）；Altair（澳汰尔）；ESI（ESI 中国）；ZUKEN（株式会社图研）；Altium（无明确中文译名）；ARAS（无明确中文译名）；Numeca（纽美瑞克）；SAP（思爱普）；Oracle（甲骨文）；Infor（恩富软件）；EPLAN（易盼软件）；CADENAS（卡第那思软件）；Bentley Solutions（无明确中文译名）；Materialise（玛瑞斯公司）；MathWorks（迈赛沃克）；3DSYSTEM（无明确中文译名）；Unity（优美缔软件）；Tebis［（特必思）软件贸易（上海）有限公司］；OPEN MIND 公司（奥奔麦）；CNC Software 公司（无明确中文译名）

模具行业的 CAD/CAM 知名软件 CIMATRON、逆向工程软件 Geomagic 等。在三维模型的可视化领域，Unity 公司提供了开发引擎，应用广泛。Tebis、HyperMILL（OPEN MIND 公司）和 Mastercam（CNC Software 公司）是目前为数不多的独立 CAM 软件主流厂商。山特维克旗下 CGTECH 公司的 Vericut 和海克斯康的 NCSIMUL 是领先的数控仿真软件。

在管理软件领域，主流厂商包括 SAP、Oracle、Infor、赛捷（SAGE）、Epicor、微软 Dynamics、IBM 等。还有一批专注于细分制造行业的专业 ERP 厂商，例如 IFS、企安达（QAD）、易科（EXACT）、abas、莫宁特（MonitorERP）、Aptean 等。在 MES 领域，西门子数字工业软件、罗克韦尔自动化（Rockwell Automation）、GE、霍尼韦尔（Honeywell）、ABB 等主流工业自动化厂商实力强劲，还有默佩德卫（MPDV）、富勘（FORCAM）、百时宜（PSI）、艾斯本（Aspentech）和爱捷仕（AEGIS）等专业厂商；Kronos 是劳动力管理领域的领先厂商；Salesforce 是全球公认的 CRM 领导厂商，微软 CRM 软件市场占有率也很高；BlueYonder 在供应链管理市场处于领先地位；在企业资产管理领域，IBM、Infor、IFS 实力强劲；Software AG 在业务流程管理和工业物联网平台领域占据领先地位；SAS 是数据分析领域的领先厂商。

此外,还有文档管理领域的 OpenText〔并购了汽车行业供应链平台科纬迅(Covisint)〕,数据分析领域的主流厂商有咨科和信(Informatica)、Teradata,BPM 领域有上海斯歌(K2)和安码(Ultimus)等。

在工控软件领域,西门子、三菱电机、施耐德电气、罗克韦尔自动化、GE、霍尼韦尔、横河、艾默生电气、ABB(包括贝加莱)、欧姆龙等老牌劲旅仍处于领先地位,而倍福自动化、菲尼克斯电气、研华工控等公司也发展迅速。此外,德国 3S 公司的 Codesys 软件在 PLC 编程软件领域占有重要地位;利乐是食品包装行业的巨无霸,从设备到耗材到软件,无所不包;OSIsoft 公司开发的 PI 数据库是全球实时数据库的主流品牌。

在全球企业推进数字化转型和智能制造的大背景下,主流厂商之间基于 IT 与运营技术(OT)融合的战略合作成为主流趋势,例如达索系统与 ABB 结盟、PTC 与罗克韦尔自动化结盟、施耐德电气与联想战略合作等。

各个细分领域的主流厂商不断并购专业的软件公司,并购和自主发展(organic growth)成为全球工业软件的"双轮战略"。

(1) 西门子在最近 10 多年投资超过百亿美元并购众多优秀的工业软件公司,如 UGS、Mentor、LMS、CD-Adapco、Camstar、Mendix 等,形成了工业软件＋工业自动化的整体解决方案。

(2) 计量设备和质量管理领域的领导厂商海克斯康也并购了包括 MSC.Software(CAE 软件老牌劲旅)、Integraph(工厂设计巨头)、Vero(系列 CAM 软件)、Spring Technology(数字化制造)、Q-DAS(质量管理)、Bricsys(CAD)、Romax(CAE)等一系列知名的工业软件公司。

(3) SAP 公司先后并购了 Business Objects、SYBASE、SuccessFactors、Ariba、Hybris、Concur 等众多公司,保持了其在工业软件市场的领先地位。

(4) Oracle 公司先后并购了 Agile、BEA、Netsuite、PeopleSoft(该公司并购了知名 ERP 软件 JD Edwards)、Primavera、Siebel、Hyperion、Taleo、Datalogix 等知名的应用软件和中间件公司。

(5) 达索系统先后并购了包括 MES(Apriso)、SCM(Qundiq)、ERP(IQMS)、CAE(Abaqus、Isight)等领域的诸多公司,还并购了时尚行业的管理软件公司 Centric、新药研发管理软件 Medidata。

(6) CAE 软件龙头企业 Ansys 于 2019 年 9 月宣布以 7.75 亿美元并购全球著名的 CAE 软件公司 LSTC,将著名的非线性仿真分析软件 LS-DYNA 收归旗下,进一步扩大了自己在 CAE 市场的龙头地位。

(7) Autodesk 近年来并购了 Moldflow(注塑仿真主流品牌)、Delcam(模具行业主流 CAD/CAM 软件)、NavidWorks(工厂设计)、Alias(概念设计)等主流软件。

(8) PTC 公司在工业物联网和增强现实领域有一系列重要并购,包括 ThingWorx、Vuforia、Kepware、Coldlight 等,形成了完整的工业物联网和数字孪生解决方案;罗克韦尔自动化也投资 10 亿美元参股 PTC,共同推进工业物联网应用。

(9) 仿真软件领先企业 Altair 公司通过人工智能技术公司 DataWatch、无网格仿真软件 SimSolid 等公司,进一步拓展了自己的解决方案。

(10) 世界五百强施耐德电气并购了英维思(Invensys),控股了电气设计软件公司 IGE+XAO,还控股了 Aveva 公司,并将施耐德电气的软件部合并到 Aveva,把 Aveva 打造成为十亿美元级的工业软件巨头。Aveva 还斥资 50 亿美元并购了全球最大的实时数据库厂商 OSIsoft。

(11) Infor 公司并购了众多老牌 ERP 软件,例如四班、BAAN、SSA、Lawson、Mapics 和 Symix 等。

(12) 著名工控厂商艾默生控股了化工工业仿真软件龙头厂商艾斯本技术(AspenTech)。

在全球工业软件的生态系统中,咨询与实施服务商发挥着十分重要的作用。IBM、埃森哲、德勤、凯捷、源讯(ATOS)以及印度的 INFOSYS、HCL、TATA 等公司具有强大的实力。这些公司与工业软件产品提供商有长期的战略合作。

纵观全球工业软件市场,美国公司整体实力最强,厂商众多(IBM、Oracle、微软 Dynamics、GE Digital、罗克韦尔自动化、Autodesk、PTC、Ansys、MathWorks、Altair、SAS、Salesforce、Infor、QAD、Epicor、Kronos、K2、AEGIS 等);其次是德国公司(SAP、西门子、Software AG、EPLAN、MPDV、FORCAM、PSI、CADENAS、AUCOTEC、Seeburger、abas、3S、菲尼克斯电气、Tebis、Magma、Openmind 等);第三是法国公司(达索系统、施耐德电气、ESI、TOPSOLID、IGE + XAO、Trace Software、Lectra 等);英国公司(SAGE、Aveva、ROMAX 等)、瑞典公司(海克斯康、MonitorERP、Qlik、COMSOL 等)、荷兰公司(EXACT 等)、瑞士公司(ABB、Autoform 等)、意大利公司(Selerant 等)也具有较强实力;日本公司也有一些知名的工业软件(三菱电机、横河、欧姆龙、ZUKEN、Asprova、富士通旗下的 ICAD、NEC、日立信息、东芝信息、雅马哈信息等);韩国公司在 ERP、MES 领域也具有很强实力(三星 SDS、ZIONEX、Thirautech 等);印度公司除了在软件外包领域实力强大之外,工业软件领域的实力也不容忽视;比利时公司在仿真技术和软件研究方面实力卓著(Numeca、Materialise 等)。2021 年初,Numeca 被美国 EDA 软件巨头 Cadence 并购。

2.2.5　中国工业软件产业发展

在中国工业软件市场上,有众多不同类型的厂商,包括国内涉及工业应用的泛行业大型软件公司、以研发自主版权工业软件为主的工业软件公司、以提供国外软件实施服务为主业的服务型工业软件公司、以分销和代理国外软件为主业的工业软件公司,以及国外独资的软件公司。

在产品创新数字化领域,有一批实力较强的中国本土软件企业,可以分为三类:第一类是发源于高校的企业;第二类是隶属于大型央企的企业;第三类是纯民营企业。其中,大部分公司的成立时间都有 10 多年,有些超过 20 年。

图 2-14 列举了部分中国工业应用软件市场的主流厂商。其中,中望软件的二维 CAD 和三维 CAD/CAM 软件已在国际市场具有一定影响力,客户遍及制造业和 AEC 行业,海外市场的营业额约占一半,在 90 多个国家和地区发展了近 300 个合作伙伴,近期也进入了电磁仿真软件领域,并于 2021 年 3 月 11 日正式登陆科创板; CAXA 软件在二维 CAD、三维 CAD 领域有较大的市场份额,也有自主的 PDM/PLM 软件; 思普软件长期专注于 PDM/PLM 软件领域,实现了可持续健康增长,具有很强的竞争力; 开目软件是中国第一家推出商品化 CAPP 软件的公司,在 CAPP 和工艺管理方面实力很强,形成了三维结构化工艺和可制造性分析软件, PDM/PLM 系统也有诸多用户; 天喻软件在 PDM 和加密软件等领域具有较强的竞争力,在国内首创了系统仿真软件,还推出了三维浏览器; 华天软件在三维 CAD 领域也具有较强实力,华天的三维浏览器 SVIEW 受到业界广泛关注,PDM/CAPP 系统也有很多用户,还研发了完全基于云的三维 CAD 系统 Crown CAD; 天河智能不仅在 CAD、CAPP 领域实力强劲,而且也进入了智能物流和 MES 领域; 中车信息(原清软英泰)提供一体化的 PDM/PLM 解决方案,转型后的中车信息致力于推动中车集团智能制造转型; 神舟航天软件主要立足于航天和军工行业,在 PDM 领域有很强实力; 浩辰软件在 AEC 行业和制造业拥有众多二维 CAD 用户,也进入了国际市场,浩辰 CAD 看图王有海量的下载; 艾克斯特也有 CAD/CAPP/PDM 等完整的解决方案; 深圳杰为最近发布了新一代基于云的 PLM 平台; 用友、金蝶、鼎捷等管理软件龙头企业也有 PDM 产品,其他国产 PDM 品牌包括三品、华喜科技、浙大联科等; 杭州新迪提供了三维零件库的云平台; 华大九天在 EDA 领域拥有很强实力; 上海望友专注于电子行业工艺设计与仿真软件,赢得了英特尔等

图 2-14 中国工业应用软件市场主流厂商

国际巨头的青睐；利驰成为国产电气 CAD 的领先企业；沪东中华造船集团旗下的上海东欣软件公司历经 20 多年自主研发的 SPD 船舶设计软件在业内有广泛的影响力；在 AEC 领域，有 PKPM、广联达、天正等知名软件公司。此外，青铜器软件公司开发的研发项目管理、研发绩效管理系统在企业中得到了广泛应用；北京达美盛开发了三维可视化协作平台和资产全寿命周期数据管理平台；中科辅能聚焦流程工业的数字主线和数字孪生解决方案，在石化和核电领域有很多成功案例，所有产品都具有自主知识产权。

在仿真软件领域，安世亚太是 Ansys 在中国最大的合作伙伴，同时还自主研发了精益研发平台，开发了声学仿真、大尺度仿真、综合设计仿真、需求分析、基于模型的系统工程（model-based systems engineering，MBSE）等软件，提供工程咨询，构建了仿真云平台，还进入了增材制造领域；瑞风协同近年来稳步发展，拥有试验数据管理、工程知识平台、协同仿真平台；索为系统公司致力于实现工业技术软件化和知识自动化，开发了工程中间件平台，构建了大量工业 APP，能够快速构建针对特定产品的设计系统；安怀信近年来异军突起，倡导正向研发，提供自主研发的支撑软件和咨询服务，还拥有仿真结果验证和确认（V&V）以及 DFM 软件；上海索辰信息自主研发了仿真平台，提供一系列专用的仿真软件产品；海基科技从流体仿真起家，研发了企业工程数据中心、试验数据管理平台，提供面向多个物理场的仿真软件和工艺仿真软件；中国台湾的科盛科技（Moldex3D）已成为注塑仿真领域的全球主流厂商，在全球拥有 5000 多家客户，其中很多是国际巨头；天舟上元致力于高端装备产品数字化研发，最新推出了多学科设计/仿真协同系统；杭州易泰达是国内为数不多从事电机设计和仿真的公司；上海致卓（T-solution）专注于电磁仿真和工程领域；中仿科技将虚拟现实技术融入飞行模拟中，同时提供研发工具和系统仿真平台；上海波客专注于航空航天及复合材料领域，基于上百个工程项目的 Know-how，开发了 Aerobook 平台及 Fiberbook 等系列软件；美的集团通过并购库卡（KUKA）公司，获得了功能强大的工厂仿真软件 Visual Components；世冠科技推出了拥有自主知识产权的工业软件平台 GCAir 5.0。

我国还有一批自主研发仿真软件的科研院所，目前比较活跃的包括：中航工业飞机强度研究所（623 所）历经 40 多年，不断完善航空结构强度分析与优化系统（HAJIF），成为国内航空界功能最为全面的大型 CAE 软件系统；中国工程物理研究院高性能数值模拟软件中心研发了一系列高性能计算和工程仿真的中间件，以及专用的高性能仿真软件；中船重工 702 所组建了奥蓝托无锡软件公司（ORIENT），该公司有工程仿真、数字化试验和科研业务管理三大系列软件，在工程仿真领域研发了 CAE 前后处理、工业 APP 集成和高性能计算软件，还开发了水动力学仿真软件。

近年来，我国成长起来了一批致力于自主研发 CAE 的软件公司。其中，大连英特自主研发了 INTESIM 仿真平台，并针对客户需求研发了一系列专用软件，在大型军工企业和华为、格力等知名企业得到应用。此外，还有大连集创、前沿动力、希格玛仿真、蓝威技术、云道智造等公司。大型的仿真软件及服务公司还包括艾迪捷、中智浩云和上海仿坤等。在虚拟现实技术应用领域有神州普惠、爱迪斯通、赛四达、创景可视等专业厂商。

在产品创新数字化领域，还有一批优秀的服务厂商。他们一方面与国外工业软件合作，推广和实施知名的 CAX 和 PLM 软件，同时也开发自主的软件和解决方案。例如，南京国睿信维形成了智能研发、智能生产、智能保障、智能管理和知识工程五大领域的自主软件；上海江达组建了甘棠软件，开发了 BOM 管理软件，能够满足企业进行复杂产品配置的需求，还开发了成本管理软件；湃睿科技除销售和实施国外主流 PLM 软件以外，还自主研发了 3DCAPP 等软件；通力凯顿（UFC）除与西门子、Ansys 等国外公司合作，还自主研发了 Ablaze 研发平台；能科公司也致力于研发数字孪生技术和高端制造装配系统，全资并购了西门子公司的合作伙伴联宏科技；典道互联推出的智能化设计平台、研发工艺一体化系统也有着不俗的市场表现；南京维拓等公司也有很强的实力，还有迅利（主要专注汽车行业）、安托、华宏信达、毕普科技、易立德等专业的 PLM 服务公司；适途科技拥有四大业务板块：数字化设计服务、PLM 咨询和服务、KE 知识工程和 COLYST 自主软件；智参科技专注于虚拟调试；美嘉林专注于服务生命周期管理；南京智程信息在基于国际主流三维 CAD 软件进行二次开发方面积累了丰富经验。

在管理软件领域，以用友、金蝶、浪潮等为代表的 ERP 厂商是国内市场的主力军，近几年在加速云战略转型并取得了突破性成果；鼎捷软件的主导产品仍然是面向制造业的 ERP 软件，也拥有 PLM、MES 等全系列软件，形成了完整的智能工厂解决方案；北京机械工业自动化研究所（北自所）软件中心、金思维、天心天思、广州天剑等老牌 ERP 厂商仍坚守在管理信息化领域；并捷是国内最早从事 ERP 开发和实施的软件企业之一，在军工和机床行业拥有不少客户；启明信息除了提供 ERP 产品，还致力于为汽车行业提供高级排程软件；知名 ERP 软件厂商和佳则牵手赛伯乐成功转型为大数据解决方案提供商。

目前，中国 MES 市场集中度非常低，国内厂商处于群雄并起、机遇与挑战并存的时代，云集了宝信、艾普工华、元工国际、兰光创新、佰思杰、赛意信息、鑫海智桥、广州速威、摩尔元数、黑湖科技、明基逐鹿、盘古信息、锐制、华龙讯达、华磊迅拓、简睿捷、虎蜥、正业玖坤、金航数码、上扬软件、精诚、镭立科技、大唐广电等百余家 MES 软件厂商。MES 厂商行业属性明显，如中软长期致力于烟草行业，宝信软件深耕于冶金行业，艾普工华专注于汽车与装备制造，盘古信息重点服务电子行业，兰光创新专注于装备制造业，上扬软件专注于半导体行业等。

在供应链管理软件领域，唯智信息提供集私有云和公有云灵活部署的全面供应链解决方案；科箭软件是专业的物流供应链云服务提供商，并成为用友的生态合作伙伴；富勒致力于提供精益的物流管理软件；飞力达致力于为制造企业提供一体化供应链解决方案。

在 BI 领域,帆软产品覆盖企业各种数据分析应用场景,提供一站式商业智能解决方案;亦策是制造业领域专业且资深的 BI 解决方案供应商,为生物医药、零售、运输与物流等行业提供数据分析整体解决方案;永洪科技是一家实时大数据 BI 商业智能软件厂商;元年科技是以管理会计为核心发展起来的商业智能软件提供商;睿思科技致力于帮助企业快速建立商业智能平台。

CRM 是另一个厂商专注的热门领域,销售易是当前国内 CRM 领域的标杆企业。受 Salesforce 在 SaaS CRM 领域取得巨大成功的影响,纷享销客、红圈营销、神州云动等公司也获得了投资,该领域还有玄讯、XTools、外勤 365、前海圆舟、爱客 CRM、八百客、六度人和等一系列厂商。OA、协同办公与 BPM 软件领域主流厂商包括泛微网络、致远互联、易正等,蓝凌科技推出的知识管理系统应用广泛。此外,还有劳勤等劳动力管理主流软件。

我国 DCS 市场以和利时和中控科技为代表。其中,和利时源自原电子工业部第六研究所,除流程行业外还在核电、轨道交通等领域广泛使用;中控科技的 DCS 则偏化工与石化行业。其他国产 DCS 厂商还包括南京科远、正泰中自、杭州优稳以及上海自动化仪表股份有限公司等。在 PLC 市场方面,国产厂商较多,其中和利时、信捷、南大傲拓、安控、奥越信以及台达、永宏和丰炜较为活跃。

在组态软件方面,国内市场主要从 20 世纪 90 年代初开始自主研发,经过长期发展,占据了较大的市场份额。其中,北京亚控的组态王(KingView)独占鳌头。其他主流组态软件还包括三维力控、昆仑通态的 MCGS、纵横科技的 Hmibuilder、宝信软件的 iCentroView、紫金桥的 Realinfo、世纪长秋的世纪星和九思易的易控组态软件系列等。

近年来,在工业互联网热潮下,工控安全引起企业广泛关注,国内许多安全厂商也推出了相关配套的工业安全软件产品。如绿盟科技、奇安信、亚信安全、六方云、威努特、顶象等推出专门针对工业安全的软件套件,满足企业的生产安全以及相关行业合规性要求。

在国家高度重视智能制造、工业互联网的政策激励下,不少大型工业企业也组建了工业软件和工业互联网平台公司,例如树根互联、徐工信息、海尔数字科技、美云智数、虹信软件、格创东智、航天云网、东浦软件、深圳联友、吉利易云、联想大数据等。另外,东方国信、寄云科技、华龙讯达等工业互联网平台公司发展也很迅速。此外,还有一些专注于细分行业的专业软件公司,例如聚焦模具行业的益模软件。

我国工业应用软件领域相关的上市公司(主板、中小板和创业板、科创板)包括:用友网络(财务软件、ERP)、金蝶(财务软件、ERP)、浪潮软件(财务、ERP)、鼎捷软件(制造业 ERP、PLM、MES 等)、宝信软件(ERP、MES、工控软件)、汉得信息(管理软件实施服务,以及 SRM、协同制造、HCM 软件)、赛意信息(管理软件实施服务,自主 MES 软件)、中软国际(烟草行业 MES)、东软(HCM、企业知识管理、集团财务）、泛微网络（OA）、启明信息（汽车行业管理软件）、远光软件（电力行业软件）、广联达（工程建设行业）、畅捷通（小微企业管理软件）、致远互联（OA）和能科（智能制造相关软件）等。2021年3月11日，中望软件成为第一家在科创板上市的研发工具类软件的上市公司，上市当天市值达到260多亿元，引起业界轰动。一部分规模比较大的上市公司工业软件并非主业，也有一些公司的软件行业应用范围较广。

经过30多年的发展，中国工业软件市场呈现出以下特点。

（1）厂商众多，但呈现金字塔形态。

顶部有少数大型软件企业，但多数属于中小型软件企业（员工人数少于100人），有很多聚焦不同细分行业，定位在特定区域的工业软件公司。

（2）工业软件市场实现了开放与合作。

国际知名的工业软件企业绝大多数都在中国建立了分支机构，发展了大量渠道合作伙伴，既服务国外工业企业在中国的分支机构与工厂，也在国企和民营企业中得到广泛应用。不少外企在中国的渠道合作伙伴并不仅仅满足于做国外软件的经销商，也针对我国工业企业的实际需求，开发了很多深层次的应用软件，而提出这些应用软件需求的，往往是各细分行业的龙头企业。例如，有多家公司长期为华为提供PLM软件开发外包服务，这些服务商已经积累了丰富的行业Know-how。

（3）一批老牌的国产工业软件企业执着于智能制造领域。

如诞生于20世纪90年代的CAXA、开目、华天软件、天河软件、天喻软件、思普软件和艾克斯特等，在20多年的成长过程中，经历了风风雨雨，从CAD软件转型到提供智能制造整体解决方案，拥有海量的客户群。在管理软件领域，同样有一批老牌软件公司非常专注，如金思维、天剑、北自所软件中心等。

（4）工业软件市场也出现了新生代。

盘古信息、黑湖科技、摩尔元数、销售易、徐工信息等新兴企业增长迅速。帆软科技虽未进行融资，但通过建立良好的生态系统，实现了跨越式发展。

（5）工业软件市场走向开放与开源。

中望软件与浩辰软件的崛起，除了它们自身的技术和市场能力之外，早期阶段加入ITC联盟，应用Intellicad开源平台，实现与AutoCAD的高度兼容也是重要原因。工业软件企业也开始广泛应用开源数据库、开源人工智能引擎。

（6）工业软件各个细分市场的占有率差异很大。

e-works与全球著名PLM研究机构CIMdata从2009年至今已连续10余年发布中国PLM市场研究报告，该报告的研究范畴是产品创新数字化领域，包括CAX、EDA、PDM/PLM等领域的软件、服务和维护收入（各领域的市场分布情况见图2-15），行业包括离散和流程行业、建筑与施工等行业。2019年，中国PLM市场达到26.5亿美元，较2018年增长了12.5%；2019年全球PLM市场达到514亿美元，增长7.6%。中国PLM市场占全球份额由2018年的4.9%增长至2019年的 5.1%。通过统计分析国内外厂商的软件产品销售、服务与维护收入,总体上国际厂商市场占有率达到 70%(渠道商产生的国外软件产品销售收入归属到国外厂商)。其中,高端三维 CAD、CAE、EDA 等工具软件的国内厂商占有率均不到 10%。在管理软件市场,整体上国内外厂商平分秋色,但明显是在大中型企业市场上,国外厂商占有率更高,而中小企业市场国内厂商占有率更高。其中,在 MES、供应链管理软件等领域,国内软件公司占据 60% 以上的市场份额。根据 e-works 发布的 MES 市场研究报告显示,2018 年中国 MES 市场继续保持较稳定增长,市场规模增长至 33.9 亿元,增速为 22.0%。相较于 2017 年 31.1% 的高增长,2018 年中国 MES 市场增速明显放缓。中国 MES 市场整体走势见图 2-16。其中,离散行业受到部分制造行业增长下滑或放缓的影响,增速降至 18.4%,总规模扩大到 21.9 亿元。相比而言,流程行业增速平稳。在 DCS 市场,以中控、和利时为代表的国产厂商已经在中国市场占据了领先地位。

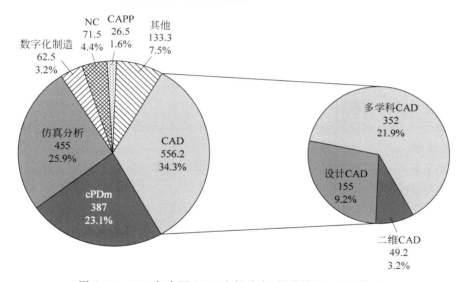

图 2-15　2019 年中国 PLM 市场分布(规模单位:百万美元)

(来源:e-works Research)

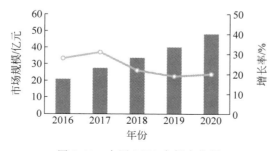

图 2-16　中国 MES 市场走势图

(来源:e-works Research)

2.3　工业自动化控制

工业自动化控制是工业生产基础设施的关键组成部分,其通过在工业生产中大量应用计算机、自动化技术,实现对于工业生产工艺、生产流程以及生产设备的自动化控制,以及生产资源的最大化、最优化调配,从而最大限度地发挥企业的生产能力[1]。

2.3.1　工业自动化控制技术

工业自动化控制技术是计算机技术、电气控制技术与自动化技术进行有机结合的综合性技术的统称。目前,工业自动化控制技术广泛应用于电力、水利、能源、运输、化工、冶金等工业领域。

工业自动化控制设备与系统主要分为工业自动化系统、硬件和软件三个部分。现今应用较多的工业自动化控制设备与系统主要有伺服系统、步进系统、变频器、传感器、仪器仪表、人机界面、数据采集与监视控制系统、分散式控制系统、可编程逻辑控制器、现场总线控制系统(fieldbus control system,FCS)等。关键技术有数据采集技术(系统和控制现场数据交互)、数据通信技术(设备之间的通信)、实时性技术(操作与控制响应时间的确定性)、数据传输技术(工业以太网、现场总线技术)和系统冗余技术(系统的高可靠性)。

经过多年的发展,现代工业自动化控制的结构和核心组件也开始形成[2]。

1) 可编程逻辑控制器

可编程逻辑控制器是专门为在工业环境下应用而设计的数字运算操作电子系统。它采用一种可编程的存储器,在其内部存储执行逻辑运算、顺序控制、定时、计数和算术运算等操作的指令,通过数字式或模拟式的输入输出控制各种类型的机械设备或生产过程。

2) 数据采集与监视控制系统

数据采集与监视控制系统是一种软件应用程序,主要功能是收集系统状态信息,处理数据以及远距离通信,以实现对设备和条件的控制。

3) 远程终端单元

远程终端单元(remote terminal unit,RTU)是一种针对通信距离较长和工业现场环境恶劣而设计的具有模块化结构的、特殊的计算机测控单元。RTU产品大量应用在 SCADA 系统中。

4) 通信技术

工业控制系统通信类型根据系统构成的层次结构而分成 3 种,即标准通信总线(外总线)、现场总线(fieldbus)和局域网通信。工业控制系统通过这 3 种类型的通信方法将主机与各种设备连接起来,将现场信号传输到控制级,再将控制级信息传输到监控级、管理级。

5）协议

工业控制系统的现场网络与控制网络之间的通信、现场网络各工控设备之间的通信、控制网络各组件之间的通信往往采用工业控制系统特有的通信协议。目前，工业控制系统涉及的协议有现场总线（CAN、DeviceNet、Profibus-DP、Profibus-PA 等）、工业以太网（EtherNet/IP、EtherCAT、HSE、Profinet、EPA、Modbus 等）、工业无线网（IEEE 802.11、ZigBee、Rfieldbus 等）。

2.3.2　工业自动化控制发展概述

目前，工业自动化控制系统的主要发展方向有新型现场控制系统、基于 PC 的工业控制系统、管控一体化系统集成和智能化控制[2]。

新型现场控制系统是指结合了 DCS、工业以太网、先进控制等新技术的现场控制系统，例如现场总线控制系统与分布式控制系统逐步融合，可编程逻辑控制器可以遵循现场总线通信协议，FCS 发展融合 DCS、工业以太网等新技术。

基于 PC 的工业控制系统能够取代 PLC 和 DCS 而实现具有基础性能的工业自动化控制，而且不同的工业 PC 能够兼做服务器和客户机，形成按区域划分的工业 PC 群，依靠网络形成集管理和控制为一体的综合系统，从而实现企业内部的信息交换和沟通。

管控一体化系统集成是指发展基于网络的工程化工业控制与管理软件。通过以太网和 Web 技术实现开放型分布式智能系统，基于以太网和 TCP/IP 协议技术标准，提供模块化、分布式、可重用的工业控制方案。

智能化控制是指将人工智能、学习算法等融合，使设备能够模拟人类智能的某些特性和功能，如新一代的固态传感器和智能变送器向微型化、高精度、低功能、智能化方向发展，智能阀门定位器由高集成度的微控制器控制，对所有控制参数都可组态，实现线性、分程控制等特性修正功能，并能实现智能化。

从细分领域来讲，各部分又有各自的发展特点。而且随着新一代信息技术的发展热潮，与制造业不断融合，也催生了工业自动化技术持续的发展和革新。未来的工业自动化控制技术和平台，将进一步实现 OT、IT、IIoT 的融合。

1）PLC

PLC 已广泛应用于钢铁、石油、化工、电力、建材、汽车、机械、轻纺、交通运输等行业，主要用于开关量的逻辑控制、模拟量控制、运动控制、过程控制、闭环控制、数据处理等具体场景。

当前，PLC 技术正走向开放，在硬件设计和软件平台上采用了通用技术和标准化技术[3]。随着物联网、大数据的深入应用，PLC 产品的环境适应能力、稳定可靠、网络接入便捷性等方面要求更高，在数据采集、数据交互等方面也将发挥更大作用。此外，随着 PLC 通信方式网络化趋势增强，PLC 安全防护将得到更多关注。

2）DCS

DCS 主要用于控制精度要求高、测控点集中的流程工业，如石油、化工、冶金、电站等工业过程。

DCS 主要发展趋势为：一是数据接入能力增强，支持各类物联感知数据的可靠接入，包括整合各类第三方系统数据；二是数据分析能力增强，对大量数据实时解析，提炼关键信息和知识，提供运行决策支持；三是过程管控能力增强，基于数据分析的结果，采用先进控制技术实现过程的精准稳定控制；四是安全防护能力增强，随着 DCS 联网范围扩大，对于跨物理区域、跨网络类别的数据传输需要有高度安全防护机制[4]。

3）SCADA

SCADA 广泛应用于电力、石油、冶金、天然气、铁路、供水、化工等重要行业的工业控制系统，适用于测控点分布范围广泛的生产过程或设备的监控，如移动通信基站、长距离石油输送管道的远程监控、环保监控等。

当前 SCADA 系统主要的发展方向为：一是产品平台化，利用 SCADA 基础平台集成管理控制、定位报警等功能；二是网络化，通过 SCADA 实现数据的实时采集、更新存储、监控分析；三是跨系统化，SCADA 支持多个操作系统的应用；四是开放化，采用标准化技术，方便特定需求的二次开发；五是云化产品，提供基于云的 SCADA 产品，如霍尼韦尔的 Experion Elevate、ABB Ability Wellhead Manager 和施耐德电气的 ClearSCADA；六是安全性能更高，构建 SCADA 系统自身安全防护措施[5]。

4）OPC UA 和 TSN

为解决 IT 与 OT 在网络协议标准以及数据采集方式上的差异，实现办公网络与工业网络的融入，OPC UA 和 TSN 两大标准体系建设成为热点。OPC UA 和 TSN 旨在解决两个方面的问题：其一，OPC UA 统一架构提供统一的数据互联基础标准与规范，将 Profinet、POWERLINK、EtherCAT、Ethernet/IP、CC-Link IE 等不同标准的工业总线协议进行整合；其二，为解决 OT 周期性数据传输与 IT 非周期性数据传输的问题，TSN 基于 MAC 上软件定义网络（SDN）的思想对在该网段内的实时数据进行预先分配通道、预留通道，实现数据在同一网络传输。

现阶段一些主流的自动化厂商和顶级的 IT 公司如华为、微软、思科，以及协会组织如 OMAC、Euromap、Automation ML、ISA、FDT/DTM、MTConnect、BacNet，均是 OPC UA 的支持者。全球主要的现场总线基金会如 PI、EPSG、ETG、SERCOS Ⅲ 均积极支持参与 OPC UA 的融合与开发工作。

随着 OPC UA 与 TSN 两大标准体系的发展，OPC UA 在水平方向将不同品牌的控制器设备进行集成，在垂直方向 TSN 则实现设备到工厂再到云端的连接，推动 IT 与 OT 的融合。

5）传感器

传感器结构形式从结构性如电阻应变式传感器，逐渐向集成传感器、智能传感器发展。伴随着集成技术、微电子技术等快速发展,传感器从只能进行热电和光敏反应,变成了成本低但性能较好的集成传感器。智能传感器能实现对信息的智能化检测、诊断和处理,现在的智能传感器能通过人工智能的模拟提升智能化水平,且具有自动记忆、诊断、参数测量跟踪以及联网通信的新功能。

传感器技术在工业自动化控制系统中的应用主要集中在以下几个方面:第一,利用传感器技术建立产品设计自动化控制系统和生产过程监测系统,实现生产全过程实时动态控制,保证产品生产效率与质量,并将产品信息反馈到产品设计环节,为产品设计优化提供依据,进一步提升产品设计与质量;第二,利用传感器技术实现自动化检测,如外观、性能等检测,代替人工,实现对产品的精确检测;第三,将传感器技术融入自动化设备中,提升生产自动化率,实现工业加工系统的自动化;第四,将传感器技术应用于自动化物流操作系统,将物料准确及时送到指定位置;第五,将传感器技术应用于产品装配中,通过设定程序,完成零件的运送、组合和检验等自动化作业,提高装配效率和质量,降低操作人员的工作强度和难度[6]。

传感器技术在工业自动化控制领域的发展趋势主要包括以下几个方面:第一,以光电通信原理、生物学原理为基础的新型传感器是重点;第二,由于传感器具有动态和静态的双重性能,需要加强对结构的优化设计,改进性能参数指标,提高灵敏度和抗干扰性,向低成本、小尺寸以及高强度、高性能的方向发展;第三,对于新材料、新工艺和新技术的研究和应用,推动传感器向多功能、智能化和高精度发展。

6)智能控制

智能控制是具有智能信息处理、智能信息反馈和智能控制决策的控制方式,是控制理论发展的高级阶段,主要用来解决用传统方法难以解决的复杂系统的控制问题。智能控制以控制理论、计算机科学、人工智能、运筹学等学科为基础,扩展了相关的理论和技术,如模糊逻辑、神经网络、专家系统、遗传算法等理论,以及自适应控制、自组织控制和自学习控制等技术。

传统的控制建立在确定的模型基础上,而智能控制主要是解决具有高度复杂与不确定性以及控制性能要求很高的问题,近几十年智能控制得到了快速发展[7]。其中,模糊控制鲁棒性比较好,抗干扰能力比较强,无须建立精确数学模型,已经成功应用在水泥、乙烯、食品加工等过程控制领域;神经网络控制具有自组织、自适应、自学习和较强的非线性函数逼近能力,拥有强大的容错能力,已广泛应用在化工过程控制中,但是神经网络结构和节点数目选取问题往往通过经验试凑得到。近年来,将神经网络、模糊系统、预测控制、遗传算法、进化机制等结合,形成计算智能,成为人工智能的一个重要方向,也将为解决工业生产过程复杂的控制问题提供可能。

7)自动化系统集成

随着工业装置的大型化、连续化、高参数化,对自动化产品的要求不断提高。

为了达到工业设备的安全启/停、稳定运行、优化操作、故障处理、低碳经济等要求，必须把不同厂家生产的各种仪器仪表产品和系统等无缝集成为一个协调的信息系统。自动化系统集成技术即是处理这些仪器仪表产品、系统之间的数据传递、信息共享、协调操作等以满足用户要求的一项十分重要的技术。系统集成是在系统工程科学方法的指导下，根据用户需求，优选各种技术和产品，将各个分离的子系统连接成一个可靠、经济和有效的整体，并使之能彼此协调工作，发挥整体效益，达到整体性能最优。

当前，自动化系统集成业务通常分布在自动化基础较好的行业，如汽车、电子、金属加工、物流等技术要求高、自动化程度高的行业，但随着上述行业竞争加剧和市场逐步饱和，需求行业正在向自动化程度较低的行业延伸。同时，随着工业以太网等通信网络技术的发展，自动化系统集成技术摆脱了局部自动化的限制，开始朝着车间级、厂级的方向发展，需要能够提供智能工厂/智能制造整体解决方案。

8）人工智能

人工智能技术对工业自动化控制领域的发展起到了里程碑式的推动作用。视觉系统已应用于质量检查、零件识别、机器人制导、工件输送流动的机器控制等，例如3D相机对产品表面进行多角度拍照，实现字符检测、瓶盖检测、电路板检测、钢板表面缺陷检测，提高检测准确度和效率。另外，市场上推出了加装在PLC控制机架的人工智能模块，将云端的数据挖掘、分析预测直接前移至PLC端，拓展对运行数据的采集存储、挖掘处理和分析预测功能，帮助实现设备的数据异常检测，提高预警，减少非计划停机。

9）云和边缘

云是将所有数据汇总到云端的数据中心，并在数据中心完成计算。边缘技术是指靠近物或数据源头的网络边缘侧，融合网络、计算、存储、应用核心能力的开发平台，就近提供边缘智能服务，满足行业数字化在敏捷连接、实时业务、数据优化、应用智能、安全与隐私保护等方面的关键需求。边缘技术主要围绕边缘计算标准与基准、边缘计算开发框架与工具包、轻量级库与算法、微型操作系统和虚拟化等多方面深入发展。与云端不同的是，在边缘技术更强调边缘，即"端"所在的物理区域。在这个区域，若能够为"端"就近提供网络、计算、存储等资源，则实时性业务需求将更容易得到满足，这是边缘计算的优势。云和边缘技术是物联网技术的有效补充。图2-17为云边协同在石油行业的应用示例。

10）工业自动化开放平台

为了实现IT/OT的深度融合，"开放"正成为工业自动化领域的重要趋势。目前，不少工业自动化主流厂商尝试推出开放式自动化平台。例如：施耐德电气在2020年发布了以软件为中心的全新 EcoStruxure 开放自动化平台（EcoStruxure Automation Expert），该平台以 IEC 61499 为核心，通过软件硬件解耦，推动工业自动

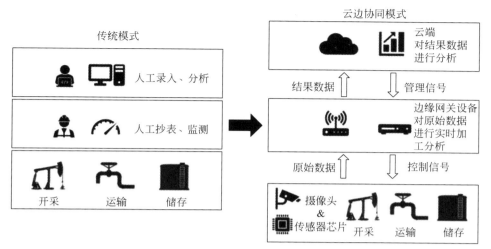

图 2-17　云边协同在石油行业的应用

（来源：中国信通院《云计算与边缘计算协同九大应用场景（2019 年）》）

化领域的"即插即生产"；博世力士乐向中国市场推出了 ctrlX AUTOMATION 自动化平台，跨越了机器控制系统、IT 和物联网之间的传统界限，在软件开发上采用开放式软件架构，用户可自由选择编程语言和应用技术；台达的思图平台 DIAStudio 支持快速完成对台达自动化产品（如 PLC、HMI、伺服、变频器等）的选型、参数设定、联网调试等操作，缩短系统配置时间，提高设计便捷性（图 2-18）。

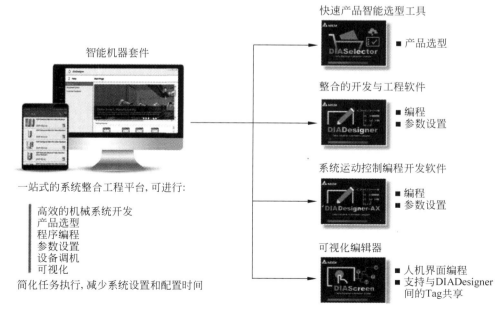

图 2-18　台达 DIAStudio 平台组成

（来源：台达官网）

2.3.3　工业自动化市场纵览

工业自动化控制市场涉及工厂级控制和生产级仪器仪表[8]。工厂级控制主要是自动化控制系统,生产级仪器仪表包括机器人、传感器、电机、驱动器等设备。与欧美发达国家相比,我国工业自动化产品生产企业在规模、技术与创新能力、品牌、产品线完整性、产品性能等方面都存在差距。但随着国内工业自动化技术的不断积累以及国家政策的扶持,国内工业自动化企业在部分细分产品上取得了突破,形成了一定竞争力。

目前全球知名的 PLC 厂商有西门子(Siemens)、罗克韦尔(Rockwell)、三菱电机(Mitsubishi Electric)、欧姆龙(Omron)、施耐德(Schneider),国内崛起的厂商有信捷、奥越信、和利时、中控、合信等。

国内主流 DCS 厂商有和利时、中控、科远、国电智深、新华控制、上海自动化仪表等,国内活跃的国际 DCS 厂商有霍尼韦尔(Honeywell)、ABB、西门子、艾默生(Emerson)。

全球知名 SCADA 厂商有横河电机(Yokogawa Electric)、GE、ABB、西门子、施耐德电气等。经过多年的发展,紫金桥、纵横科技、世纪长秋、亚控科技、力控科技、和利时、中控等国产 SCADA 品牌逐步崛起。目前,国产品牌行业应用占比高达 60％,在市政、石油、基础设施等应用领域形成了相对稳定成熟的市场;外资品牌的市场占有率为 40％,在电子半导体、轨道交通、烟草、食品饮料、水处理等行业应用广泛。国产 SCADA 系统发展起步虽晚,但在国家政策推进及技术发展下取得了较大的进步。

CNC 领域的国外厂商有西门子、三菱(Mitsubishi)、发那科、马扎克(MAZAK)、大隈(Okuma)、斯达拉格(Starrag)、哈挺(Hardinge)、哈斯(HAAS)、巨浪(Chiron)、德马吉森精机(DMG MORI),国内厂商有华中数控、沈阳机床、远东机械等。

优化算法领域知名厂商主要是国际厂商,如艾斯本(AspenTech)、ABB、霍尼韦尔、英维思、KBC 先进技术有限公司、罗克韦尔、西门子、横河电机、JDA 软件集团、甲骨文(Oracle)、SAP、OSIsoft 等。

全球知名传感器厂商仍然集中于德国、美国、日本等老牌工业国家,这些厂商都实现了规模化生产,年生产能力比较强。相比之下,国内传感器应用范围较窄,高、精、尖传感器技术还有待加强。主流传感器厂商有美国的 MEAS 传感器公司、霍尼韦尔、雷泰(RAYTEK)、森萨塔(Sensata)、巴鲁夫(Balluff GmbH)、西克(SICK)、易福门(IFM)、欧姆龙、横河电机、富士电机(Fuji)、日本电装(Denso)等,国内厂商有沈阳仪表科学研究院、宜科电子、科陆电子、歌尔声学、高德红外、高理电子等。

继电器和开关厂商有 ABB、施耐德、丹纳赫(Danaher)、西门子、易福门、泰科

（Tyco）、富士通（Fujitsu）、欧姆龙、IDEC、西蒙电气（Simon）、宏发科技、浙江正泰、德力西、三友联众等。

电机和驱动器厂商有 ABB、丹纳赫（Danaher）、伊顿（Eaton）、三菱电机、安川电机（Yaskawa）、松下（Panasonic）、发那科、罗克韦尔、丹佛斯（Sauer-Danfoss）、施耐德、西门子、大洋电机、江特电机、台达、广州数控、华中数控、和利时、埃斯顿、珠海运控、星辰伺服等。

机器视觉领域方案提供商有 Teledyne、达尔视（Dalsa）、飞思卡尔（Freescale semiconductor）、西门子、康耐视（Cognex）、迈思肯（Microscan）、梅卡曼德（Mech-Mind）、海康威视、格创东智、埃尔森、艾利特、高视科技、速感科技、盈泰德科技等。

工业自动化集成领域国内知名公司有无锡先导智能装备、宁波均普、大族激光、机械工业自动化研究所、三丰智能、新松机器人、江苏哈工智能机器人、博众精工、拓斯达、天奇自动化、赢合科技、杭可科技、长园科技、诺力智能等。工业自动化集成领域的上市公司已经超过 100 家，仅 2020 年成功上市超过 10 家，包括埃夫特、先惠技术、奥特维、大连豪森、瀚川智能、瑞晟智能、佰奥智能、迈赫机器人、瑞松科技、海目星、兰剑智能、德马科技等。

2.3.4　工业自动化产业发展

1）中国工业自动化市场保持稳定增长态势

根据 MIR DATABANK 的数据，2020 年中国自动化市场增速同比由负转正，市场规模达 628 亿元，同比增长 8％，2020 年在中国低压变频器（不包含工程型）市场，汇川技术以 18.8％的市场份额排名第一，这也是中国工业自动化市场里主要自动化产品首次出现本土工业自动化厂商市场份额排名第一。在 PLC、交流伺服、HMI 等自动化产品线，中国本土工业自动化厂商市场份额也进一步提高。外资自动化厂商与中国本土工业自动化厂商的竞争格局正在发生变化，而且随着国产化替代趋势，中国本土工业自动化厂商将承担起国内关键核心技术突破的重任，并紧抓市场机遇，获得跨越式进步。图 2-19 为 2017—2021 年中国工业自动化市场的规模及增长趋势。

2）工业自动化领域正在吸引更多资本

目前，国内已上市的工业自动化厂商有汇川技术、华中数控、捷昌驱动、信捷电气、雷赛智能、新时达、大豪科技、海得控制、英威腾、九州集团、青岛中程、能科股份、蓝海华腾、智光电气、欣悦科技、合康新能、大洋电机、科陆电子、维宏股份等。上市公司主要集中在广东、北京、上海以及江浙两省。2020 年，北京映翰通、埃夫特、绿的谐波、步科自动化、浙江中控、伟创电气 6 家自动化和机器人公司在科创板上市。

3）企业通过并购不断加强自动化产业链布局

2020 年，罗克韦尔自动化收购总部位于意大利的数字自动化技术提供商 ASEM，利用 ASEM 在 IPC 市场的实力以及 HMI 专长进一步扩展罗克韦尔自动

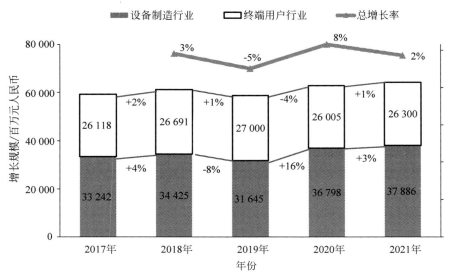

图 2-19　2017—2021 年中国工业自动化市场的规模及增长趋势
（来源：MIR Databank,自动化产品包含：PLC、HMI、交流伺服、低压变频器、CNC）

化的控制和可视化硬件与软件产品组合,提高高性能集成自动化解决方案的交付能力。2020 年 8 月,AVEVA 宣布收购 PI 实时数据库系统厂商 OSIsoft,OSIsoft 数据管理软件将补充 AVEVA 的数字化领域解决方案。日本横河电机收购丹麦 AI 初创公司 Grazper,希望在其现有的各种业务中利用 Grazper 基于图像分析的高级人工智能技术开发新的工业 AI 解决方案。美的集团持续布局自动化产业链,入股埃夫特,收购德国库卡、以色列运动控制器企业 Servotronix(高创),2020 年收购合康新能,合康新能的工业变频器、伺服系统将进一步加强美的在工业自动化与电力电子软件驱动领域的产业布局。台达 2020 年收购加拿大工业组态软件与工业物联网公司 Trihedral,进一步强化台达工业自动化多元领域的业务拓展。汇川控制成为汇川技术的全资子公司,汇川控制主要从事 PLC、HMI 产品的研发,有独立的技术和产品研发团队,将强化与母公司汇川技术公司的业务协同。2021 年,国内上市公司维宏股份收购南京开通,进一步完善工控系统领域的业务布局。

此外,从细分领域来看,PLC、DCS、SCADA、CNC 以及电机、驱动器等厂商普遍是传统自动化厂商,深耕行业多年,拥有自主技术和产品,行业竞争日趋激烈,而且门槛比较高,市场新进者需要有一定的技术积累。知名外资厂商主要来自于欧洲、美国和日本,本土厂商发展迅速,如汇川技术、浙江中控等专注行业很多年,在垂直领域取得了市场领先地位,并获得资本青睐,具有很好的发展前景。国产工业自动化厂商面临比较好的发展机遇,还需要加快补足自身的技术短板,强化核心竞争力,打造立足市场的优势。而自动化系统集成作为新兴行业,市场准入门槛低,同行业公司较分散,主要聚焦在各自擅长的细分领域。

当前,国内自动化系统集成商呈现出以下特点：区域方面,国内集成商主要集中在珠三角、长三角、京津冀、长江中游区域；行业分布方面，国内自动化集成商主要集中于汽车行业，电子、家电、食品、金属加工等行业已经开始接棒汽车行业成为重点布局的行业，覆盖行业从传统制造业延伸到半导体、新能源（主要是锂电池行业）、医疗等制造业；国内自动化集成商营收规模普遍偏小，竞争同质化严重，存在核心竞争力不足等问题。

2.4　工业互联网

随着传感器、物联网、大数据、人工智能技术的突飞猛进，工业互联网作为新一代信息技术与制造业深度融合的产物，从概念普及走向行业深耕的几年时间内，日益成为制造企业数字化转型的关键支撑，国内市场上也涌现出一批活跃的工业互联网平台。

2.4.1　工业互联网的内涵与外延

1. 工业互联网热潮

当前，工业互联网（industrial internet）热潮遍布神州大地。从早期 GE 提出工业互联网理念，到 GE 的 Predix 平台受到热捧，再到西门子宣布推出工业互联网平台 Mindsphere，乃至好几家本土制造业巨头都宣布推出工业互联网平台，工业互联网的热度不断提高。从 2014 年 GE 在美国发起成立工业互联网联盟（IIC），到 2016 年 2 月我国组建工业互联网产业联盟，再到 2020 年我国工业互联网领域融资数量和规模屡创新高，工业互联网已成为政府、制造企业、互联网公司、物联网公司、电信运营商、IT 和自动化厂商等各方关注的焦点。

2012 年 11 月 26 日，GE 发表的白皮书《工业互联网：打破智慧与机器的边界》（*Industrial Internet：Pushing the Boundaries of Minds and Machines*）中指出，工业互联网是要延展机器与人的边界。该白皮书中描述的工业互联网的核心要素（图 2-20）包括智能机器、高级分析和工作中的人。实质上，工业互联网还是强调通过物联网联通机器、产品和人，从而提升企业的设备健康状态和生产绩效，实现预测性维护，最大限度地降低意外宕机，实现能源高效利用等。

工业互联网的概念实际上与国外提出的万物互联（internet of everything，将人、流程、数据和事物结合在一起，使得网络连接变得更加相关、更有价值）理念有相似之处，相当于是工业企业的万物互联。因此，我国工业互联网应当有其具体的内涵与外延，其实质还是应当聚焦物联网在工业的应用，而不应过于泛化。服务商也不应把所有云平台都叫作工业互联网平台，以免误导用户。

2. 如何理解工业互联网？

工业互联网是指工业互联的网，而不是工业的互联网。在企业内部，要实现工

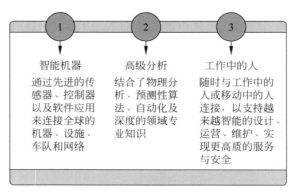

图 2-20　GE 白皮书指出的工业互联网的核心要素

（来源：GE）

业设备（生产设备、物流装备、能源计量、质量检验、车辆等）、信息系统、业务流程、企业的产品与服务、人员之间的互联，实现企业 IT 网络与工控网络的互联，实现从车间到决策层的纵向互联；在企业间，要实现上下游企业（供应商、经销商、客户、合作伙伴）之间的横向互联；从产品生命周期的维度，要实现产品从设计、制造到服役，再到报废回收再利用整个生命周期的互联。这实际上与工业 4.0 提出的三个集成的内涵是相通的。IT 领域的在线词典 Techopedia 对工业互联网给出的解释是：工业互联网将智能机器或特定类型的设备与嵌入式技术和物联网结合起来。Techopedia 所举实例是将机器和车辆配备智能技术，包括机器与机器互联技术，实现制造装备和其他设备可以相互传输数据。工业互联网也应用于交通项目，例如无人（或自主）驾驶汽车和智能轨道交通系统。

3. 工业互联网平台与工业云平台

工业互联网平台是物联网和工业云平台相融合的产物，工业互联网平台架构的上面三层与工业云平台相似，但是下面增加了边缘层（图 2-21）。工业互联网平台侧重于解决与工业设备、工业产品和工业服务有关的问题，其基础是传感器和物联网。典型的工业互联网应用包括：通过运输云，实现制造企业、第三方物流和客户三方的信息共享，提高车辆往返的载货率，实现对冷链物流的全程监控；通过对设备的准确定位来开展服务电商，例如湖南星邦重工有限公司利用树根互联的根云平台，实现了高空作业车的在线租赁服务；采集工厂的设备、生产、能耗、质量等实时信息，实现对工厂的实时监控；设备制造商可通过物联网采集设备状态，对设备进行远程监控和故障诊断，避免设备非计划性停机，进而实现预测性维护，提供增值服务，并促进备品备件销售。目前，我国工业互联网平台的开发主体既有工业软件企业，又有物联网企业、互联网公司，还有制造企业。

工业云平台指的是工业领域的云平台，包括了 IaaS（基础设施服务化）、PaaS（平台服务化）、SaaS（软件服务化）三个层面，工业云平台的目的是将工业软件演化为一种云服务（SaaS），并为客户提供可以对软件功能进行配置或二次开发的平

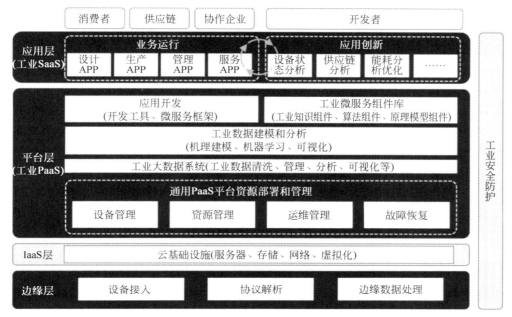

图 2-21　工业互联网平台架构

（来源：中国信通院 2017 年发布的工业互联网平台白皮书）

台（PaaS），将数据和信息系统存储到云端，从而使工业企业应用信息系统更加便捷、更有利于管理（如实现服务器和桌面虚拟化）。因此，工业云平台本质上属于IT 平台，而工业互联网平台是基于 IT 与 OT 的融合。典型的工业云应用包括：构建仿真云平台，支持高性能计算，实现计算资源的有效利用和可伸缩；基于 SaaS的三维零件库，提高产品研发效率；基于云的 CRM 应用服务，对营销业务和人员进行有效管理，实现移动应用；基于云的协同办公平台；工业产品电商、采购寻源等。

　　总体而言，工业互联网平台是工业云平台的扩展与延伸，它不仅能够支持工业云平台的所有功能，而且要支撑工业物联网应用，实现 IT 与 OT 的融合。在 IaaS和边缘（设备端）层，工业互联网平台需要实现从设备的控制系统、传感器、可穿戴设备、摄像头和仪表进行数据采集、传输和存储；在 PaaS 层，工业互联网平台需要能够支撑更加复杂的算法，例如利用深度学习技术进行图像分析，利用 SPC 方法分析质量数据，利用仿真技术对设备的数字孪生模型进行性能仿真，利用 GIS 数据对车辆进行定位，从而对物流运输过程进行追溯等；在 SaaS 层，应当提供丰富的APP，将原来工业软件固化的功能拆分成很多功能相对独立的插件，可以在 PaaS平台即插即用。因此，工业互联网平台比工业云平台要复杂得多。

　　对制造企业而言，需要进行工业互联网平台的选型，在平台应用满足企业业务需求的工业 APP，在此基础上开发满足企业个性化需求的 APP。对于行业领军企业，可以运营工业互联网平台，在实现企业内部互联和企业间互联的基础上，支撑企业的智能制造,并实现跨企业的协同制造和面向行业的产业链协作。

4. 工业互联网与工业大数据的关系

工业互联网平台需要管理海量和异构的、结构化、半结构化和非结构化的数据,包括来自各种设备、已服役的产品、信息系统和社交媒体的数据。对于工业企业而言,这些数据就是工业大数据,需要用专业的平台来存储、分析、展现这些数据,通过数据驱动,实现对产品、制造工艺和设备进行监控、控制和优化等功能,这样的平台就是工业大数据平台。应该说,工业大数据平台是工业互联网平台的一个子集。

5. 工业互联网的典型应用

工业互联网的应用范围很广,应用的行业也很多,例如离散制造、流程制造、物流行业、采掘业、工程建设与施工、公共事业等,涉及数字孪生、工业大数据分析、人工智能应用、边缘计算和5G等新兴技术。

工业互联网的典型应用可以分为以下四大类。

第一类是管控工程机械、车辆、农用机械、隧道施工设备、矿井掘进设备、船舶、飞行器等移动设备。具体应用包括设备定位、远程监控、故障预警、开机率大数据分析、设备履历管理、备品备件管理和服务生命周期管理等。

第二类是管控无人值守的固定设备,例如石油钻采设备,风电、光伏等发电设备以及公共事业(水、电、气制造与传输等)的关键设备,推进远程监控、运行优化、故障预警和资产管理等。

第三类是在物流运输过程中,对物流车辆的位置、状态(如冷链物流需要保持低温)进行监控,对运输路径进行优化等。

第四类是管控在制造企业车间中部署的关键生产设备、检测设备、物流设备和试验设备,对生产绩效、能耗、质量、设备、刀具、温湿度和物料配送等关键指标进行监控,从而实现工艺优化、节能降耗、提升产能、提高设备 OEE、防范安全事故、避免非计划性停机等。

其中第一类中工程机械制造和施工行业的工业互联网应用成熟度较高,这与工程机械行业销售方式转向租赁为主有密切关系,设备的所有者必须管控出租的移动设备,确保设备使用者按时付费,正常使用设备,做好远程维护。在这种需求驱动下,从 GPS 定位到远程锁机,再到故障诊断、备品备件管理、二手设备销售、设备资源调度及开机率大数据分析等,产生了很多务实应用,树根互联、徐工信息、天远科技、中科云谷等发源于工程机械行业的工业互联网平台和服务企业应运而生。第二类、第三类应用也产生了成熟案例,难度更大的应用是第四类,尤其是针对离散制造企业。

目前,我国离散制造企业的车间设备数据采集和车间联网率很低,设备厂商众多,数据接口形式多种多样,工控协议繁多,因此,需要通过设备制造企业、工业数据采集厂商、工业自动化厂商、设备维修维护企业与工业互联网平台厂商多方协作,建立工业互联网应用的生态系统,才能取得实效。在此过程中,车间数据的采集、存储、展现、建模、权限管控、加密解密、分发、分析、优化与反馈是核心。制造企业对车间数据出厂上云非常敏感,可以采用在企业内部或私有云部署工业互联网平台,在工业互联网平台上构建各类 APP,如各种型号机床维护 APP、OEE 分析APP、能效管理 APP、质量分析 APP 的方式,来开展各种工业互联网应用,最终实现多方协作,多方受益。

关于工业互联网应用,制造企业需要思考以下七个关键问题。

1）应用工业互联网的业务目标和预期价值

工业物联网应用广泛,通过对物联网采集的数据进行分析,可以帮助企业分析各类设备或产品的状态,实现对异常状态的预警或报警,从而实现预测性维护,避免非计划停机;还有助于帮助企业改进产品性能、降低能耗、保障安全等。通过对运输车辆的数据采集,可以掌握车辆运行的位置,以及运输货品的状态,实现制造商、第三方物流和货主的信息交互,实现运输资源的充分应用。还可以用于对污染物的监控,以及对无人值守的设备、对石油管道的远程监控和故障诊断等。在消费品行业,也有很多基于物联网的智能应用,例如智能家居。通过对各种设备的状态监控,还可以实现设备租赁和服务电商。企业在应用工业物联网之前,首先应当结合行业特点,明确自己的业务目标和预期价值。不同应用的难度差异很大,企业需要有清晰的认知。

2）采集哪些有价值的数据,如何采集、传输、存储与分析

物联网应用的基础源于各种智能终端、传感器和智能仪表,加上 GPS 定位和网络传输的功能模块(WiFi、4G 或 ZigBee 等)。低功耗的 NB-IoT 技术为物联网的普及应用带来了巨大价值。当前,各类设备数据采集的接口方式差异很大,有些设备需要外接传感器。所以现在市场上也出现不少可以采集和传输数据的盒子,有些盒子具有一定的存储和数据处理能力。因此,企业要实现工业互联网应用,需要明确究竟要采集哪些有价值的数据;采集频率有多高;如何部署传感器;是要传输所有状态数据,还是只传输超出阈值的数据;海量数据如何存储;是基于私有云还是公有云;物联网数据的数据分析算法和数学模型是什么;数据如何分析与展现;数据异常的预警和处置方式是什么;如何实现物联网数据与企业业务流程的集成。

3）中小型企业和大型企业进行工业互联网应用的显著差异

中小型制造企业进行工业互联网应用,可以直接选择基于公有云的工业互联网平台,这样相对比较容易。例如,树根互联就帮助生产高空作业车的龙头企业星邦重工实现了设备的定位,支持企业的设备租赁业务。对于大型制造企业,需要更加慎重地制定工业互联网的应用策略,考虑是否需要自己开发及运营工业互联网平台。如果选择自主开发或自主运营,就需要考虑与电信运营商、云平台进行合作。

4）自主开发工业互联网应用还是利用工业互联网开发平台开发物联网应用

就像 ERP 应用可以选择自主开发和应用商品化的系统一样,物联网平台建设的路径也有不同的选择。可以选择物联网的云服务,用物联网开发平台来构建物

联网应用,或者直接从底层开发物联网应用。相对而言,应用 ThingWorx 等物联网开发平台来开发物联网应用,对于多数企业而言,是一个经济有效的方式。图 2-22 是著名研究机构 Gartner 发表的 2020 年工业物联网平台排名情况。

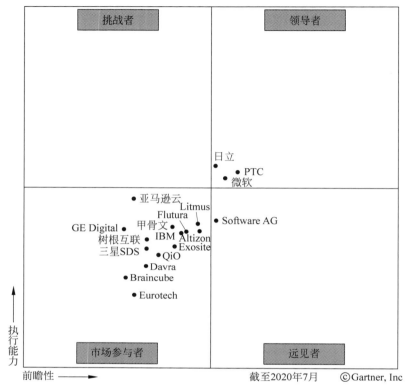

图 2-22 Gartner 2020 年工业物联网平台排名情况

(来源:Gartner)

5)如何实现工业互联网数据的共享、分发、分析与协同

设备运营企业、设备制造企业、零部件企业、维修企业如何实现物联网数据的共享、分发、分析与协同是工业物联网应用最复杂、最重要的问题。例如,中车集团如果要建立一个物联网平台来实现对旗下企业制造的高铁、动车、地铁车辆进行监控,进行故障预警和预测性维护,需要与铁路总公司、各地的地铁公司共享物联网数据,而各个整车制造企业、零部件制造企业应根据其制造的产品和零部件,共享相应的物联网数据,以便进行数据分析,研究自身产品出现的问题,改进产品和制造工艺。维修企业如果对某列车辆进行了维修,或者更换了备品备件,也需要在云平台上留下维修记录。如果某列地铁的车门出现故障,则信息应该传递到地铁公司,对应的站台门就不能打开。在保证信息安全、合理的数据访问权限,以及能够保证制造商的知识产权的前提下,进行物联网数据的共享,是物联网实现深化应用并取得实效的关键。同样道理,航空公司与飞机制造商也应当实现物联网数据的共享。

6）工业互联网平台功能和部署方式的差异化与选型

很多工业互联网平台都强调自身的开放性,甚至实现开源,以便支持各种类型的应用。一个完整的物联网平台,前端应该能够集成各种类型的传感器,后端应当具有海量数据的存储和大数据分析能力,实现与应用系统的集成,支持各种行业应用。例如,GE 就基于 Predix 平台开发了卓越制造的套件(图 2-23),集成了在制品管理、质量管理、生产管理、路线优化等应用功能。因此,企业要进行物联网平台的选型,应当深入理解埃森哲提出的物联网应用成熟度模型(图 2-24),对各类物联网平台的开放性、集成能力、数据分析、行业应用功能进行深入比较。从部署方式来开,有些物联网平台的交付方式是公有云服务,有些物联网平台可以在企业内部部署,或者通过私有云方式部署。这也是企业进行物联网平台选型必须考虑的问题。

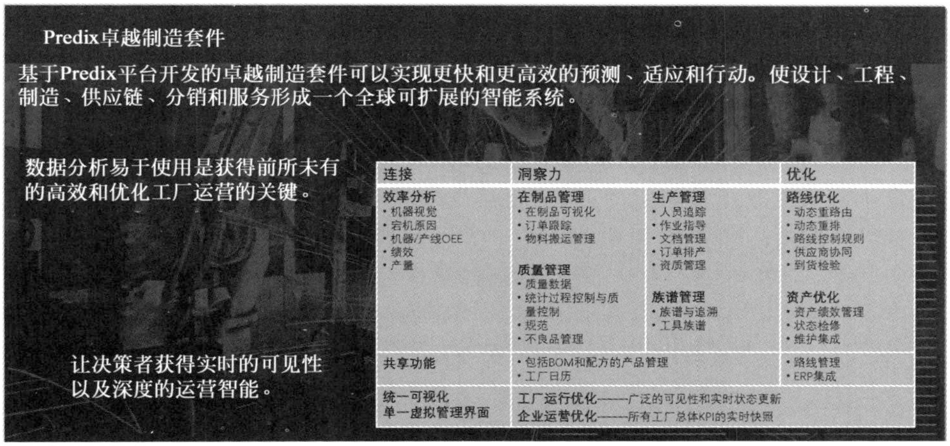

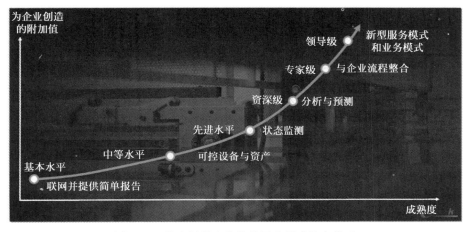

图 2-23　GE 基于 Predix 构建的卓越工厂套件

（来源：https://www.ge.com）

图 2-24　埃森哲提出的物联网应用成熟度模型

（来源：埃森哲）

7）物联网数据的安全与隐私保护问题

物联网应用产生的海量数据的分级存储、备份，以及数据安全、加密，是企业进行物联网应用需要考虑的一个重要问题。有些设备的用户如军工企业，出于数据安全和隐私保护的考虑，不愿意设备制造商获取设备的状态数据。几年前，伊朗核设施的离心机的工控网络被植入的工业病毒入侵而最终瘫痪；而且近年已经出现视频监控数据被盗取的事件。这说明，数据安全是工业物联网应用的前提。如果数据安全得不到保障，企业级的物联网深层次应用就难以实现。

综上所述，制造企业对于工业物联网应用，应当采取积极而又谨慎的态度，开展整体和系统的规划，再由浅入深，逐步开展工业级的物联网应用。虽然目前工业互联网热潮涌动，但是我国的工业互联网应用还处于初级阶段，各界对工业互联网的认识与理解还不太统一。市场上已有的工业互联网平台实际上只能支持某些单点应用或特定功能，还缺乏真正基于多租户的工业互联网平台。各种平台之间要实现集成，涉及诸多的标准和安全问题。按照目前"百花齐放"的发展态势，势必形成很多"云孤岛"。

另外，要实现不同工业互联网平台上的 APP 之间的互操作还面临很多难题。制造企业推进工业互联网应用，还需要认真梳理自己的需求，分析投资收益，不要盲目冒进。实现工业互联网应用，对用户企业，工业互联网平台开发商、运营商、APP 开发者，以及整个产业链而言，都还任重道远。

2.4.2　工业互联网的发展趋势

5G 时代的到来极大地促进了工业互联网的发展。互联网带宽的增长、传感技术的发展、计算和存储能力的迅速提升、IT 架构向组件化和微服务转型将带动工业互联网的广泛应用。工业互联网的发展呈现出以下趋势。

1）新技术与工业互联网广泛融合

5G 与人工智能、大数据、云计算、边缘计算、AR/VR 等技术相结合，全面应用到工业互联网的各核心环节，在不同行业形成多个应用场景。

2）重构工业应用的部署模式

将机理模型和数学模型相结合，构建成微服务组件库，将各种微服务固化为工业 APP，可以面向更加细分的场景，解决具体问题，并可被灵活集成调用。

3）OPC UA、TSN、5G 等构建新的网络体系

5G＋TSN、5G＋工业以太网、SDN 等不同的网络技术组合，可以满足差异化的通信需求。

2.4.3　工业互联网的市场纵览

自 2013 年以来，工业互联网平台的理念和重要性逐渐被产业界所认识，全球各类产业主体积极布局，工业互联网平台进入了全面爆发期。据全球市场研究机构

MarketsandMarkets 预测,2023 年全球工业互联网平台市场规模将增长至 138.2 亿美元,预期年均复合增长率达 33.4%。

纵观全球工业互联网市场,已有超过 150 家的企业推出了工业互联网平台,并形成了以美国、欧洲、亚太地区为主的三大聚集区。其中,美国整体实力最强,GE、微软、亚马逊、PTC、罗克韦尔、思科、艾默生、霍尼韦尔等诸多巨头企业都在积极布局工业互联网平台;其次是欧洲,西门子、Software AG、ABB、博世、施耐德、SAP 等工业巨头立足自身积累的领先制造业基础优势,持续加大工业互联网平台的投入力度;亚太地区则呈现需求强劲、平台发展蓬勃向上的趋势,中国、日本及印度均有着旺盛的应用需求和一批相当活跃的典型企业,例如在日本,有一批知名企业如富士通、马扎克、东芝、牧野机床、发那科、日立等在开展工业互联网平台研发与应用,并取得了显著成效。

中国工业互联网在国家高度重视智能制造、工业互联网的政策激励下,也呈现出一片欣欣向荣的景象。不少大型工业企业组建了工业互联网平台公司,如树根互联、徐工信息、海尔数字科技、石化盈科、宝信、美云智数、虹信软件、格创东智、航天云网、深圳联友、吉利易云、联想大数据、工业富联等。另外,东方国信、寄云科技、华龙讯达等工业互联网平台公司发展也很迅速。此外,还有一些专注于细分领域的专业软件公司,如昆仑数据、黑湖科技、优也、宇动源等。

工业互联网的产业链较长,所涉及领域很多。目前,全球工业互联网平台的开发主体既有工业软件厂商,也有互联网公司,还有制造企业,各类平台企业基于自身的核心优势,从不同层面与角度开展工业互联网布局。

例如,西门子将该公司在数字化工厂方面的优势与其在工业自动化领域领先的专有技术结合,最终打造了定位于 OT 与 IT 战略融合的 MindSphere 平台,更加值得关注的是其在数字孪生方面,从理念到实践都走在前端,提出了 Product Twin(产品孪生)、Production Twin(生产孪生)和 Performance Twin(绩效孪生)三种层次的数字孪生;PTC 在物联网战略转型过程中,充分利用其在 CAD/PLM 的优势进一步扩展 IoT 战略,与此同时通过收购、战略合作、联盟等方式整合优势资源,不断增强其工业物联网平台 ThingWorx 的能力,壮大其物联网生态系统,并将 AR 技术融入 IoT 平台,形成了贯穿研发、制造、客户服务等端到端价值链的全新业务主线;欧洲独立系统软件供应商 Software AG 的 Cumulocity IoT 平台主要面向业务客户而非开发者,并推出了超低代码平台 WebMethods Dynamic APPs,此外又联合机床厂商德马吉森精机、杜尔涂装、卡尔蔡司光学、申克仪表等合资组建了 ADOMOS 公司,形成了强大的平台服务能力。

微软、亚马逊、阿里云等 IT 巨头凭借在云服务、通用 PaaS 层面的优势,一方面成为国内外主流工业互联网平台的首选合作伙伴,另一方面通过大数据、人工智能与工业领域的结合,形成可视化管理、质量分析优化、预测性维护等工业解决方案;以思科为代表的通信巨头则侧重强调在网络连接性、安全方面的优势,同时也开始将平台连接和服务能力向工厂内渗透，从各种工业以太网和现场总线中获取实时生产数据，支撑形成工业智能应用。

而以安川电机、徐工信息、树根互联等为代表的制造企业或从制造企业孵化的IT公司，依托长期的工业服务实践，实现底层设备数据的采集与集成以及工业知识的封装与复用，叠加以数据分析为核心的服务能力，进一步巩固市场优势地位。另外，近年来 e-works 在组织国际考察过程中发现，国外很多在工业互联网领域有所布局的制造企业，高度重视工业物联网的应用。

例如，德国通快组建了一家从事工业物联网服务的子公司 AXOOM(已被投资公司并购)；FANUC 推出了零宕机(zero clowntime,ZDT)服务，可以为购买其工业机器人的客户提供预测性维护服务；生产裁床的领先企业法国力克(Lectra)从2007 年开始，就推出了设备的远程监控服务，已有超过 75% 的用户选择了该服务；日本主流铣床制造企业牧野机床提出了 Connect(连接)、Collect(采集)和 Analyze(分析)三个步骤的工业物联网服务，实时监控机床主轴等关键部件；全球机床行业龙头企业 MAZAK 公司实现了企业多个工厂之间的互联，并为客户提供了专门进行机床数据采集的 Smart BOX；工业互联网"鼻祖"GE 在推进工业物联网应用方面，针对其资产密集的高价值产品，包括航空发动机、能源装备、高端医疗装备、交通装备进行实时监控与维护，e-works 考察团在美国 GE 的内燃机车再制造工厂看到，其将服役了几十年的内燃机车送到工厂彻底拆解，然后将依然能用的零件，加上一部分新的零件重新组装，添加传感器，连接上 GE 的 Predix 平台，从而实现远程监控和预测性维护。

此外，Ayla、Uptake、Maana 等围绕特定工业行业或领域的业务痛点打造平台的创新企业也很值得关注。Uptake 主要聚焦预测性维护领域，开发了机器学习引擎，提供故障预测、噪声过滤、图像分析、异常检测、动态规划等功能，美国最大的风机运营商 Berkshire Hathaway Energy、世界上最大的工程机械和矿山设备生产厂家卡特彼勒均是其客户；Ayla Networks 是一家诞生在"厨房"里的世界级物联网公司，其从主要聚焦于水处理、暖通空调、大型和小型电器及智能家居等领域，已逐渐延伸到医疗、大型零售商及电信服务商等行业，其于 2014 年正式进入中国物联网市场；Maana 聚焦石油和天然气领域，梳理领域知识打造知识图谱，与机器学习模型相结合，为 GE、壳牌、阿美等石油巨头提供决策和流程优化建议。

2.5 工业大数据

随着企业数字化转型的不断深入，企业积累的各种数据也越来越多，这些数据从分散到集中经历了较长的时间，但数据本身并不直接创造价值。因此，企业需要思考如何利用工业大数据分析工具，深入挖掘蕴藏在数据中的业务价值。

2.5.1　工业大数据的内涵

工业大数据是指在工业领域中,围绕典型智能制造模式,从客户需求到销售、订单、计划、研发、设计、工艺、制造、采购、供应、库存、发货和交付、售后服务、运维、报废或回收再制造等整个产品全生命周期各个环节所产生的各类数据及相关技术和应用的总称。

美国国家科学基金会(NSF)智能维护系统(IMS)产学合作中心的创始人和主任李杰教授在他的《工业大数据》一书中曾指出,在自动化设备产生了大量未被充分挖掘价值的数据、获取实时数据的成本不再高昂、设备的实时运算能力大幅提升以及依靠人的经验已无法满足复杂的管理和优化的需求的条件下,大数据技术在工业领域逐渐兴起。

对制造企业而言,高效的处理和使用工业大数据将有利于企业在新一轮产业竞争中占据产业发展的制高点。工业大数据主要涵盖三类数据,即企业信息化数据、工业物联网数据以及外部跨界数据(图 2-25)。

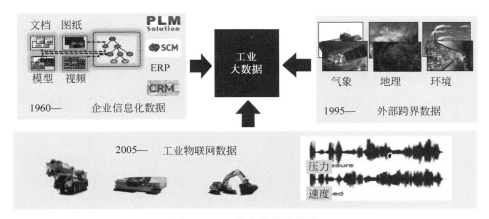

图 2-25　工业大数据的类别

(来源:王建民,清华大学软件学院)

信息化数据是指传统工业自动化控制与信息化系统中产生的数据,如 ERP、MES 等。工业物联网数据是来源于工业生产线设备、机器、产品等方面的数据,多由传感器、设备仪器仪表进行采集产生。外部数据是指来源于工厂外部的数据,主要包括来自互联网的市场、环境、客户、政府、供应链等外部环境的信息和数据。

工业大数据技术是使工业大数据中所蕴含的价值得以挖掘和展现的一系列技术与方法,包括数据规划、采集、预处理、存储、分析挖掘、可视化和智能控制等。归纳来说,主要包括数据采集技术、数据管理技术、数据分析技术。

1. 数据采集技术

工业软硬件系统本身具有较强的封闭性和复杂性,不同系统的数据格式、接口协议都不相同,甚至同一设备同一型号、不同时间出厂的产品所包含的字段数量与名称也会有所差异,因此无论是采集系统对数据进行解析,还是后台数据存储系统对数据进行结构化分解,都会存在巨大的挑战。由于协议的封闭,甚至无法完成设备的数据采集;即使可以采集,在工业大数据项目实施过程中,通常也需要数月时间对数据格式与字段进行梳理。挑战性更大的是多样性的非结构化数据,由于工业软件的封闭性,数据通常只有特定软件才能打开,并且从中提取更多有意义的结构化信息工作通常很难完成,这也给数据采集带来挑战。因此,先进的数据采集技术需要满足海量高速、支持采集的多样性、保证采集过程安全等特点。

未来,先进的数据采集技术并不简单地将数据通过传感器进行采集,而是构建一个多数据融合的数据环境,使产品全生命周期的各类要素信息能实现同步采集、管理和调用。此外,需要尽可能全地采集设备全生命周期各类要素相关的数据和信息,打破以往设备独立感知和信息孤岛的壁垒,建立一个统一的数据环境,这些信息包括设备运行的状态参数、工况数据、设备使用过程中的环境参数、设备维护记录以及绩效类数据等。最后,在先进的数据采集技术下,改变现有被动式的传感与通信技术,实现按需进行数据的收集与传送,即在相同的传感与传输条件下针对日常监控、状态变化、决策需求变化以及相关活动目标和分析需求,自主调整数据采集与传输的数量、频次等属性,从而实现主动式、应激式传感与传输模式,提高数据感知的效率、质量、敏捷度,实现数据采集的自适应管理和控制。

2. 数据管理技术

各种工业场景中存在大量多源异构数据,例如结构化与非结构化数据。每一类型数据都需要高效的存储管理方法与异构的存储引擎,但现有大数据技术难以满足全部要求。以非结构化数据为例,特别是对海量设计文件、仿真文件、图片、文档等,需要按产品生命周期、项目、BOM 结构等多种维度进行灵活有效的组织、查询,同时需要对数据进行批量分析、建模,对于分布式文件系统和对象存储系统均存在技术盲点。另外从使用角度方面讲,异构数据需要从数据模型和查询接口方面实现一体化的管理。例如在物联网数据分析中,需要大量关联传感器部署信息等静态数据,而此类操作通常需要将时间序列数据与结构化数据进行跨库连接,因而先进的数据管理技术需要针对多模态工业大数据进行统一协同管理。

3. 数据分析技术

工业大数据分析技术包括多种技术,最常用的有 K 均值、BP 神经网络、遗传算法和贝叶斯理论等。其中 K 均值是最常用的主流聚类分析算法,BP 神经网络是较先进的数据挖掘分析方法。使用工业数据之前,许多用户不知道期望的目标,并且无法获取更多的数据应用背景知识,可以利用 K 均值算法构建一个自动聚类分析的大数据模式。例如通过分析后能够自动将工业设计数据划分为高、中、低等档次,企业可以把高档设计案例推荐给用户,促进商务达成。BP 神经网络可以通过机器学习获取相关指标关键特征,从而通过网络算法构建一个分类的预测系统,这样可以用于判断日常运行趋势,在设备的智能化健康维护中就较多地应用到这项技术。当前先进的数据分析技术包括以下几个方面。

1）强机理业务的分析技术

工业过程通常是基于"强机理"的可控过程,存在大量理论模型,刻画了现实世界中的物理、化学、生化等动态过程。另外,也存在着很多的闭环控制、调节逻辑,让过程朝着设计的目标逼近。在传统的数据分析技术上,很少考虑机理模型(完全是数据驱动),也很少考虑闭环控制逻辑的存在。

2）低质量数据的处理技术

低质量数据会改变不同变量之间的函数关系,这给工业大数据分析带来灾难性的影响。现实中,制造业企业的低质量数据普遍存在,例如 ERP 系统中物料存在"一物多码"问题,无效工况、重名工况、非实时等数据质量问题也大量存在。这些数据质量问题都大大限制了对数据的深入分析,因而需要在数据分析工作之前进行系统的数据治理。

工业应用中因为技术可行性、实施成本等原因,很多关键的量没有被测量,或没有被充分测量(时间/空间采样不够,存在缺失等),或没有被精确测量(数值精度低),这就要求分析算法能够在"不完备""不完美""不精确"的数据条件下工作。在技术路线上,可大力发展基于工业大数据分析的"软"测量技术,即通过大数据分析,建立指标间的关联关系模型,通过易测的过程量去推断难测的过程量,提升生产过程的整体可观可控。

2.5.2　工业大数据的发展趋势

随着智能制造与工业互联网概念的深入,工业产业进入了新一轮的全球性革命,互联网、大数据与工业的融合发展成为了新型工业体系的核心,工业大数据的应用将带来工业生产与管理环节的极大的升级和优化,其价值正在逐步体现和被认可。

工业大数据是推进工业数字化转型的重要技术手段,需要"业务、技术、数据"的融合。这就要求从业务的角度去审视当前的改进方向,从 IT、OT、管理技术的角度去思考新的运作模式、新的数据平台、应用和分析需求,从数据的角度审视如何通过信息的融合、流动、深度加工等手段,全面、及时、有效地构建反映物理世界的逻辑视图,支撑决策与业务。因此,工业大数据的发展将呈现以下发展趋势。

1. 数据大整合、数据规范统一

工业企业逐步加强工业大数据采集、交换与集成,打破数据孤岛,实现数据跨层次、跨环节、跨系统的大整合,在宏观上从多个维度建立切实可行的工业大数据标准体系,实现数据规范的统一。另外,在实际应用中逐步实现工业软件、物联设备的自主可控,实现高端设备的读写自由。

2.机器学习,数据到模型的自动建模

在实现大数据采集、集成的基础上,推进工业全链条的数字化建模和深化工业大数据分析,将各领域各环节的经验、工艺参数和模型数字化,形成全生产流程、全生命周期的数字镜像,并构造从经验到模型的机器学习系统,以实现从数据到模型的自动建模。

3.构建不同领域专业数据分析算法

在大数据技术领域通用算法的基础上,不断构建工业领域专业的算法,深度挖掘工业系统的物理化学原理、工艺、制造等知识,满足企业对工业数据分析结果高置信度的要求。

4.数据结果通过 3D 工业场景可视化呈现

进行数据和 3D 工业场景的可视化呈现,将数据结果直观地展示给用户,增加工业数据的可使用度。通过 3D 工业场景的可视化,实现制造过程的透明化,有利于过程协同。

2.5.3　工业大数据市场纵览

目前,国内外做大数据的厂商主要分为两类:一类是已经具有获取大数据能力的公司,他们利用自身优势地位冲击着大数据领域,并占据着市场主导地位。主要包括 IBM、SAP、HPE、Teradata、甲骨文、微软等老牌厂商,谷歌、亚马逊、百度、腾讯、阿里巴巴等互联网巨头,以及华为、浪潮、中兴等国内领军企业,涵盖了数据采集、数据存储、数据分析、数据可视化以及数据安全等领域。

另一类是初创的大数据公司,他们针对市场需求,为市场带来创新方案并推动技术发展。国外有专注 Hadoop 技术的三家公司 Cloudera、Hortonworks(两家公司已合并)和 MapR(已被 HPE 收购),以及 Palantir、Splunk、Tableau(已被 Salesforce 收购)等,其中 Palantir 是被称为硅谷最神秘独角兽的大数据挖掘公司,Splunk 从日志分析工具起家,当前已成为机器数据分析龙头企业;国内有航天云网、树根互联、石化盈科等一批具有制造基因的企业,他们具有较强数据汇聚能力,还包括星环科技、天云大数据、昆仑数据、美林数据、东方国信、Kyligence 等技术型企业,他们在数据存储、数据建模、分析处理等领域不断突破核心技术。

2.5.4　工业大数据产业发展

工业大数据技术及应用将成为未来提升制造业生产力、竞争力、创新能力的关键要素,是驱动产品智能化、生产过程智能化、管理智能化、服务智能化、新业态新模式智能化,以及支撑制造业转型和构建开放、共享、协作的智能制造产业生态的重要基础,对实施智能制造战略具有十分重要的推动作用。

当前,我国的大数据产业增长迅速,产业规模持续放大。大数据产业主要涵盖

三个层次,基础支撑、数据服务和融合应用相互交融,协力构建了完整的大数据产业链。

基础支撑是整个大数据产业的核心,它提供了大数据产品和服务正常运转所需的多样化软硬件资源,包括大数据存储管理系统、大数据网络和计算等系统资源管理平台、大数据管理平台,以及大数据相关硬件设备等。其中,大数据存储、网络和计算相关的软硬件产品和服务,为海量数据的存储、传输和分析挖掘奠定了坚实基础,代表厂商有专注 Hadoop 发行版的星环科技、红象云腾和天云大数据,传统数据库厂商人大金仓和南大通用,研发新型分布式数据库的巨杉数据库、PingCAP 等,以及华为、联想、浪潮、中兴等硬件厂商。

数据服务是围绕各类应用和市场需求,提供辅助性的服务,包括前端的数据采集、中端的流处理、批处理、即时查询、数据分析和数据挖掘,末端的数据可视化,以及贯穿始终的数据安全。这一层通常与上层融合应用相伴,同时也可作为独立的环节提供技术服务。由于数据服务层覆盖了数据处理各个流程,积极布局各个细分领域的厂商也较多。例如在商业智能领域有阿里云,其 Quick BI 是第一个入选 Gartner 数据分析和商业智能领域的中国产品,还包括永洪科技、帆软和亦策等;数据可视化领域的海智 BDP、海云数据、数字冰雹相对领先;在数据安全领域有网智天元、安恒信息、明朝万达等。

融合应用是大数据产业的发展重点,主要包含了通用性的营销大数据,以及与行业紧密相关的各类细分领域整体解决方案。在大数据应用市场,一种厂商致力于为企业提供大数据驱动的数字营销解决方案;另一种厂商则基于自身在数据技术的积累,结合不同行业的属性和需求,向客户提供具有行业特色的整体解决方案,在这一细分市场,布局的厂商众多,例如以阿里巴巴、百度、腾讯、人大金仓、浪潮、曙光、南大通用为代表的互联网企业、云计算和数据库厂商纷纷加大应用推广力度,在国际先进的开源大数据技术基础上,形成各自的大数据平台和应用服务解决方案,以支撑不同行业不同领域的专业化应用;还包括昆仑数据、美林数据、百分点等厂商,也均形成了面向不同行业/不同领域的大数据应用,如百分点已推出了基于大数据的智能营销、基于大数据的智能供应链、基于大数据的智能工厂、基于大数据的智能物联网这四大智能场景解决方案。

随着大数据技术与开源社区的不断成熟,为数据技术向工业界渗透提供了必要的条件,同时也为高端制造企业提供了巨大的市场机会。近年来,国际知名工业企业、软件公司和科研机构纷纷研发面向制造业转型升级的大数据产品和系统。

美国通用电气公司联合 Pivotal 向全球开放工业互联网云平台 Predix,将各种工业资产设备接入云端提供资产性能管理(APM)和运营优化服务;丹麦维斯塔斯(Vestas)公司联合 IBM 基于 Big Insights 大数据平台分析气象、传感器、卫星、地图数据支持风场选址、运行评估等工作;德国西门子公司面向工业大数据应用,整合远程维护、数据分析及网络安全等一系列现有技术和新技术,推出 Sinalytics 数字化服务平台,作为其实现工业 4.0 的重要抓手;德国 SAP 公司开发了面向物联网应用和实时数据处理的 HANA 大数据平台,并利用其在传统企业信息化 ERP系统上的优势,推动 HANA 与信息化系统的集成;美国航空航天局对外开放自身数据,帮助进行火星 8 生命探测和天文观测等。此外,硅谷新兴创业公司也在积极投入工业数据的技术和产品研发,典型代表有 Uptake Tech 公司,为建筑、航空、采矿行业提供分析与预测软件服务。

以下将列举若干工业大数据在实际工业生产中的应用案例。

1) 工业大数据在智能运维服务的应用

案例一:GE 旗下的飞机发动机公司(GE Aircraft Engine)2005 年正式更名为"GE 航空"(GE Aviation)。更名后,企业的业务模式也发生了转型,原来的发动机公司只做发动机,更名后提供运维管理、能力保障、运营优化和财务计划的整套解决方案,整体提升了企业的服务价值空间。GE 航空通过对飞机发动机飞行过程中的运营状态监控,为航空公司在飞机落地前提供可能发生的故障风险预测,并通过工业分析提供引擎健康监控、引擎维护排序/预先调度以及航班排程管理的详细数据,不仅大大提升了发动机的使用率和安全性,还帮助航空公司提供航班的周转率和客观的价值增长。

案例二:为降低产品因为设备意外故障而给客户带来的生产损失,陕鼓动力搭建了智能远程运维系统。该系统管理和监测的数据源包括设备状态数据、业务数据和知识库数据三大类。其中设备状态数据指对陕鼓动力设备的实时变量数据;业务数据主要包括用户档案、机组档案、现场服务记录、用户合同管理、备件生产管理等设备管理过程中产生的数据;知识库数据主要包括设备设计图纸、加工工艺、装备工艺、制造质量数据、测试数据、核心部件试车、整机试车、各类标准工时文件等。通过设备振动、温度、流量、压力等传感器与控制系统,将数据接入到智能平台管理控制模块(IPMC)系统,数据实时处理后,送入现场监控一体化的 HMI 系统,可直接向用户呈现设备运行状态分析结果。同时,利用互联网或无线网络,将数据实时远程传输至陕鼓远程智能运维中心,中心专家结合交互式电子技术手册(IETM)、备件协同系统、PLM 等其他数据,向用户提供中长周期的设备运行指导意见(图 2-26)。自 2012 年底首次建立试点以来,陕鼓动力已对 13 家用户实施该运维服务,几年间维保服务收益超过 4000 余万元,带动备件、检维修等业务收益3.3 亿元,为用户带来直接设备收益约 1.7 亿元[9]。

2) 工业大数据在生产过程质量控制中的应用

某世界 500 强的生活消费品公司在纸尿裤生产过程中曾遭遇生产过程质量控制瓶颈。其在高速生产过程中某个工序一旦出现错误,生产线会进行报警并使整条生产线停机,生产效率低下。

为了提升生产线的过程质量控制和生产效率,这家公司对生产线的监控和控

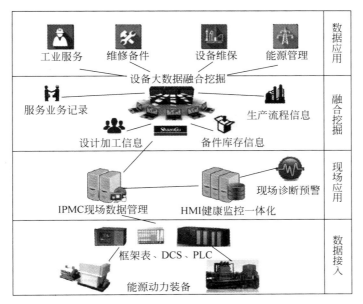

图 2-26　陕鼓动力远程智能运维系统技术架构

（来源：《中国工业大数据技术与应用白皮书》，工业互联网产业联盟（AII））

制系统进行了升级。首先利用控制器采集了每个工序的控制信息和状态监控参数，从这些信号中寻找出现生产偏差时的数据特征，并利用数据挖掘的分析方法，找到正常生产状态和偏差生产状态下的序列特征。随后用机器学习的方法记录下这些特征，建立判断生产状态正常和异常的质量健康评估模型。在利用历史数据进行模型评价的过程中，该健康模型能够识别出所有生产异常的样本，并通过样本比对生产过程中的即时动态指标，当系统识别出生产异常时，生产线能在维持原有生产速度的状态下，自动将这一产品从生产线中分离出来，而并不造成整条产线的异常停机。这一转变，使该公司每年在生产效率提升上的直接经济收益高达 4.5 亿美元[10]。

3）工业大数据在能源管理中的应用

江苏沙钢是目前国内最大的电炉钢和优特钢生产基地。为缓解钢铁企业的节能减排压力，沙钢统一对自动化机械数据、业务数据、能耗数据进行综合管理与分析。通过系统提供多种能耗状态的实时跟踪管理，如发电机组效率跟踪、车间峰平谷用电统计、设备峰平谷总运行率管理等；此外还通过预测调度技术，提升能源调度智能化水平。通过工况组合预测技术、多介质协调调度技术，实现了煤气-蒸汽-电气介质的协调调度，可以根据生产计划、设备检修及故障信息生成调度方案，指导调度人员进行预先、精确的调度调整，整体优化能耗水平。仅 2016 年沙钢通过工业大数据的应用提升能源管理就获得了 3.49 亿元收益（图 2-27）。

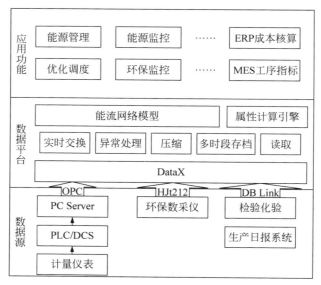

图 2-27　沙钢能源管理大数据技术架构

2.6　人工智能

人工智能的概念第一次被提出是在 20 世纪 50 年代,距离现在已 60 余年的时间。然而直到近几年,人工智能才迎来爆发式的增长。究其原因,主要在于日趋成熟的物联网、大数据、云计算等技术的有机结合,驱动着人工智能技术不断发展,并取得了实质性的进展。

2.6.1　人工智能的内涵与关键技术

人工智能是研究开发能够模拟、延伸和扩展人类智能的理论、方法、技术及应用系统的一门新的技术科学,研究目的是促使智能机器会听(语音识别、机器翻译等)、会看(图像识别、文字识别等)、会说(语音合成、人机对话等)、会思考(人机对弈、定理证明等)、会学习(机器学习、知识表示等)、会行动(机器人、自动驾驶汽车等)。

具体地讲,人工智能通过五类基本技术来实现:①信息的感知与获取技术,即从外界获得有用的信息,主要包括传感、测量、信息检索等技术,它们是人类感觉器官功能的扩展。②信息的传输与存储技术,即交换信息与共享信息,主要包括通信和存储等技术,它们是人类神经系统功能的扩展。③信息的处理与认知技术,即把信息提炼成为知识,主要包括计算技术和智能技术,它们是人类思维器官认知功能的扩展。④信息综合与再生技术,即把知识转变为解决问题的策略,主要包括智能决策技术,它们是人类思维器官决策功能的扩展。⑤信息转换与执行技术,即把智能策略转换为解决问题的智能行为,主要包括控制技术,它们是人类效应器官(行动器官)功能的扩展。

人工智能的主要功能可归纳为以下四方面。

(1)机器感知:感知是感觉与知觉的统称,它是客观事物通过感官在人脑中的直接反映。机器感知是研究如何用机器或计算机模拟、延伸和扩展人的感知或认知能力,包括机器视觉、机器听觉、机器触觉等。机器感知是通过多传感器采集,并经复杂程序处理的大规模信息处理系统。

(2)机器思维:大脑的思维活动是人类智能的源泉,没有思维就没有人类的智能。机器感知主要是通过机器思维实现的,机器思维是指将感知得来的机器内部、外部各种工作信息进行有目的的处理。

(3)机器学习:学习是有特定目标的知识获取过程,也是人类智能的主要标志和获得知识的基本手段,学习表现为新知识结构的不断建立和修改。机器学习是计算机自动获取新的事实及新的推理算法等,是计算机具有智能的根本途径。

(4)机器行为:行为是生物适应环境变化的一种主要的手段。机器行为研究如何用机器去模拟、延伸、扩展人的智能行为,具体包括自然语言生成、机器人行动规划、机器人协调控制等。

对人工智能而言,其关键技术包含算法、软件框架及芯片。算法是推动人工智能发展的重要推动力,算法通过封装到软件框架获得应用,芯片是支撑算法计算能力的关键基础硬件。

1)算法

人工智能涉及的算法主要分为回归、分类和聚类三种[11]。近年来,以深度学习算法为代表的人工智能技术在诸多领域都实现了突破,但这类算法并不完美。目前,诸如胶囊网络、生成对抗网络、迁移学习等算法被提出。

2)软件框架

软件框架是算法模型工具库的集合,可以供各类开发者使用。目前,软件框架有开源和闭源两种形式,主流软件框架基本是开源。从内容上分,业界主要有深度学习训练软件框架和推断软件框架两大类别。其中,基于深度学习的训练框架主要实现对海量数据的读取、处理及训练。目前主流的深度学习训练软件框架主要有 TensorFlow、MXNet、Caffe、PaddlePaddle 等。在终端侧限定设备性能及功耗等因素的场景应用,也出现了诸多 Caffe2go、TensorFlow Lite 等开源终端侧软件框架。

3)芯片

人工智能算法的实现需要强大的计算能力支撑,特别是深度学习算法的大规模使用,对计算能力提出了更高的要求。

从应用场景角度看,AI 芯片主要有两个方向,一个是在数据中心部署的云端,另一个是在消费者终端部署的终端。从功能角度看,AI 芯片主要是用于训练和推理。训练需要极高的计算性能、较高的精度,能处理海量的数据,并具有一定的通用性,以便完成各种各样的学习任务。推理相对来说,对性能的要求并不高,对精度要求更低,在特定的场景下,对通用性要求也不高,能完成特定任务即可。

从技术架构来看,AI 芯片有四类:一是通用性芯片,如 GPU;二是以现场可编程门阵列(field programmable gate array,FPGA)为代表的半定制化芯片,如深鉴科技的 DPU;三是专用集成电路(application specific integrated circuit,ASIC)全定制化芯片,如谷歌的 TPU;四是类脑芯片。在训练环节,可以使用 GPU、FPGA 以及 ASIC;用于终端推断的计算芯片主要以 ASIC 为主。

2.6.2 人工智能发展趋势

从 1943 年开始神经网络理论研究,到 1956 年达特茅斯(Dartmouth)会议提出"人工智能"这一概念到现在,人工智能经历了早期的研究热潮,实现困难导致的寒冬,以及近年来再次爆发多个阶段[12](表 2-4)。

表 2-4　人工智能发展重大事件

时间	关键词	事　　件
1943 年	神经网络	生理学家 W. S. 麦卡洛克(W. S. McCulloch)和数学家 W. A. 皮特(W. A. Pitts)提出了形式神经元模型(M-P 模型),开创了神经网络科学理论研究的新时代
1950 年	图灵算法	英国数学家阿伦·麦迪森·图灵(Alan Mathison Turing)发表题为《计算的机器与智能》的论文,提出图灵测试、机器学习、遗传算法等概念
1956 年	"人工智能"概念	在美国达特茅斯学院召开会议,共同讨论"模拟人类的机器",首次确立了"人工智能"的概念
1958 年	神经网络	就职于康奈尔(Cornell)航空实验室的弗兰克·罗森布拉特(Frank Rosenblatt)发明了一种被称为感知器(perceptron)的人工神经网络
1980 年	专家系统	卡耐基·梅隆大学开始开发一款能够帮助顾客自动选配计算机配件的 XCON 专家系统,并于 1980 年正式投入工厂使用
1982 年	神经网络	约翰·霍普菲尔德(John Hopfield)几乎同时与杰弗里·希尔顿(Geoffrey Hinton)提出了具有学习能力的神经网络算法
1986 年	BP 神经网络	戴维·鲁尔哈特(David Rurnelhart)与詹姆斯·麦克莱兰(James McClelland)发表《并行分布式处理》(*Parallel Distributed Processing*)一书,提出了误差反向传播前馈型神经网络,简称 BP 神经网络,可广泛应用于函数逼近、模式识别、数据挖掘、系统辨识与自动控制等领域

时 间	关键词	事　件
2006 年	"深度学习"神经网络	杰弗里·希尔顿（Geoffrey Hinton）出版了 *Learning Multiple Layers of Representation*[《学习多层次的表达》（尚无中译本）]，提出了"深度学习"神经网络
2013 年	深度学习算法在语音和视觉识别上的成功应用	语音识别和图像识别领域运用深度学习算法取得了很好的效果，识别率分别超过 99％和 95％
2014 年	无监督学习算法	无监督学习算法取得突破，脸书（Facebook）使用无监督学习算法将脸部识别率提升到 97.25％
2016—2017 年	深度学习机器人	运用深度学习技术的机器人 AlphaGo 击败了人类围棋冠军李世石、柯洁

　　人工智能迎来爆发式的增长离不开物联网、大数据、云计算等技术的快速发展，物联网使得大量数据能够被实时获取，大数据为深度学习提供了数据资源及算法支撑，云计算则为人工智能提供了开放平台。这些技术的有机结合，驱动着人工智能技术不断发展，并取得了实质性的进展。尤其是 2016 年 3 月 AlphaGo 与李世石的人机大战，将人工智能推到了风口浪尖，引爆了新一轮的人工智能热潮。关于人工智能的研究和应用开始遍地开花，人工智能产业迎来爆发式增长，产业规模迅速扩大。

　　人工智能对社会和经济的影响日益凸显，各国政府也先后出台了对人工智能发展的政策，并将其上升到国家战略的高度。图 2-28 是包括美国、中国和欧盟在内的多国和组织颁布的国家或地区层面的人工智能发展政策。

　　目前，随着人工智能技术的日臻完善，在技术层面，AutoML 等工具的出现降低了深度学习的技术门槛；在硬件层面，各种专用芯片的涌现为深度学习的大规模应用提供了算力支持；物联网、量子计算、5G 等相关技术的发展也为深度学习在产业的渗透提供了诸多便利。

　　伴随着国内外科技巨头对人工智能技术研发的持续投入，以深度学习为框架的开源平台极大降低了人工智能技术的开发门槛，有效提高了人工智能应用的质量和效率。未来，各行各业将会大规模应用深度学习技术实施创新，加快产业转型和升级的节奏。另外，自动机器学习 AutoML 的快速发展将大大降低机器学习成本，扩大人工智能应用普及率；多模态深度语义理解将进一步成熟并得到更广泛的应用。

　　在硬件上，人工智能芯片将逐渐大规模落地。端侧人工智能芯片将会显现出更加低成本化、专业化以及系统集成化的重要特征。同时，NPU 将成为下一代端侧通用 CPU 芯片的基本模块，未来越来越多的端侧 CPU 芯片都会以深度学习为核心支撑进行全新的芯片规划。

　　此外，随着 5G 和边缘计算的融合发展，算力将突破云计算中心的边界，向万物蔓延，将会产生一个个泛分布式计算平台，对时间和空间的洞察将成为新一代物联网平台的基础能力。这也将促进物联网与能源、电力、工业、物流、医疗、智慧城

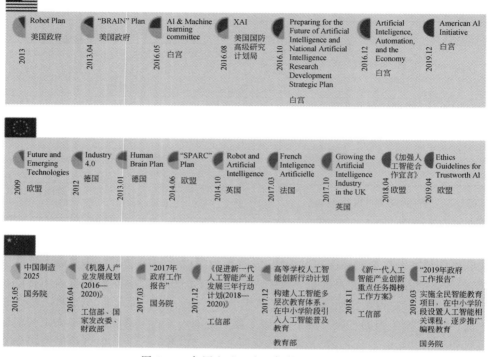

图 2-28　各国和地区人工智能最新政策

（来源：政府工作报告，公开资料，德勤研究）

市等更多场景发生融合，创造出更大的价值。在量子计算方面，可编程的中等规模有噪量子设备的性能会得到进一步提升并初步具备纠错能力，最终将可运行具有一定实用价值的量子算法，量子人工智能的实际应用也将得到极大助力。未来也将会涌现一大批高质量的量子计算平台和软件，人工智能技术将与之实现深度融合。

2.6.3　人工智能产业及市场纵览

如今人工智能已经成为切实改变世界的革新技术，工业 4.0 时代的企业也逐渐认识到它对制造业转型升级的巨大价值。

从人工智能产业来看，根据中国信息通信研究院（信通院）披露的信息，2020 年全球人工智能产业规模 1565 亿美元，增长率为 12%；中国人工智能产业规模大约3100 亿元，同比增长 15%。据信通院监测平台数据统计，截至 2020 年 10 月，全球共有人工智能企业将近 5600 家，中国将近 1450 家。根据艾瑞咨询的预测，2022 年国内人工智能核心产业规模将达到 1573 亿元，复合增速 58%，产业有望持续快速增长。同时，在 2020 年国家工业信息安全发展研究中心发布的《2020 人工智能与制造业融合发展白皮书》中指出，人工智能正在制造业多场景应用落地，人工智能与制造业的融合正在向更深层次迈进。

人工智能产业根据技术层级从下到上，可分为基础层、技术层和应用层（图 2-29）。

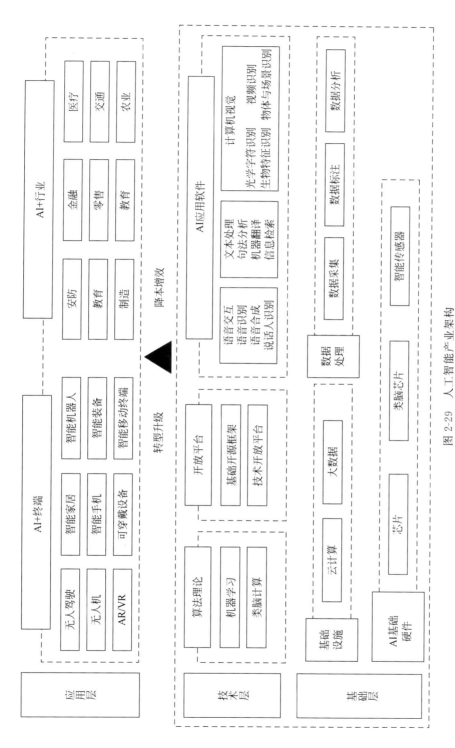

图 2-29　人工智能产业架构

（来源：中国人工智能学会《2018人工智能产业创新评估白皮书》）

1. 基础层

基础层提供数据及算力支撑,包括计算硬件(人工智能芯片、传感器)、数据(数据采集、标注、分析),以及计算系统技术(云计算、大数据等)。其中芯片是人工智能技术链条的核心,技术门槛极高,对人工智能算法处理尤其是深度神经网络至关重要。

目前全球的人工智能芯片生态搭建已基本成型,主要的贡献者多为国际科技巨头。从市场角度来看,对人工智能芯片的需求主要来自训练、云端和终端推断三个方面,由此形成了包括训练、云端和终端人工智能芯片市场。

在通用类 AI 芯片市场,英伟达的 GPU 占统治地位,谷歌也以其 ASIC 芯片和 TensorFlow 的软硬件结合构建了横跨训练和云端推断层的 TPU 生态;在云端 AI 芯片市场,云端推断方面,各大巨头纷纷在 FPGA 芯片＋云计算上布局,英特尔、Altera 等是 FPGA 芯片的主要玩家。亚马逊 AWS、微软 Azure、IBM、Facebook 等都采用了 FPGA 加速服务器,我国云计算数据中心阿里云、腾讯云、百度云也在布局云端推断市场;终端 AI 芯片市场的特点是高度定制化,主要针对智能手机、无人驾驶、计算机视觉、VR 设备等,代表厂商包括苹果、Mobileye、Movidus、微软、高通等。近几年我国在这方面也有了长足的发展,代表厂商有华为海思、联发科、寒武纪、地平线、深鉴科技、比特大陆。近两年来随着边缘计算的发展,AI 芯片的市场争夺逐渐走向边缘,各大厂商都争相推出边缘 AI 芯片,包括谷歌、英伟达、英特尔、高通、华为、寒武纪等,将人工智能算法布局在边缘端,能够更快地对情况做出响应。国内比较有代表性的如华为的昇腾 310 芯片,其典型边缘计算场景包括安防、自动驾驶、智能制造等。

2. 技术层

技术层是人工智能产业的核心,以模拟人的智能相关特征为出发点,构建技术路径。主要包括应用软件(机器视觉、智能语音、自然语言理解、知识图谱、跨媒体分析、群体智能、脑机接口……)、算法理论(机器学习)、开发平台(基础开源框架、技术开放平台)。

在应用软件方面,计算机视觉和智能语音是市场规模最大、发展最为迅速的两个应用方向,我国在这两个方面的发展已处于领先水平。市场上,除了 BAT(百度、阿里巴巴、腾讯)外,涌现出一大批独角兽公司。在计算机视觉方面,代表企业有旷视、商汤、云从、依图,他们被并称为机器视觉"四小龙",在图像获取、预处理、特征提取、检测/分割和高级处理等技术方面都已处于行业领先地位;此外,还有在人脸识别跟踪方面优势突出的格灵深瞳、专注于图像识别的摩图科技、专注于智能驾驶领域的 Minieye 等。在智能语音方面,代表企业有老牌智能语音龙头企业科大讯飞,其业务包括 AI 的技术和应用两个层面,涉及多个行业,此外还有新秀领军企业思必驰、云知声、捷通华声、声智科技等。

在算法理论方面,美国是人工智能算法发展水平最高的国家。从高校科研到企业的算法研发,美国都占据着绝对优势。以 Facebook、谷歌、IBM、微软为主的科技巨头均将人工智能的重点布局在算法和算法框架等高门槛的技术之上,这些巨头也纷纷推出了机器学习平台或基础开源框架。

在机器学习平台方面,国际上主流的机器学习平台包括谷歌 AutoML、微软 Azure Machine Learning 等,国内除了 BAT 外,最值得一提的是第四范式的先知平台,其最大的特点是能够帮助企业快速构建 AI 应用。

在开源框架方面,主流产品包括谷歌 TensorFlow、Facebook 深度学习框架 Torchnet、微软 DMTK、IBM SystemML。在中国,目前只有极少数科技巨头拥有针对算法的开放平台,如百度 PaddlePaddle 平台是典型的深度学习方法的开源平台,此外还有商汤科技的深度学习训练框架 SenseParrots。

在技术开放平台方面,虽然早年一直由国外巨头领跑,但近几年在我国政府的推动下,国内大型企业也开始尝试营造开放的行业生态。典型的如百度、阿里云、腾讯、科大讯飞、商汤科技分别建设的自动驾驶、城市大脑、医疗影像、智能语音、智能视觉人工智能开放创新平台。此外较为知名的还有松鼠 AI 智能教育、京东智能零售、搜狗智能语音、旷世科技智能视觉等开放平台。

3. 应用层

应用层集成了一类或者多类人工智能基础应用技术,面向特定应用场景需求而形成软硬件产品或解决方案。应用层拥有广阔的市场,此外,得益于各大国内外的科技巨头对开源科技社区的推动,帮助人工智能应用层面的创业者突破技术的壁垒,使得其相对于其他两层,进入的门槛也相对较低。

应用层主要从终端产品和行业解决方案两方面进行产业布局。终端产品主要聚焦在智能汽车、无人机、机器人、智能家居、可穿戴设备等领域。在行业解决方案方面,主要聚焦在安防、金融、医疗、电商/零售、金融等行业,制造业的应用还在起步和探索阶段。据统计,我国 AI 企业主要集中在应用层,占比接近80%。在 AI+制造行业,具有代表性的有初创企业创新奇智,"技术产品"+"行业场景"的双轮驱动模式使其迅速成长,创新奇智坚持在统一的技术栈下强化算力、算法和数据本领,再输出至"行业场景",创新奇智 ManuVision 平台覆盖定位、识别、检测、测量等功能,用于服务不同的应用场景并实现规模化交付。此外,应用层还有专注无人驾驶领域的智行者,可穿戴设备领域的亮风台,医疗领域的体素科技、汇医慧影,安防领域的云天励飞,机器人领域的大疆、图灵机器人等一大批的 AI 企业。

近几年,我国人工智能市场呈现出大量初创企业涌现、人工智能领域投融资热度升温、国家政策不断推进等特点。

2.6.4　人工智能典型应用

人工智能技术近年来发展迅速,包括机器学习、自然语言处理、计算机视觉、智适应技术等领域都得到了长足的发展。随着人工智能技术应用场景的不断拓展,在智能制造建设过程中,除了质检、分拣、预测性维修维护外,通过人工智能与其他相关技术的结合已经可以优化制造各个环节的效率。

生活中的人工智能应用,如苹果 iPhone、iPad 以及 Mac 上的语音助手 Siri,用户可以通过 Siri 实现读短信、介绍餐厅、询问天气、设置闹钟、实时翻译等;谷歌、百度、特斯拉的无人驾驶汽车能代替驾驶人,自动感知道路、车辆位置和障碍物信息,并自动控制车辆的转向和速度,实现车辆安全可靠地行驶;击败人类围棋选手的人工智能程序 AlphaGo;无人零售商店可实现快捷便利的购物与支付。这些都是人工智能技术带给人类生活方式的新体验。

像 AlphaGo、Siri 等人工智能技术的典型应用,基本原理都是计算机通过语音识别、图像识别、读取知识库、人机交互、物理传感等方式,获得音视频的感知输入,然后从大数据中进行学习,得到一个有决策和创造能力的大脑。而这其中很重要的两个要素便是数据和学习算法。例如,利用互联网收集的海量语音数据来训练计算机的语言识别,利用海量图片训练计算机的机器视觉,数字化人类的驾驶习惯、行为习惯并用于深度学习和模仿。

人工智能主要研究领域有机器学习(深度学习、监督学习、非监督学习等)、自然语言处理(问答、机器翻译、文本分类等)、语言处理(语音和文本之间的转换)、图像处理(图像识别、计算机视觉等)。

其中,语音识别和图像识别的应用很多。图像识别或语音识别是计算机对图像或语音进行处理、分析和理解,以识别各种不同模式的目标和对象的技术,在自然语言识别与理解、图像识别与理解方面,已经开始在语音输入、智能客服、人脸识别等相关领域商用。

语音识别方面,YouTube 调用谷歌的自动语音识别技术(ASR)给 YouTube视频自动加入字幕,该技术可支持英语、日语、韩语、西班牙语、德语、意大利语、法语、葡萄牙语、俄语、荷兰语,虽然未达到 100％的准确度,但可以一定程度地帮助观众理解视频内容。谷歌推出一款全新的文字转语音系统 Tacotron2,可以生成与真人声音极其相似的发音,谷歌计划将其应用在 Google Assistant 等系统中。

图像识别方面,日本 NEC 公司建立了一个人工智能系统,可通过此系统迅速搜索闭路电视(closed circuit television,CCTV)镜头并从其中的上百万个人脸中识别出特定人员,据公司人员称"从 100 万个人中定位某一个人只需 10 秒"。2015年,国内人工智能视觉领域的创业公司旷视(Face＋＋)为蚂蚁金服提供了"刷脸支付"概念的技术支持,2017 年支付宝已经正式上线"刷脸支付"功能,之后微信也上线了该功能,完全颠覆了传统支付手段的使用。

人工智能技术正在向众多行业渗透,也包括制造业。目前,人工智能在制造企业细分垂直领域的探索明显加快,许多工业智能公司也相继完成了标杆场景的应用落地,主要包括研发设计、生产制造、管理活动三大方向,应用场景涵盖产品设计、计划排程、生产过程优化、质量检测、园区物流、设备健康管理、营销服务、供应链管理八大领域,具体包括智能语音交互产品、图像识别、人脸识别、图像搜索、声纹识别、文字识别、机器翻译、机器学习、大数据计算、数据可视化等方面。

人工智能技术用于产品研发设计过程,优化设计方案或提供更多可选的设计方案。Autodesk 公司在人工智能算法的基础上,推出新的设计方式来最大限度地提高产品设计效率,例如支持设计师通过输入目标和方法,使软件运行人工智能算法,产生一个广泛的设计方案,供创作者选择,可以创造出一些令人难以置信的几何形状(图 2-30)。

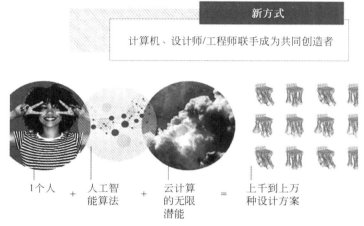

图 2-30　Autodesk 公司新的设计理念

(来源:Autodesk)

人工智能技术用于实现协助建设深度感知智能生产系统,让设备具有状态自感知、自诊断能力,使各种设备之间协调生产,同时实现设备故障预警。作为日本最领先的机器人公司之一,发那科研发出了一套基于深度学习的圆柱棒料散堆拾取系统,使机器人实现在拾取中学习,使拾取成功率在数据增加过程中不断提升(图 2-31)。

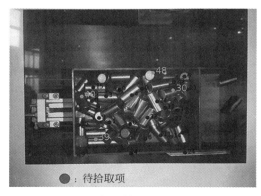

图 2-31　发那科机器人视觉画面

一家位于以色列的创业公司"3D信号"提出，使用基于深度学习的人工智能可以听到机器（如工厂的圆形切割刀片或发电厂的水力发电涡轮机等）的警告信号，并据此提前发现故障，该公司可提供三层服务：一是根据机器部件的基本物理建模来预测磨损时间；二是使用深度学习算法和麦克风收集的声音，检测奇怪或异常的噪声，并通过训练，软件提示发生的问题；三是将具体的声音标记、分类，然后通过深度学习将特定声音与具体故障进行关联。国内也有公司有类似解决方案。

人工智能技术用于实现智能化诊断产品质量，代替人工进行质量检测，提高质检效率和准确度。2017年，人工智能领域知名科学家吴恩达宣布推出 Landing.ai项目，旨在帮助企业在人工智能时代实现转型，并且已与富士康开展战略合作。Landing.ai 的一个项目正是用计算机视觉做电路板的合格率检测。一个电路板密密麻麻地排放着几百个小元素，人眼很难识别，而用机器只需 0.5 秒便可以识别次品（图 2-32）。NEC 也曾经推出一种视觉检测，用于金属、人工树脂、塑料等产品的加工业生产线，协助作业人员进行产品检测。其原理是基于前期大量数据，分析良品与不良品的特征，总结得到良品与不良品的判别规则，通过影像对比，快速找出不良品，大大提高了生产线效率；当生产线增加新产品制造时，会自动学习新产品的特征信息，并同步更新良品的判别模式。

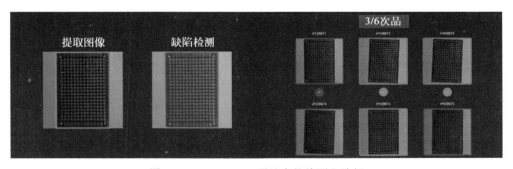

图 2-32　Landing.ai 项目中的检测电路板

人工智能技术用于实现物流供应链的优化，根据历史数据和学习算法预测销量、库存，提高整体运营效率，降低物流成本。例如京东在供应链的多个环节部署实施了 AI 系统。在计划方面，有基于历史数据和统计学习模型的智能预测系统，对商品未来进行销量预测、对各维度仓库进行单量预测；在库存方面，基于大数据平台和增强学习等机器学习技术的销量预测系统，为采购、库存管理等提供了更智能化的建议；在订单运输方面，基于运筹优化技术的智能订单履约系统科学地进行订单生产路径分配及快递安排，以最优的方式满足客户对时效的要求。

人工智能技术目前处于这一轮发展阶段的初期，引起了很多企业的关注，包括传统制造业企业、传统工业软件厂商、传统设备厂商、互联网企业、创业企业等，并已有诸多的尝试和应用实例，但还缺乏产业化应用。随着制造业企业不断推进数字化、信息化，对企业数据的获取和积累，将为之后与人工智能技术的融合提供重要保障,而且随着人工智能技术发展愈加成熟,与制造业领域更加深度融合,对未来制造业发展也将发挥重要的推动作用。

2.7　增材制造

自 20 世纪 80 年代中期光固化成型技术(stereo lithography appearance,SLA)发展以来,国内外已经出现了十几种不同的增材制造成型技术。增材制造因其能快速制造出各种形态的结构组织,对传统的产品设计、工艺流程、生产线、工厂模式、产业链组合产生了深刻影响,已成为制造业最具代表性和最受关注的颠覆性技术之一。

2.7.1　增材制造技术的内涵

增材制造(additive manufacturing,AM)又被称作快速制造技术,是 20 世纪 80 年代发展起来的新制造技术,集成了 CAD、CAM、数控机床、新材料技术以及激光技术等多种先进技术。增材制造技术是采用材料堆积叠加的方法制造三维实体的技术,相对于传统的材料去除-切削加工技术,是一种"自下而上"的新型材料成型方法。基于不同的分类原则和理解方式,增材制造技术还有快速原型、快速成型、快速制造、3D 打印等多种称谓。

根据不同的原理,增材制造技术分为以下几大类[13]。①以烧结和熔化为基本原理:选择性激光烧结(selective laser sintering,SLS)技术、选择性激光熔化(selective laser melting,SLM)技术、电子束熔化(electron beam melting,EBM)技术,主要材料是金属粉末和聚合混合粉末及金属丝。②光聚合成型技术增材制造:光固化成型技术、连续液态界面制造(continuous liquid interface production,CLIP)、聚合物喷射(PolyJet)、数字光处理(DLP),主要材料是光敏树脂。③以粉末-黏合剂为基本原理:三维打印(three dimensional printing,3DP)技术。④其他:熔融沉积成型(fused deposition modelling,FDM)、分层实体制造(laminated object manufacturing,LOM)、气溶胶打印(aerosolprinting)技术、细胞 3D 打印(cellbioprinting)。增材制造技术中的成型工艺见表 2-5。

表 2-5　增材制造技术中的成型工艺

各要点	SLA	SLS	LOM	FDM	SLM	EBM
形成原理	光固化	烧结	黏合	熔融	熔化	熔化
材料种类	光敏树脂	热塑性塑料/金属混合粉末	热塑性塑料	热塑性塑料	金属或合金	金属或合金
材料形态	液态	粉末或丝料	纸材	粉末或丝材	粉末	粉末
精度	高	一般	低	低	高	高

续表

各要点	SLA	SLS	LOM	FDM	SLM	EBM
支撑	有	无	无	有	有	有
优点	技术成熟度高	材料种类多	成型速度快	无需激光器	功能件制造	效率高、稳定性较好
缺点	略有毒性	工件致密度差	材料浪费	成型速度慢	材料成本高，工件易变形	成本高，会产生 X 射线

1）SLS

SLS 主要是通过粉末在激光扫描作用下被逐层烧结堆积而成型。一般其烧结粉末的激光器分为两类：一类为烧结金属粉末所用的激光器，如 Nd：YAG 激光器；另一类为烧结非金属的激光器，如射频 CO_2 激光器。

SLS 的具体工艺流程如下：①利用 CAD 软件设计零件的三维 CAD 模型；②将建立好的模型保存为立体光刻（stereolithography，STL）格式，导入计算机的切片软件进行切片分层处理，生成激光扫描烧结路径，由控制模块控制打印机的光路扫描系统运动；③当预热温度达到指定值时，激光对工作缸上铺好的粉末进行扫描；④完成一层截面信息后，工作缸下降一个层厚，铺粉装置移动并在烧结平面铺上一个层厚，由计算机控制扫描系统进行再次烧结；⑤每一层烧结截面与上次烧结截面烧结固化在一起，经过层层堆积，最后完成整个模型的打印。

依据 SLS 的成型原理，凡是用烧结加热而使粉末黏结在一起的物体均能实现 SLS 打印，因此决定了 SLS 选材范围十分广泛，包括尼龙、聚苯乙烯等聚合物，铁、钛、合金等金属，以及陶瓷、覆膜砂等。由于 SLS 技术并不完全熔化粉末，而仅是将其烧结，因此制造速度快，成型效率高。由于未烧结的粉末可以对模型的空腔和悬臂部分起支撑作用，不必另外设计支撑结构。

同时，由于 SLS 所用的材料差别较大，有时需要比较复杂的辅助工艺，如需要对原料进行长时间的预处理（如加热），对成品表面进行粉末清理等。SLS 成型金属零件的原理是低熔点粉末黏结高熔点粉末，导致制件的孔隙度高，机械性能差，特别是延伸率很低，很少能够直接应用于金属功能零件的制造。

目前，研制 SLS 技术和设备的主要厂商有 3D Systems、Stratasys、EOS 等。

2）SLM

SLM 是在 SLS 技术的基础上发展起来的。相比 SLS 技术，SLM 技术成型是利用高能激光束直接熔化金属粉末，一层一层的选区熔化堆积，成型零件致密度高，抗拉强度等机械性能指标比较高。

SLM 的具体工艺流程如下：①利用 CAD 软件设计零件的三维 CAD 模型；②对三维 CAD 模型进行切片离散和扫描路径规划；③将处理好的三维数据模型导入 SLM 成型设备中；④计算机逐层调入切片信息，通过扫描振镜引导高能激光束选择性地熔化金属粉末，完成一层零件的加工；⑤粉料缸上升一个切片厚度，成型缸下降一个切片层厚,铺粉车将金属粉末从粉料缸均匀地铺到成型缸上;⑥重复上述④⑤过程,直到零件加工完成;⑦将成型好的零件从成型基板上取下,按需对其进行后处理工艺(图 2-33)。

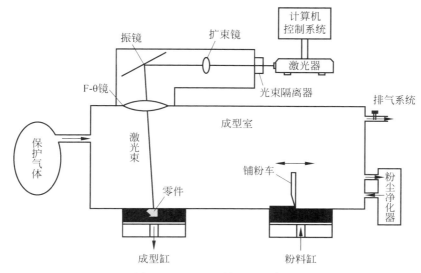

图 2-33 SLM 工艺原理示意图

(来源:周松,《基于 SLM 的金属 3D 打印轻量化技术及其应用研究》)

SLM 的成型材料包括不锈钢、钛合金、铝合金、镍基高温合金等多种金属材料[14]。SLM 适合于加工成型复杂形状的零件结构,尤其是具有个性化需求或复杂内腔结构的零件,一般为单件或小批量生产。成型件的显微维氏硬度(表示材料硬度的一种标准)可高于锻件;在打印过程中材料完全融化,因此尺寸精度较高。

同时,由于高能量激光束等性能要求,SLM 设备比较昂贵;且由于 SLM 技术的工艺较复杂,需要增加支撑结构,目前 SLM 多用于工业级的增材制造。此外,在 SLM 成型过程中会发生金属的瞬间熔化与凝固,形成很大温度梯度,产生残余应力,影响成型件性能。

目前,国外知名的 SLM 设备制造商有 EOS、SLM Solutions、Concept Laser、3D systems、Renishaw、Matsuura,国内有西安铂力特、华科三维、华曙高科等。德国的 EOS 公司是目前全球最大、技术领先的 SLM 设备的制造商。

3) EBM

EBM 通过电子束扫描,熔化粉末材料,逐层沉积制造成型件。由于电子束功率大、材料对电子束能量吸收率高,因此 EBM 技术具有效率高、热应力小等特点,适用于钛合金、钛铝基合金等高性能金属材料的成型制造。

EBM 的工艺流程如下:①利用 CAD 软件设计零件的三维 CAD 模型;②对三维 CAD 模型进行切片离散和扫描路径规划;③将处理好的三维数据模型导入

EBM 成型设备中；④预先在成型平台上铺展一层金属粉末，电子束在粉末层上进行扫描，选择性熔化粉末材料；⑤上一层成型完成后，成型平台下降一个粉末层厚度的高度，然后铺粉、扫描、选择性熔化；⑥重复步骤⑤⑥，逐层沉积实现实体零件的成型。

目前，电子束熔化技术成型材料种类越来越多，包括钛合金、不锈钢、钴铬合金、镍基变形高温合金等，钛铝基合金，铁铝、锰铝等金属间化合物，纯铜，硬质合金以及镍基铸造高温合金等传统难加工材料[15]。

相对于使用较多的激光来说，电能转换为电子束的转换效率更高、反射小，材料对电子束能的吸收率更高。因此，电子束可以形成更高的熔池温度，成型一些高熔点材料甚至陶瓷。并且，电子束熔化成型过程是在高真空环境下完成的，可以保护材料不受污染。加工过程能够保持适当的时效温度，成型件具有良好的形状稳定性和低残余应力的特性。但同时，该技术的成型设备需另配备抽真空系统，打印过程会产生 X 射线，需要屏蔽射线装置等，均拉高了成型成本。

1995 年，麻省理工学院的 V. R. 戴维（V. R. Dave）、J. E. 马茨（J. E. Matz）和 T. W. 伊格尔（T. W. Eagar）等人提出利用电子束将金属粉末熔化进行三维零件快速成型的设想。2001 年瑞典 Arcam AB 公司开发出电子束熔融成型技术并申请专利，实现商业化运作。在国内，清华大学于 2018 年推出了商业化产品 QBeamLab，西北有色金属研究院、北京航空制造工程研究所、上海交通大学等对 ESB 系统及工艺也在开展研究。

4）SLA

SLA 主要是利用液态光敏树脂作为原材料，将其通过紫外激光束照射快速固化成型。SLA 通过特定波长与强度的紫外光聚焦到光固化材料表面，使之由点到线、由线到面逐步凝固，完成一个层截面的绘制工作，进而层层叠加，形成三维实体。

SLA 的具体工艺流程如下：①通过 CAD 软件设计出需要打印的模型，然后利用离散程序对模型进行切片处理，然后设置扫描路径，运用得到的数据进行控制激光扫描器和升降台；②在槽中盛满液态光敏树脂，可升降工作台处于液面下方一个截面层厚的高度，聚焦后的激光束在计算机控制下沿液面进行扫描，被扫描的区域树脂固化，从而得到该截面的一层树脂薄片；③升降工作台下降一个层厚距离，液体树脂在光线下再次扫描固化，如此重复，直到整个产品成型；④升降台升出液体树脂表面，取出工件，进行后处理，通过强光、电镀、喷漆或着色等处理得到最终产品。

SLA 是最早出现的快速原型制造工艺，成熟度高，加工速度快，无需切削工具与模具。但因其原材料为液态树脂，需密闭避光，对工作环境要求严格。SLA 成型原件多为树脂类，强度、刚度、耐热性不太高。

光固化快速成型技术在世界范围内得到了广泛的应用，如在概念设计的交流、单件小批量精密铸造、产品模型、快速工模具及直接面向产品的模具等诸多方面，行业应用涉及汽车、航空、电子、消费品、娱乐以及医疗等。

目前,国外研制 SLA 技术和设备的主要厂商和机构主要有 3D Systems、EOS、Formlabs、Stratasys、CMET、Sony D-MEC 等,国内有华中科技大学、西安交通大学、珠海西通、极光尔沃、智垒电子等。

5) FDM

FDM 是由美国学者斯科特·克伦普(Scott Crump)于 1988 年研制成功的工艺。它是一种不使用激光器加工的方法。熔融沉积成型又可被称为熔丝成型(fused filament modeling,FFM)或熔丝制造(fused filament fabrication,FFF),其后两个不同名词主要是为了避开 FDM 专利问题,然而核心技术原理与应用其实均是相同的。

FDM 是通过将丝状材料如热塑性塑料、蜡或金属的熔丝从加热的喷嘴挤出,按照零件每一层的预定轨迹,以固定的速率进行熔体沉积。

FDM 的工艺流程图如下:①用 CAD 软件建构出物体的 3D 立体模型图,将物体模型图输入 FDM 的装置;②喷嘴根据模型图一层一层移动,同时 FDM 装置的加热头会注入热塑性材料;③材料被加热到半液体状态后,在计算机的控制下,喷嘴沿着模型图的表面移动,将热塑性材料挤压出来,在该层中凝固形成轮廓;④装置使用两种材料执行打印的工作,分别是用于构成成品的建模材料和用作支架的支撑材料,这两种材料透过喷嘴垂直升降,材料层层堆积凝固后,就能由下而上形成一个 3D 打印模型的实体;⑤剥除固定在零件或模型外部的支撑材料,或用特殊溶液溶解支撑材料。

与其他使用激光器的快速成型技术相比较而言,FDM 技术不使用激光,因此其制作成本相对较低。FDM 技术所使用的成型材料种类很多,包括 PLA、ABS、尼龙、石蜡、铸蜡、人造橡胶等熔点较低的材料,以及低熔点金属、陶瓷等丝材,可以用来制作金属材料的模型件或 PLA 塑料、尼龙等零部件和产品。但由于丝材是在熔融状态下进行层层堆积,相邻截面轮廓层之间的黏结力较弱,因此成型件在厚度方向上结构强度较弱,表面粗糙度比较明显,成型速度比较慢。

目前,研制 FDM 技术和设备的厂商和机构主要有 Stratasys、Raise3D、太尔时代、极光尔沃等。

6) LOM

LOM 也称 LLM(layer laminate manufacturing),指的是分层实体成型法,是出现得比较早的 3D 打印技术之一。该工艺以纸片、塑料薄膜等片材为原材料,运用二氧化碳激光器将背面涂有热熔胶的纸片材切割出工件的内外轮廓,同时对非零件区域进行交叉切割,以便去除废料。

LOM 工艺流程如下:①用 CAD 软件建构出物体的 3D 立体模型图,将物体模型图输入 FDM 的装置;②将涂有热熔胶的纸通过热压辊的碾压作用与前一层纸黏结在一起,然后让激光束按照对 CAD 模型分层处理后获得的截面轮廓数据对当前层的纸进行截面轮廓扫描切割,切割出截面的对应轮廓,对当前层的非截面轮廓部分切割成网格状；③使工作台下降，再将新的一层纸材铺在前一层的上面，再通过热压辊碾压，使当前层的纸与下面已切割的层黏结在一起，再次由激光束进行扫描切割；④重复步骤②③，直至完成打印过程（图 2-34）。

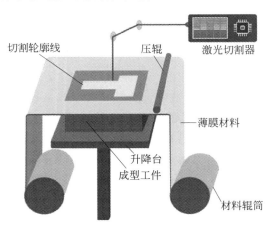

切割轮廓线　　压辊　　激光切割器

薄膜材料

升降台
成型工件

材料辊筒

图 2-34　LOM 技术原理图

（图片来源：南极熊）

目前 LOM 技术能成熟使用的材料相比 FDM 设备要少很多，最成熟和常用的材料是涂有热敏胶的纤维纸。由于传统的 LOM 成型工艺的 CO_2 激光器成本高、原材料种类过少、纸张的强度偏弱且容易受潮等缺点，LOM 技术和设备研制公司很少。

表 2-6 总结了增材制造部分工艺情况，包括工艺的基本描述、面向的市场、所采用的材料种类、相关的代表企业等。从市场的角度来说，增材制造可用于样品原型制造、模具制造、直接零部件制造、零部件维护及修理等领域。对于不同的增材制造工艺，其适用的市场也有所区别。大部分工艺普遍应用于模型制造，而对于直接零部件制造、零部件维护及修理来说，需选用所对应的专用技术工艺。

表 2-6　部分增材制造工艺比较[16]

技术分类	形成原理	市场	优点	缺点	材料种类	商业化企业
光固化	利用某种光源选择性地扫描液态材料，使之快速固化	航空航天、医药、微电子等	技术成熟度高，加工速度快	有些材料略有毒性，成型件耐热性有限，不利于长时间保存	液态光敏树脂	3D Systems（美国）、DWS LAB（意大利）
选择性激光烧结	用热源烧结粉末材料，以逐层添加的方式成型三维零件	汽车、船舶、航天和航空等	无需支撑结构，材料利用率高，高精度	工件致密度差，表面粗糙	热塑性塑料/金属混合粉末	EOS（德国）、3D Systems（美国）、Phenix（法国）

技术分类	形成原理	市场	优点	缺点	材料种类	商业化企业
选择性激光熔化	金属粉末在激光束的热作用下完全熔化,经冷却凝固而成型	汽车、船舶、医疗、航天和航空等	适合各种复杂形状的工件,致密度可达100%,高精度,表面光滑,可使用单一金属粉末	材料成本高,成型效率低,无法制作大尺寸零件	金属粉末	Concept Laser(德国)、EOS(德国)、Renishaw(英国)、Phenix(法国)、SLM Solutions(德国)、Matsuura(日本)、3D systems(美国)
电子束熔化	通过高能电子束,在真空条件下,实现粉末床中材料的选取熔化与叠加	汽车、船舶、医疗、航天和航空等	能量密度高,成型速度快,材料成本低	零件表面粗糙	金属粉末	Arcam(瑞典)
激光近净成型(LENS)	通过激光在沉积区域产生熔池并持续熔化粉末材料而逐层沉积生成三维结构	汽车、船舶、航天和航空等	可实现无模制造	材料利用率较低,成型件精度较低、易裂开、表面粗糙度大	金属粉末	Optomec(美国)
分层实体制造	通过热压等方式层层黏合	汽车、机械工程等	成型速度快,适用于大型样件,成本低	材料种类少,维护费用略高,仅限于结构简单的零件	热塑性塑料、纸材	CAMLEM(美国)
熔融沉积成型	将丝状或粉末状材料通过加热喷嘴软化,堆积形成三维结构	汽车、船舶、航天和航空等	维护成本低,制件变形小,材料寿命长,支撑分离容易	成型速度慢,材料昂贵,需要支撑,强度弱	热塑性塑料粉末、丝材	Stratasys(美国)、MaketBot(美国)、太尔时代(中国)、3D Systems(美国)
PolyJet	通过喷嘴将液滴成型材料选择性地喷出,逐层堆积形成三维结构	汽车、医疗、消费品、航空航天等	精确度较高,成型件质量较高	耗材成本较高,成型件强度较低	液态光敏聚合物材料	Stratasys(美国)
立体喷涂	利用喷嘴选择性地在粉末表层喷射黏结剂,将粉末材料逐层黏结,形成三维结构	制作验证模型	成型速度快	强度较低,精度略低	高分子或无机非金属材料	Voxel Jet(德国)、3D Systems(美国)、Therics(美国)

2.7.2　增材制造技术的发展现状

1. 增材制造当前的研究方向

增材制造当前的研究主要围绕成型材料、成型设备以及成型工艺三大方面展开。

1) 材料方面

成型材料是影响成型工艺的重要因素之一,可用的材料将限制增材制造技术的发展。虽然成型用材料种类得到了一定拓展,但与传统材料相比,打印材料种类依然偏少。与普通的塑料、石膏、树脂等不同,增材制造所用材料的形态一般有粉末状、丝状、层片状、液体状等,价格相比普通材料也更昂贵。当前,材料种类、形态正在不断拓展,精度、强度、稳定性、安全性也正朝着更有保障的方向发展。

(1) 金属材料方面。

成型用金属材料的发展方向主要有:在现有使用材料的基础上加强材料结构和属性之间的关系研究,根据材料的性质进一步优化工艺参数,增加打印速度,降低孔隙率和氧含量,改善表面质量;研发新材料,使其适用于增材制造,如开发耐腐蚀、耐高温和综合力学性能优异的新材料。

(2) 非金属材料方面。

成型用非金属材料的发展方向主要有:研究材料处理工艺,开发成型材料特定工艺并产业化,降低材料成本;提高现有材料在耐高温、高强度等方面的性能;研发新材料,使其适用于增材制造,如具有形状记忆功能的材料、可生物降解的材料、高性能聚合物材料等。

2) 设备方面

随着增材制造技术的发展与应用,如何提高制造过程可靠性、产品力学性能、表面质量等难点问题一直是研究的重点方向之一。因此,围绕高精度、高速度打印设备、大尺寸成型设备等逐步成为聚焦点。

(1) 高精度、高速度打印设备。

增材制造设备研制方向之一是不断提升打印的速度、效率和精度,开拓并行打印、连续打印、大件打印、多材料打印。国内"大型金属零件高效激光选区熔化增材制造关键技术与装备"成果由 4 台激光器同时扫描,解决了航空航天复杂精密金属零件在材料结构功能一体化及减重等关键技术方面的难题,实现了复杂金属零件的高精度成型、提高成型效率、缩短装备研制周期等目的。Autodesk 的增材制造机 Project Escher 安装有多个打印头,可分别针对一个物体的不同部分进行打印,每个打印头均会由软件智能规划打印路径,因此该设备的整体打印速度较一般打印机更快,同时,多个打印头意味着能同时打印多种颜色和材料,实现打印的多样化(图 2-35)。

(2) 大尺寸成形设备。

增材制造的另一个发展方向是大尺寸构件制造技术,如飞机上的大尺寸钛合

图 2-35　Project Escher 打印机

金框梁结构件的长度可达 6m。未来,构件尺寸会越来越大,大型增材制造装备如何实现多激光束同步制造,如何提高成型效率,并保证各区域的一致性以及结合部质量将是重点研究方向之一。图 2-36 为 EOS 公司的产品 M400-4,是拥有 4 个激光头的金属增材制造设备,可打印的最大尺寸是 400mm×400mm×400mm。

图 2-36　EOS 公司的大型金属打印机 M400

3) 工艺方面

(1) 结合拓扑优化/仿真设计的增材制造。

增材制造技术实现了高度复杂结构的自由"生长"成型,为新型结构及材料的制备提供了强大的工具。同时,拓扑优化技术的发展,可获得诸多完全意想不到的创新构型。将拓扑优化的先进设计技术与增材制造的先进制造技术相融合,可弥补传统设计与制造对产品在轻量化、高性能等方面的缺失。Autodesk 的衍生式设计技术,其核心是增材制造技术与拓扑优化技术的集成应用,使设计人员能够在执行设计规则,且增加制造限制条件的情况下,创造出高性能的部件。Altair 推出的基于 solidThinking 的增材制造解决方案,主要过程包括由 Inspire 完成拓扑优化,并由 Evolve 进行几何构建以及网格优化后的进一步减重和后续设计迭代验证,以确保拓扑优化后的模型可以直接输入 3D 打印等（图 2-37）。MSC 软件公司的增材制造仿真框架集增材制造部件的功能/制造约束、成本函数及虚拟仿真于一身,旨在实现优质的生产能力。

图 2-37　某企业副车架在 solidThinking Inspire 优化设计前与优化设计后的对比图
（来源：李成,《solidThinking Inspire 在副车架优化设计中的应用》）

（2）融合传统工艺的混合制造。

伴随着诸多增材制造技术与数控加工、熔模铸造、注塑等传统制造技术相结合的成果出现,增材制造技术开始被视为一种互补技术,而非消除传统制造方式。德国德马吉森精机（DMG MORI）公司开发出的金属 3D 打印机 LASERTEC65,通过粉末喷嘴进行激光堆焊与铣削加工共同构成独特的复合技术,是将激光堆焊与五轴铣削结合在一起的复合加工技术,该技术比在粉床中成型的速度最高可快 20 倍（图 2-38）。华中科技大学张海鸥教授主导研发的微铸锻同步复合设备将金属铸造和锻压技术合二为一,实现了全球领先的微型边铸边锻,大幅提高了制件的强度和韧性、构件的疲劳寿命和可靠性,并在零件尺寸方面也取得了重大进展。

图 2-38　DMG MORI 公司的 LASERTEC65 打印机

（3）融合新型技术的混合制造。

将增材制造技术与新型技术融合,也可提升增材制造产品的性能与质量。如英国 BAE 系统公司开发出可与增材制造系统集成应用的新型超声波冲击处理（ultrasonic impact treatment,UIT）技术和反馈系统,可减少零件变形,提高飞机机翼等大型增材制造结构件的性能。其中,超声波冲击处理系统可以对增材制造过程中的每一层沉积材料进行快速、反复冲击,以降低材料的内应力,改善微观结构,从而减少零部件的扭曲变形;反馈系统通过安装在基板内的压力传感器,对逐层沉积过程中的应力进行检测,并实时反馈给 UIT 系统,以调整冲击力。

（4）异质材料的组合制造。

现阶段增材制造主要是制造单一材料的零件,如单一高分子材料、单一金属材料、单一陶瓷材料等。随着零件性能要求的提高,复合材料或梯度材料零件成为迫切需要发展的产品。由于增材制造具有微量单元的堆积过程,每个堆积单元可通过不断变化材料实现单个零件中不同材料的复合。美国密苏里科技大学正在研究先用增材制造技术将不同材质的金属材料结合在一起,然后再用数控加工设备对零件进行精加工,用于制造更高强度、更耐用的航天金属零件,以及修复价格昂贵的零部件,从而减少零部件的更换频率,节约维护成本。

2．增材制造目前存在的问题

当前,增材制造技术仍然存在若干问题需要突破,如材料受限制、表面粗糙度较差、较难获得高尺寸精度、加工效率较低、打印设备及原材料价格高等。

（1）成型材料比较有限。成型材料要求比较高,既要利于原型加工,又需具有较好的后续加工性能,还需满足强度、刚度等不同要求。目前制备的成型材料仅有少量能成型可用的功能构件。

（2）成型件的尺寸精度和质量较低。成型件的大尺寸和高精度是增材制造技术的重要研究方向。目前,成型件的尺寸精度和表面质量还难以达到传统机加工水平,单纯的增材制造技术很难替代传统精密加工。

（3）制造精度与制造速度的矛盾。由于增材制造是分层叠加制造而成,当分层厚度小时,成型件精度较高,但成型时间较长,如果缩短成型时间,则容易加大成型件的阶梯误差。成型精度与成型速度之间的平衡是重要研究方向之一。

（4）制造成本和耗材成本仍较高。由于增材制造工艺专用材料有限,且需经过特定的制备过程,因此材料价格均较为昂贵,提高了制造的整体成本。此外,增材制造设备价格也较高。

2.7.3　增材制造技术发展趋势

当前,世界各国都在积极推动增材制造技术的研究、开发与应用,增材制造技术的发展趋势可以概况为以下几个方面[17-19]。

1）材料的多样化是增材制造技术发展的关键

尽管增材制造能够生产出非常独特和复杂的几何结构,但目前,大多数增材制造所采用的材料相对单一,材料特性难以满足生产需求,很多直接经增材制造生产的部件性能依然比不过传统制造的部件。不同产品所需要的材料性能各异,单一的材料难以满足普遍的需求,因此材料依然是增材制造需要不断突破的关键技术之一。

2）增材制造技术对软件的应用会更深入

增材制造技术涉及的软件主要包括 3D 建模软件、工作流程软件和安全类软件。随着制造业对更复杂设计需求的增加,无论是创新的软件厂商还是传统的工业软件厂商,都纷纷加入了增材制造软件研发的队伍,出现了一系列的增材制造软件。未来,随着细分市场行业需求的增加,包括鞋模制造、医学建模、种植牙导板等细分行业,对增材制造软件将展开更为深入的应用。

3）大尺寸、多激光正成为增材制造设备发展的重要方向

更大的成型尺寸可以显著扩大增材制造技术,尤其是金属增材制造技术的应用范围,包括解决大尺寸复杂构件传统制造过程中的难点和痛点,实现中小尺寸复杂构件的批量化生产。同时,随着多激光多振镜的干扰、拼接等软件硬件上的技术性难题逐渐被攻克及成熟,以生产为导向的多激光金属增材制造设备逐渐受到市场的青睐,更大尺寸、更多激光的增材制造时代正在到来。

4）全球增材制造技术标准化日趋统一

世界各国都参与和开展了增材制造技术标准的制定工作,包括国际标准化组织(ISO)、美国材料与试验协会(ASTM)、英国标准协会(BSI)等。我国的国家标准化管理委员会也发布了多项增材制造标准,仅 2020 年就发布了 8 项增材制造新标准,这 8 项新标准于 2021 年 6 月 1 日起实施。相信随着增材制造技术的成熟完善,关于增材制造标准化的研究也越来越多,在经济、生产、企业国际化的大背景下,全球增材制造技术标准化将日趋统一。

5）混合制造正成为增材制造设备研制与生产的新方向

混合制造的优点在于通过将增材制造和传统制造技术相结合,既满足了传统制造技术的精度,又具有增材制造技术的灵活性,使以前无法想象的制造产品成为可能,而且在两个过程之间自由切换也使制造工作变得更加轻松,效率更高。而且,混合制造还可以根据需要生产零件,从而消除了昂贵的、占用库存的需求。

2.7.4　增材制造技术典型应用

在增材制造技术应用市场中,航空航天、生物医疗、汽车制造等领域占据了前几位,表 2-7 中列出了一部分应用实例。在航空航天领域,增材制造由于其独特的应用优势,可满足高精度、复杂形状、小批量的生产要求,正在成为此领域中广泛使用的技术。生物医疗是增材制造应用的另一个重要领域,目前已成功应用的产品包括颅骨植入物、牙冠、牙套、助听器等。在汽车制造领域,增材制造技术为车身轻量化、灵活性设计与生产提供了全新的方向。在文化创意领域,除装饰品、工艺品外,增材制造还逐步应用到更多细分领域中,如比利时 Materialise 公司利用 3D 打印技术生产的时装,具有复杂的几何图案和独特材质。

表 2-7　增材制造部分实例

应用领域	样品原型制造	直接零部件制造	个性化定制	维修
航空航天	冷却系统，起落架减重和支架组件（空客检验测试）；长征五号火箭钛合金芯级捆绑支座试验件（航天一院）；无人机"智能翼"的功能电子元器件	A380 客机的扰流板液压歧管（空客等）；ULTEM 9085 材料用于 A350 XWB 飞机飞行零件增材制造（空客）；复杂精密结构件 8000 余件（西安铂力特）；C919 客机主风挡整体窗框、起落架整体支撑框、中央翼缘条等关键部件中 23 个增材制造零部件（北航等）；F-18 战斗机的管道及类似部件（波音）；波音 787 空气导管的冷却部分（波音）；Gatewing X100 无人驾驶飞机机身（Materialise）		美国海军飞机发动机零件的磨损修复（Optomec Design）
汽车制造	F1 车身原型件包括复杂的冷却槽（Materialise）；Light Cocoon 概念车车身结构（EDAG）	内部装饰（奥迪）；车轮盖（丰田）；物联网迷你巴士 Olli 外壳（Local Motors）；双金属复合发动机缸体（安徽恒利）	可定制的变速杆（宝马）；仪表板（布加迪威龙）	
生物医疗	医疗模型，如牙科模型、人造心脏等；外科手术临床导航（Materialise）	辅助残疾人站立（Altimate Medical）；药品剂量分包机配送系统的挡板和其他部件（ScriptPro）	助听器壳（西门子、Widex 等）；牙齿矫正（Aligh Technology）；定制牙套（Invisalign）	
其他	桌面打印机制作的 3D 模型；装饰品、工艺品；复杂几何图案的服装（Materialise）；核电压力容器试件（中国核动力研究院等）	实现高加速度的机器人手臂（Intrion）；水泵叶轮零件（西门子）	个性化定制笔（Materialise）	

1. 航空领域

空客、德国利勃海尔、开姆尼茨工业大学等机构研发的 3D 打印飞机扰流板液压歧管以 Ti64 钛合金为材料，使用 SLM 技术制造，与其他液压零件装配在一起，实现液压系统性能提升和飞机燃油效率优化。装载了首个增材制造液压件的 A380 飞机已试飞成功。空客公司还实现了其 ULTEM 9085 增材制造材料的标准化,并可将其用于 A350 XWB 飞机的飞行零件的生产中。

美国 Optomec Design 公司将 LSF 技术应用于美国海军飞机发动机零件的磨损修复,实现了已失效零件的快速、低成本再生制造。

西安铂力特利用 SLM 技术,解决了随形内流道、复杂薄壁、镂空减重、复杂内腔、多部件集成等复杂结构问题,每年可为航空航天领域提供复杂精密结构件 8000 余件[20]。

北航、西安铂力特等院企通过金属增材制造技术成功研制出了钛合金主风挡整体窗框、起落架整体支撑框、中央翼缘条等关键部件,共装载了 23 个增材制造零部件,大大提高了 C919 的国产化率。

航天一院利用激光同步送粉增材制造技术成功实现了长征五号火箭钛合金芯级捆绑支座试验件的快速研制,也是激光同步送粉增材制造技术首次在大型主承力部段关键构件上的应用。

2. 汽车制造领域

梅赛德斯-奔驰使用增材制造技术实现节温器盖的生产,原材料为耐高温的铝,与用传统方法生产的零件有着相同的功能、可靠性、耐用性和成本效益。

德国联邦铁路公司已完成了对全球首辆增材制造物联网迷你巴士 Olli 的载人测试。Olli 是由知名美国增材制造汽车公司 Local Motors 与信息巨头 IBM 联手开发,采用了增材制造的外壳,搭载了著名的 IBM Watson 云计算平台,具有强大的自主学习能力,可实现完全的自动驾驶(图 2-39)。

图 2-39　迷你巴士 Olli 及其增材制造外壳

安徽恒利公司利用 SLS 技术和石膏型真空增压铸造技术融合,实现一体化制造双金属复合发动机缸体,改变传统开模具和组砂型铸造的模式,已成功应用在奇瑞汽车、东风汽车、广汽集团、全柴集团等企业。

3. 生物医疗领域

苏黎世联邦理工大学的功能性材料实验室研究人员利用增材制造技术制造出一种硅树脂心脏,该人造心脏可持续约 3000 次心跳,持续工作 30～45min(图 2-40)。

美国莱斯大学和贝勒医学院的生物工程师和科学家已经开始将人类内皮细胞和间充质干细胞结合起来,增材制造功能性毛细血管。

图 2-40　增材制造技术制造的硅树脂心脏

国内迈普再生公司研发的生物增材制造装备,可满足对非均质多种材料三维结构的成型要求以实现复杂组织器官快速制造,并突破了现有装备的打印精度、速度和效率等性能瓶颈。

4. 模具与铸件领域

增材制造技术可用于模具制造中成型、铸模、机械加工、装配等环节,特别是用于制造几何形状复杂的构件、刀具和夹头。如 Mapal 公司与 Concept Laser 公司合作,利用激光熔融工艺制造镶片内冷却麻花钻头、液压膨胀夹头和外圆铰刀等。增材制造的模具生产周期更短、制造成本更低,也使得企业可制造大量的个性化工具来支持定制部件的制造。

5. 其他领域

西门子用增材制造设备生产的直径 108mm 叶轮零件已安装在克尔斯科核电站的水泵上,具有很高的安全和可靠性标准。

美国 Hughes 实验室利用硅、氮和氧组成的树脂配方,通过紫外光固化快速成型工艺,获得高强度、全致密的陶瓷材料,可承受 1700℃的高温,强度是同类材料的 10 倍。

中国核动力研究院与企业合作研发的重型金属增材制造技术,成功打印出我国首个小堆压力容器试件,标志着增材制造核电压力容器最艰难的材料基础研发和工艺研发的突破。

增材制造技术在消费级、工业级领域应用热度一直很高,伴随着增材制造技术的快速发展,它将继续深化已有领域的应用,并扩展新领域的应用。

2.7.5　增材制造技术市场纵览

当前,全球增材制造技术发展正处于快速商业化阶段,市场以欧美企业为主导,中国企业紧随其后。英国 Autonomous Manufacturing(AMFG)发布的《2019 年增材制造白皮书》中绘制了全球增材制造全景图(图 2-41),包括:①硬件制造商(塑料 3D 打印机、专业级桌面机、金属 3D 打印机、陶瓷 3D 打印机及电子 3D 打印机);②软件供应商(设计和 CAD,仿真软件、工作流程软件和安全类软件);③材料供应商(塑料材料、复合材料、金属材料等);④质量控制与检测(过程中质量控制软件、质量检测)。

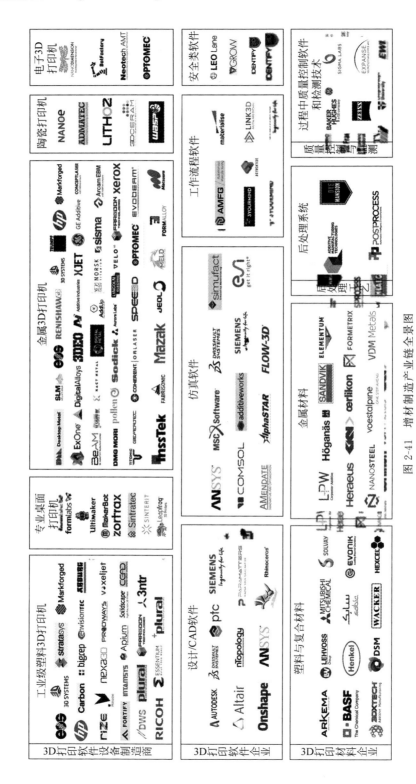

图 2-41　增材制造产业链全景图

（来源：AMFG）

按照产业链的价值,可以将增材制造市场划分为材料、软件、技术和服务 4 个维度。从服务的维度,全球的增材制造厂商主要概括为三类:第一类是以美国 3D Systems 公司和 Stratasys 公司为代表的综合性增材制造技术厂商,他们从设备制造商起家,通过研发与并购不断向上下游拓展延伸业务,将材料、软件、服务等技能逐步收入囊中,逐步演变为可以提供增材制造综合解决方案的厂商;第二类是提供增材制造工作流程解决方案与打印平台的厂商,例如 Materialise、Shapeways 等,这类厂商不生产增材制造设备,提供全面的支撑增材制造过程的设计、优化和管理软件系统,支持各种品牌的增材制造设备,其中成立于 1990 年的 Materialise 拥有业界最大的软件开发团队与全球顶级的增材制造工厂,其经过认证的生产和质量流程能满足要求最高的行业服务的标准,全球多家知名汽车公司、航空制造公司以及电子消费品公司都是 Materialise 的客户;第三类是各行业巨头直接进军增材制造领域,扮演增材制造技术厂商的角色,例如,美国工业巨头通用电气旗下具备了增材制造全产业链的支持,从金属增材制造设备到三维建模软件和服务系统等,GE Additive 都可以为客户提供相应服务和整体解决方案。

相较于欧美,我国增材制造技术的差距还很大,商业化多依赖于国家相关政策和部门的扶持,包括国家专项扶持基金、航空航天及军工等企业对增材制造技术的支持。近几年,我国增材制造产业步伐明显加快,市场规模实现了快速增长。工信部装备工业一司发布的数据显示:2020 年 1—12 月,全国规模以上增材制造装备制造企业营业收入 105.2 亿元,同比增长 14.6%,实现利润总额 9.7 亿元,同比增长 142.5%。这从侧面显示了我国的增材制造市场发展潜力巨大,未来发展可期。

目前,我国增材制造产业规模初步形成,涌现出一批具备一定竞争力的骨干企业,典型代表包括太尔时代、先临三维、铂力特、鑫精合、华曙高科、飞而康、闪铸科技、悦瑞三维、汉邦科技、安德瑞源、易加三维、科恒、未来工厂、云铸三维、联泰科技、敬业增材、光韵达医疗、德科精密科技、黑格科技、永年激光、雷佳、捷诺飞、共享集团等,他们为增材制造技术的发展提供了有力的支撑。2019 年,专注于工业级金属增材制造的铂力特成功在科创板挂牌上市,标志着我国的增材制造成长空间逐步打开,给我国增材制造技术的发展带来了积极的推动作用。图 2-42 是我国部分增材制造厂商。

图 2-42　我国部分增材制造厂商

2.8　工业机器人

1954 年，美国人乔治·C. 德沃尔(George C. Devol)申请了"可编程关节式转移物料装置"的专利，并与约瑟夫·F. 恩格尔伯格(Joseph F. Engelberger)合作成立了世界上第一个机器人公司 Unimation，研发出世界上第一台工业机器人Unimate。在此之后的几十年间，工业机器人不仅改变了汽车制造业，也拓展到其他制造业和非制造业，经历了摇篮阶段到实用阶段。随着计算机技术的进步和深入，机器人逐渐向着多传感器智能控制方向发展。

2.8.1　工业机器人的定义与分类

1. 工业机器人的定义

在工业领域内应用的机器人被称为工业机器人。工业机器人是集机械、电子、控制、计算机、传感器、人工智能等多学科先进技术于一体的机电一体化设备，被称为工业自动化的三大支持技术之一。世界各国对工业机器人的定义不尽相同，且随着机器人技术的不断发展，内涵的逐渐丰富，工业机器人的定义也在随之变化。

美国工业机器人协会(RIA)、日本工业机器人协会(JIRA)、德国工程师协会(VDI)以及国际标准化组织等都对工业机器人做出过定义。目前多采用的是国际标准化组织对工业机器人的定义，即"工业机器人是一种能自动控制、可重复编程，多功能、多自由度的操作机，能搬运材料、工件或操持工具，来完成各种作业"。我国现行的推荐性国家标准 GB/T 12643—2013《机器人与机器人装备 词汇》，等同采用了国际标准化组织的 ISO 8373：2012 标准，沿用了国际标准化组织对工业机器人的定义。

2. 工业机器人的组成

工业机器人由执行机构(图 2-43 中 1、3)、控制系统(图 2-43 中 2)、驱动系统(如液压缸、电机等)、检测系统四大部分构成。

这四部分之间的运作关系如图 2-44 所示，由控制系统传达信号到驱动系统，驱动执行装置动作，检测系统监控执行装置的执行结果，并反馈回控制系统，及时调整控制信号。

1) 执行机构

执行机构是具有和人手臂相似的动作功能，可在空间抓放物体或执行其他操作的机械装置，通常包括机座、手臂、手腕和末端执行器(图 2-43)。

2) 控制系统

控制系统是机器人的大脑，支配机器人按规定的程序运动，并记忆动作顺序、运动轨迹、运动速度等指令信息，以实现重复运动。

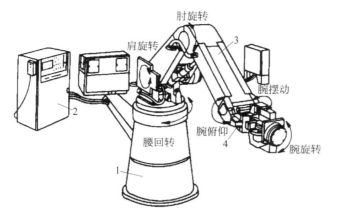

1—机座；2—控制系统；3—手臂；4—腕部。

图 2-43　工业机器人的组成

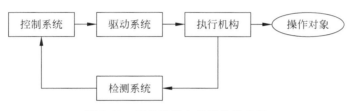

图 2-44　工业机器人各部分的关系

3）驱动系统

驱动系统是将控制系统发出的控制指令信号放大，驱动执行机构运动的传动装置。常见的驱动系统有电气、液压、气动和机械等方式。

4）检测系统

检测系统主要检测执行系统的运动位置和状态，并实时将实际位置、状态信息反馈给控制系统，控制系统将其与设定值进行比较，实时调整发送给驱动系统的指令，使得执行系统达到设定位置和状态。检测系统通常是各种传感器。

3．工业机器人的分类

工业机器人有多种分类方式：①按照程序输入方式划分，可分为编程输入型和示教输入型两类；②按照驱动方式划分，可分为液压驱动、气压驱动、电气驱动等类型；③按照机械结构划分，可划分为串联机器人、并联机器人、串并混联机器人；④按照运动坐标形式划分，可分为圆柱坐标型机器人、球坐标型机器人、直角坐标型机器人、多关节型机器人、平面关节型（SCARA）机器人等 5 种；⑤按照应用领域划分，可分为焊接机器人、装配机器人、搬运机器人、码垛机器人、上下料机器人、包装机器人、喷涂机器人、切割机器人等；⑥按照负载来划分，可分为小型负载机器人（负载小于 20kg）、中型负载机器人（负载介于 20～100kg 之间）和大型负载机器人(负载大于 100kg)。

2.8.2　工业机器人的发展趋势

工业机器人具有可编程、拟人化、通用性、机电一体化等特征。可编程是指工业机器人可以随着其工作环境变化的需要进行再编程,因此,它在小批量、多品种的柔性制造过程中扮演重要角色,可发挥均衡、高效率的功用与价值,是柔性制造系统的重要组成部分之一。拟人化是指工业机器人在机械结构上有类似于人体的行走、腰转等动作,以及大臂、小臂、手腕、手爪等部位。通用性是指除了专门设计的工业机器人外,一般工业机器人在执行不同的作业任务时具有较好的通用性;例如,更换工业机器人末端执行器(手爪、工具等)便可以执行不同的作业任务。机电一体化是指工业机器人实现了机械技术、微电子技术、信息技术等的有机结合,是典型的机电一体化产品。

工业机器人在制造业中的优势主要体现为自动化、高效率和安全性。随着工业机器人在现代制造业发展过程中的价值越来越突出,工业机器人正呈现以下发展趋势。

1) 工业机器人走向智能化

工业机器人的发展可分为三个阶段,即从第一代的示教再现机器人(通过示教存储信息,工作时读出这些信息,向执行机构发出指令,执行机构按指令再现示教的操作,广泛应用于焊接、上下料、喷漆和搬运等),到带有简单感觉系统的机器人(带有视觉、触觉等功能,可以完成检测、装配、环境探测等作业),再到智能机器人(不仅具备感觉功能,而且能在无人指令的情况下,根据所处环境自行决策,规划出行动)。

目前,在工业中应用的机器人绝大部分都不智能。因此,智能化是未来工业机器人的主要发展方向。在操作臂技术上,将向着提高功率密度、通用性、轻量化、多自由度、多种材料、仿人体结构、高负重与自重比及一体化机构的方向发展。在传感与感知上,通过采用识别、跟踪、力觉、视觉等传感器,实现对各种外部环境、复杂作业的自主识别。在安全技术上,工业机器人由单机时代的自身安全进化到物联网时代的网络安全。在导航技术上,工业移动机器人向多模态、室外及无标识自然导航方向发展。

2) 工业机器人由单机走向多机协同

目前工业机器人的应用仍以单机自动化为主,但在一些应用场景环节已实现了多机器人的协同应用。例如,在汽车行业的车身喷涂、焊接等场景,往往一个工位上需要有多台机器人协同工作,与此同时,工业机器人主流厂商也针对这些场景推出了多机器人协同应用解决方案。以安川电机为例,在 2020 年中国国际工业博览会上,安川电机就展示了商用车白车身焊接及喷涂工位的多机器人协同应用。其中,在商用车白车身喷涂工位,安川电机展示了利用喷涂机器人、开门机器人等

4 款不同的机器人共同完成车身的喷涂作业;而在商用车白车身的焊接工位,同样也是在一个工位内配置多种类型的机器人,完成搬运、点焊以及弧焊作业。而为了实现高效的生产,工业机器人多机协同作业将会有更多应用。

3)传统工业机器人将走向人机共融

传统工业机器人的感知能力较弱,只能在稳定的环境中工作,也就是主要在结构化环境中执行各类确定性任务,否则就容易出错甚至伤人毁物。为克服上述不足、有效扩展和延伸人类能力,共融机器人应运而生并代表了未来工业机器人的发展方向。所谓共融机器人,是指能与作业环境、人、其他机器人自然交互,自主适应复杂动态环境并协同作业的机器人。"共融"具体包含机器人与环境的自然交互、机器人之间的互助互补、机器人与人之间的协同作业三层含义。而为实现以上与环境,与其他机器人,与人类共存、共事、共融的目标,机器人需要在"身体""感知""意识"上进行革新。

4)复合式工业机器人成趋势

为了满足更多样的应用场景,如今除了工业机器人单体之外,还出现了许多复合式工业机器人,例如桁架式机械手、轨道式机器人、移动协作机器人(AMR/AGV+协作机器人)等,用于工业机器人移动式操作的场景。如图 2-45 是 KUKA 线性滑轨机器人和 KUKA 移动机器人 KMR iiwa。线性滑轨相当于给工业机器人又添加了一个轴,从而增大了工业机器人的工作空间,而在同一个线性滑轨上,通常可以使用多个机器人。KUKA 移动机器人 KMR iiwa 使人机协作更加灵活。

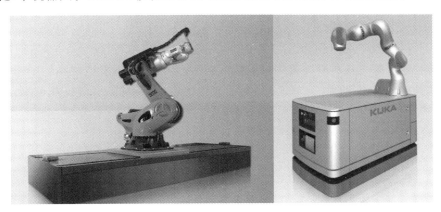

图 2-45 KUKA 线性滑轨机器人与 KUKA 移动机器人 KMR iiwa

(来源:KUKA 官网)

5)工业机器人应用行业与场景不断延伸拓展

世界第一台工业机器人应用于汽车行业,直至目前,汽车工业仍然是工业机器人最大的应用市场,也是标准最高、使用密度最高的市场。但与此同时,工业机器人也正在向一般工业拓展,应用场景不断深化。在行业应用上,工业机器人已迅速拓展到 3C 电子、金属加工、医疗、烟草、物流、食品、制药、塑料、橡胶、化工等行业。

在具体应用场景上,工业机器人的应用包括焊接、喷涂、打磨、涂胶、上下料、去毛刺、搬运、装配、分拣、包装、检测等。

6) 云化机器人及工业机器人云平台兴起

在智能制造生产场景中,需要工业机器人有自组织和协同的能力来满足柔性生产,这就带来了云化机器人(机器人大脑在云端)及工业机器人云平台的需求。和传统机器人相比,云化机器人需要通过网络连接到云端的控制中心,基于超高计算能力的平台,并通过大数据和人工智能对生产制造过程进行实时运算控制。未来,随着 5G、AI、云计算等技术的发展成熟,云化机器人及工业机器人云平台或将成为新一轮的发展热点。

2.8.3 全球工业机器人产业与市场纵览

从美国发明家约瑟夫·F.恩格尔伯格利用乔治·C.德沃尔所授权的专利技术,研发出世界上第一台工业机器人 Unimate,并于 1961 应用于通用汽车的生产线开始,在半个多世纪的发展历程里,工业机器人的应用范围已遍及制造业的各个细分领域,并发展为一项重要产业。

1. 工业机器人产业链概览

从产业链角度来看,工业机器人产业可分为上游核心零部件、中游本体制造和下游应用(系统集成)三大核心环节。

1) 上游核心零部件

工业机器人产业链上游主要为伺服系统、减速器、控制器等核心零部件和齿轮、涡轮、蜗杆等关键材料。其中,减速器、伺服系统(包括伺服电机和伺服驱动)及控制器是工业机器人的三大核心零部件,直接决定工业机器人的性能、可靠性和负荷能力,对机器人整机起着至关重要的作用。工业机器人的三大核心零部件占机器人整机产品成本的 70%左右。

(1) 减速器

工业机器人在运动过程中,为保证其在重复执行相同动作时都能有很高的定位精度和重复定位精度,在每个运动的核心部件"关节"处都要用到减速器。作为技术壁垒最高的工业机器人关键零部件,减速器按结构不同可以分为 5 类:谐波齿轮减速器、摆线针轮行星减速器、RV 减速器、精密行星减速器和滤波齿轮减速器。其中,RV 减速器和谐波齿轮减速器是工业机器人最主流的精密减速器。相比于谐波齿轮减速器,RV 减速器具有更高的刚度和回转精度。减速器在机械传动领域是连接动力源和执行机构的中间装置,它把电机高速运转的动力通过输入轴上的小齿轮啮合输出轴上的大齿轮来达到减速的目的,并传递更大的转矩。表 2-8 是谐波齿轮减速器与 RV 减速器的对比。

表 2-8 谐波齿轮减速器与 RV 减速器的对比

项目	RV 减速器	谐波齿轮减速器
技术特点	通过多级减速实现传动,一般由行星齿轮减速器的前级和摆线针轮减速器的后级组成,组成的零部件较多	通过柔轮的弹性变形传递运动,主要由柔轮、刚轮、波发生器三个核心零部件组成。与 RV 及其他精密减速器相比,谐波齿轮减速器使用的材料、体积及重量大幅度下降
产品性能	大体积、高负载能力和高刚度	体积小、传动比高、精密度高
应用场景	一般应用于多关节机器人中机座、大臂、肩部等重负载的位置	主要应用于机器人小臂、腕部或手部
终端应用领域	汽车、运输、港口码头等行业中通常使用配有 RV 减速器的重负载机器人	3C、半导体、食品、注塑、模具、医疗等行业中通常使用由谐波齿轮减速器组成的 30kg 负载以下的机器人

来源:绿的谐波科创板招股书。

全球知名的减速器生产商有纳博特斯克(Nabtesco,日本)、哈默纳克(Harmonic Drive,日本)、住友重机(SUMITOMO,日本)、SPINEA(斯洛伐克)和赛劲(SEJINIGB,韩国),国内减速器企业有苏州绿的、恒丰泰、南通振康、秦川机床和纳博精机等。日本企业在高精度机器人减速器领域具有绝对领先优势,纳博特斯克和哈默纳克处于垄断地位。

(2)控制器

工业机器人控制器是机器人控制系统的核心大脑,是决定机器人功能和性能的主要因素,其主要任务是控制工业机器人在工作空间中的运动位置、姿态和轨迹、操作顺序及动作的时间等。

控制器分硬件和软件两部分:硬件为工业控制板卡,包括一些主控单元、信号处理部分等电路;软件部分主要是控制算法、二次开发系统等。国外知名控制器品牌有库卡(KRC4)、ABB(IRC5)、安川(MP 系列)、发那科(RobotR-30iA)、柯马(C4G)、川崎(F 系列),国内控制器品牌有广州数控(GSK-RC)、沈阳新松(SIASUN-GRC)、华中数控(CCR 系列)、固高科技(GUC-T 系列)等。图 2-46 为 ABB IRC5 和 KUKA KRC4。

一般成熟的机器人厂商会自行开发控制器,以维护技术体系,保证稳定性。国内大部分知名机器人本体制造公司也已实现控制器的自主生产,所采用的硬件平台与国外产品相比差距并不大,主要差距在于控制算法和二次开发平台的易用性。

(3)伺服电机

伺服电机是工业机器人的动力系统,一般安装在机器人的"关节"处,是服从控制信号指挥的电机,其功能是将电信号转换成转轴的角位移或角速度。电机用于驱动机器人的关节,要求有最大功率质量比和转矩惯量比、高启动转矩、低惯量和较宽广且平滑的调速范围。

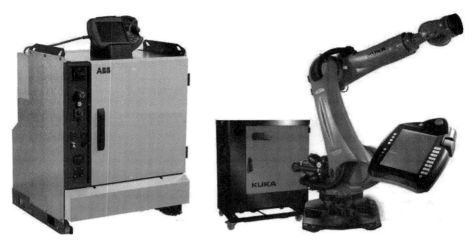

图 2-46　工业机器人的控制器（ABB IRC5 和 KUKA KRC4）

伺服电机系统分为交流伺服系统和直流伺服系统两大类。交流伺服系统具有转矩转动惯量比高、无电刷、无换向火花等优点，应用更广泛。

国外伺服电机的主流供应商有日系的松下、安川、发那科、三菱、三洋，欧美系的倍福、伦茨、力士乐、西门子、贝加莱等，国内代表公司有汇川科技、埃斯顿、新时达、广州数控、南通振康、雷赛智能等。目前，国内企业在中低端伺服系统领域实现量产，但在高端伺服系统领域仍与欧洲、日本企业存在差距。图 2-47 是工业机器人的伺服系统，力士乐 MSK 和西门子 1FT7。

图 2-47　工业机器人的伺服系统（力士乐 MSK 和西门子 1FT7）

2）中游本体制造

工业机器人产业链中游是本体（整机）制造。工业机器人本体制造商负责工业机器人支柱、手臂、底座等部件与精密减速器等零部件生产加工组装及销售，具有有效整合上游零部件和下游系统集成商的入口能力。

工业机器人本体制造的技术主要体现在：①整机结构设计和加工工艺，重点解决机械防护、精度补偿、机械刚度优化等机械问题；②结合机械本体开发机器人专用运动学,动力学控制算法,实现机器人整机的各项性能指标;③针对行业和应用场景,开发机器人编程环境和工艺包,以满足机器人相关功能的需求。

3）下游系统集成

工业机器人产业链下游是系统集成,主要面向终端用户及市场应用,根据不同的应用场景和用途并根据客户的需求,针对性地进行系统集成和软件二次开发。相较于机器人本体供应商,系统集成业务需要具有产品设计能力、对终端客户应用需求的工艺理解、相关项目经验等,提供可适应各种不同应用领域的标准化、个性化成套装备,是整个工业机器人产业链中必不可少的一个环节。与上游核心零部件、中游本体制造相比,下游系统集成的技术壁垒最低。

2. 全球工业机器人主要厂商

在全球工业机器人市场,工业机器人"四大家族"ABB、库卡、发那科和安川电机占领了全球工业机器人市场的半壁江山。2017 年,德国库卡公司被中国美的集团收购,成为中国美的集团控股企业。与此同时,还活跃着柯马、川崎重工、欧姆龙、那智不二越、哈默纳克、纳博特斯克、松下、三菱电机等工业机器人产业链厂商。表 2-9 列举了世界知名工业机器人厂商。

表 2-9　世界知名工业机器人企业

产业链环节		知 名 企 业
关键零部件	控制系统	ABB、库卡、发那科、安川、松下、那智不二越、三菱、贝加莱、KEBA、倍福等
	伺服电机	博世力士乐、发那科、安川、松下、三菱、三洋、西门子、贝加莱等
	减速器	哈默纳克、纳博特斯克、住友、赛劲、SPINEA
机器人本体		ABB、库卡、发那科、安川、欧地希(OTC)、松下、川崎重工、那智不二越、现代重工、徕斯(REIS)、柯马(COMAU)、爱德普(ADEPT)、爱普生(EPSON)等
系统集成		ABB、库卡、发那科、安川、柯马、杜尔(DURR)、徕斯、克鲁斯、德玛泰克、埃森曼、IGM、欧地希、优尼(UNIX)、爱德普、爱普生等

2.8.4　中国工业机器人产业与发展现状

与美国、日本等发达国家相比,我国工业机器人产业的发展起步较晚,直到20 世纪 70 年代初才开始研制工业机器人,但却属于"后来居上",形成了从上游核心零部件生产到中游工业机器人本体制造再到下游工业机器人系统集成的全产业链自主生产与配套能力。这主要得益于我国作为全球最大的工业机器人消费市场,具有庞大的市场需求,使得近年来国产工业机器人厂商如雨后春笋般喷薄而出;另外也得益于国产工业机器人骨干厂商在各自领域取得不同程度的技术突破。

值得一提的是，我国是继日本、韩国之后，全球第三个拥有工业机器人全产业链自主生产与配套能力的国家。反观全球工业机器人前五大消费国中的德国和美国，虽然工业机器人产业起步较中国早，但却因为缺少某些核心零部件（如核心减速器），而没有形成完整的工业机器人产业链。

1. 中国市场主要工业机器人厂商

中国市场庞大的市场需求与消费潜力，使以工业机器人四大家族为代表的国外知名工业机器人厂商纷纷进入中国市场；另外也使以新松、埃斯顿、埃夫特、拓斯达、新时达等为代表的工业机器人厂商拔节生长，成为国产工业机器人产业链中的骨干力量。此外，国内也还有一批创业公司或跨界企业进入工业机器人领域，成为国产工业机器人产业链中的新兴力量。

随着国内企业对工业机器人的研发和生产，我国工业机器人的生产能力也在不断提高。目前，我国工业机器人产业链渐渐成熟。工业机器人本体制造商有沈阳新松、广州数控、南京埃斯顿、安徽埃夫特、华中数控等。我国工业机器人在关键零部件的伺服电机、减速器方面仍有待进一步突破，提高产品稳定性和产业化水平。表 2-10 列举了我国工业机器人的骨干企业。

表 2-10 我国工业机器人骨干企业

产业链环节		骨 干 企 业
关键零部件	控制系统	沈阳新松、华中数控、广州数控、南京埃斯顿、慈星股份、新时达、深圳固高、安徽埃夫特等
	伺服电机	广州数控、埃斯顿、新时达、汇川技术、和利时、信捷电气、北超伺服、科远智慧、清能德创、华中数控、英威腾等
	减速器	南通振康、绿的谐波、来福谐波、北京谐波、秦川机床、武汉精华、浙江恒丰泰、昊志机电、上海机电、双环传动、智同科技、渭河工模具等
机器人本体		沈阳新松、广州数控、安徽埃夫特、南京埃斯顿、苏州铂电、上海沃迪、广州启帆、博实股份、新时达、华中数控、哈工大机器人集团等
系统集成		沈阳新松、广州数控、华中数控、拓斯达、埃夫特、哈工智能、利元亨、埃斯顿、唐山开元、长沙长泰、巨一自动化、瑞松科技等

具体到细分领域，在核心零部件领域，国产谐波减速器厂商主要有绿的谐波、来福谐波、北京谐波、宏远谐波、中技克美、双环传动、大族谐波传动、聚隆科技、昊志机电、韶能集团、山东帅克等。

国产 RV 减速器厂商主要有中大力德、南通振康、秦川机床、恒丰泰、武汉精华、力克精密、奥一精机、巨轮智能、昊志机电、韶能集团、山东帅克、智同科技等。

国产伺服电机厂商主要有台达、东元机电、埃斯顿、汇川技术、新时达、广州数控、华中数控、英威腾、信捷电气、科远智慧、北超伺服、清能德创、和利时等。

国产控制器厂商主要包括华中数控、沈阳新松、新时达、广州数控、固高科技、雷赛智能、汇川技术、英威腾、卡诺普、埃夫特、埃斯顿、台达、研华科技、和利时、智昌集团等。

在工业机器人本体制造领域,国内工业机器人本体制造商主要有沈阳新松、埃斯顿、埃夫特、汇川技术、华中数控、广州数控、科远智慧、台达、新时达、科大智能、哈工智能、哈工大机器人集团、拓斯达、国机智能、沃迪智能、赛摩智能、李群自动化、珞石机器人、勃肯特、翼菲自动化、佳士科技、拓野机器人、欢颜机器人等。

绝大部分国产工业机器人厂商都集中于工业机器人系统集成领域。这主要是因为与上游核心零部件、中游本体制造相比,下游系统集成的技术壁垒最低,且国产厂商具备本土化服务竞争优势,国内企业纷纷涌入下游系统集成领域。但由于国内工业机器人集成商数量众多,且系统集成具有"非标"特性以及存在行业壁垒,绝大部分系统集成商都以中小规模为主,整体市场竞争格局较为分散。

目前国内工业机器人系统集成商主要有北自所、沈阳新松、埃斯顿、埃夫特、华中数控、拓斯达、哈工智能、科大智能、博实自动化、克来机电、松德智慧、赛摩电气、明珞装备、蓝英装备、达意隆、大连智云、熊猫电子、佰奥智能、中车瑞伯德、均普智能、三丰智能、今天国际、东杰智能、赛摩电气、楚天科技、京山轻机、东方精工、诺力智能、长园集团、长盈精密、利元亨、江苏北人、华恒焊接、厦门航天思尔特、巨轮智能、江苏长虹智能、巨一自动化、宝佳自动化、万丰科技等。

2. 我国工业机器人市场现状

1) 外资工业机器人厂商纷纷加大对我国市场的投资力度

得益于我国稳定的市场环境与供应链体系,以及庞大的消费需求,外资工业机器人厂商普遍持续看好我国工业机器人市场,并纷纷加大对我国的投资力度。例如,ABB 于上海新建的机器人"未来工厂"正在按计划推进,未来投产后将生产更适合我国场景的机器人;新时达位于上海的年产 1 万台套的机器人工厂已于 2020 年12 月正式投产;上海发那科智能工厂三期项目也已于 2020 年 12 月正式开建。

2) 核心零部件取得技术突破,国产替代加速

长期以来,我国工业机器人零部件国产化覆盖率不高,精密传动技术更是由少数日本企业垄断。但随着核心零部件领域的国产厂商取得不同程度的技术突破,国产化进程正在加速。减速器方面,谐波齿轮减速器的国产化进程较快,目前已有绿的谐波、来福谐波等国产厂商实现量产,各项主要性能指标已达到国际先进水平;RV 减速器的国产化率还较低,但南通振康、双环传动、秦川机床、中大力德等国产厂商也已实现批量销售。伺服系统方面,目前具备较大规模的伺服电机自主生产能力的国产厂商已超过 20 家。控制器方面,华中数控、新松等国产厂商在硬件制造方面已接近国际先进水平,只是在底层软件架构和核心控制算法上仍与国际品牌存在一定差距。

3）中国市场崛起工业机器人新势力

在人口红利消退、人工成本上升、政策推动刺激、企业主动求变等多重因素的驱动下，一方面，老牌工业机器人厂商不断发展壮大；另一方面，中国市场也崛起了不少工业机器人新势力。例如，在并联机器人领域，涌现出了李群自动化、勃肯特、华盛控、翼菲自动化、辰星（天津）自动化、瑞思等国产厂商，并占据了国内并联机器人市场的主要份额。在协作机器人领域，活跃着节卡机器人、遨博智能、艾利特、集萃智造、珞石机器人、扬天科技、麦荷机器人、镁伽机器人等新锐厂商；此外，格力、大族激光也已入局协作机器人领域。在移动机器人领域，近年来涌现了包括斯坦德机器人、极智嘉、迦智科技、仙工智能、优艾智合、嘉腾、灵动科技、隆博科技、海康机器人等众多新锐厂商。

4）国产工业机器人骨干企业，国际化步伐加快

近年来，埃斯顿、新松、埃夫特、哈工智能、万丰科技等均进行了多次海外并购，通过海外并购在研发、技术、销售等跨领域协作方面与海外公司进行了深度资源共享和合作，进一步扩大海外市场的竞争实力和市场占有率，加速国际化进程。此外，包括昊志机电、利元亨等也通过海外收购或设立海外分公司的方式进行全球布局，迈向国际化。

5）国产工业机器人集成商发展迅速

目前，中国市场工业机器人厂商已近 5000 家，而工业机器人系统集成商的数量最多，占比超过 65％。这其中也涌现出了一批综合实力较强的工业机器人系统集成商，如博众精工、先导智能、均普工业自动化、博实自动化、天奇自动化、明珞装备、瀚川智能等。而且，随着制造企业数字化转型与智能制造的需求提升，这些工业机器人系统集成商也成为智能工厂建设的中坚力量。

2.9 数字孪生

当前，数字孪生是各界关注的热点。全球著名 IT 研究机构 Gartner 曾连续三年（2017—2019 年）将数字孪生列为十大新兴技术之一。针对数字孪生概念及其应用，各研究机构、学术界以及众多数字化技术提供商都纷纷提出自己的见解和研究成果。近期，美国工业互联网联盟、IDC、埃森哲、中国信通院、赛迪等研究机构相继发表了相关白皮书，我国从政府主管部门到企业都十分关注数字孪生技术。

2.9.1 数字孪生的内涵

1. 数字孪生的定义

Gartner 自 2017 年开始，将数字孪生纳入其十大新兴技术专题中进行了深入研究，以下是不同年度 Gartner 对数字孪生的解释。

2017 年：数字孪生是实物或系统的动态软件模型，在 3～5 年内，数十亿计的实物将通过数字孪生来表达。通过应用实物的零部件运行和对环境做出反应的物理数据，以及来自传感器的数据，数字孪生可用于分析和模拟实际运行状况，应对变化，改善运营，实现增值。数字孪生所发挥的作用就像一个专业技师和传统的监控和控制器（如压力表）的结合体。推进数字孪生应用需要进行文化变革，结合设备维护专家、数据科学家和 IT 专家的优势。将设备的数字孪生模型与生产设施、环境，以及人、业务和流程的数字表达结合起来，以实现对现实世界更加精确的数字表达，从而实现仿真、分析和控制[21]。

2018 年：数字孪生是现实世界实物或系统的数字化表达。随着物联网的广泛应用，数字孪生可以连接现实世界的对象，提供其状态信息，响应变化，改善运营并增加价值。到 2020 年，估计将有 210 亿个传感器和末端接入点连接在一起，在不久的将来，数十亿计物体将拥有数字孪生模型。Gartner 公司副总裁戴维·塞利（David Cearley）指出，通过维护、维修与运行（MRO）以及通过物联网提升设备运营绩效，有望节省数十亿美元[22]。

2019 年：数字孪生是现实生活中物体、流程或系统的数字镜像。大型系统如发电厂或城市也可以创建其数字孪生模型。数字孪生的想法并不新，可以回溯到用计算机辅助设计来表述产品，或者建立客户的在线档案，但是如今的数字孪生有以下 4 点不同[23]。

（1）模型的鲁棒性，聚焦于如何支持特定的业务成果；

（2）与现实世界的连接，具有实现实时监控和控制的潜力；

（3）应用高级大数据分析和人工智能技术来获取新的商机；

（4）数字孪生模型与实物模型的交互，并评估各种场景如何应对的能力。

在 Gartner 于 2017 年发布的新兴技术成熟度曲线中（图 2-48），数字孪生处于创新萌发期，距离成熟应用还有 5～10 年时间。从 2018 年 Gartner 发布的新兴技术成熟度曲线中可以看出（图 2-49），数字孪生已经进入过热期，其建设和预期出现了高峰，超出其当前能力，会形成投资泡沫。

从上述分析中可以看出，Gartner 对于数字孪生的理解有一个不断演进的过程，而数字孪生的应用主体也不局限于基于物联网来洞察和提升产品的运行绩效，而是延伸到更广阔的领域，例如工厂的数字孪生、城市的数字孪生，甚至组织的数字孪生。

全球著名的 PLM 研究机构 CIMdata 认为：数字孪生模型不可能单独存在；可以有多个针对不同用途的数字孪生模型，每个都有其特定的特征，例如数据分析数字孪生模型、MRO 数字孪生模型、财务数字孪生模型、工程孪生模型以及工程仿真数据孪生模型；每个数字孪生模型必须有一个对应的物理实体，数字孪生模型可以而且应该先于物理实体而存在；物理实体可以是工厂、船舶、基础设施、汽车或任何类型的产品；每个数字孪生模型必须与其对应物理实体有某些形式的数据交互，但不必是实时或电子形式。

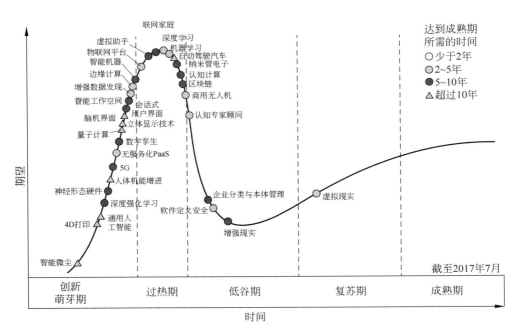

图 2-48　Gartner 于 2017 年发布的新兴技术成熟度曲线

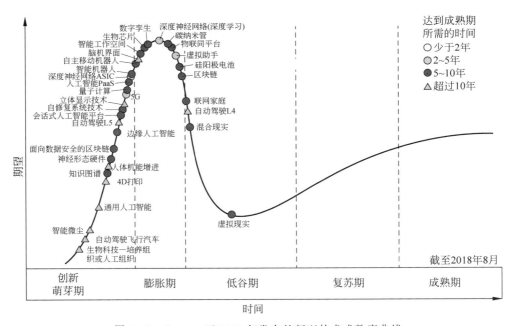

图 2-49　Gartner 于 2018 年发布的新兴技术成熟度曲线

　　GE Digital 认为：数字孪生是资产和流程的软件表示，用于理解、预测和优化绩效以改善业务成果。数字孪生由三部分组成：数据模型、一组分析工具或算法、知识。

西门子认为：数字孪生是物理产品或流程的虚拟表示，用于理解和预测物理对象或产品的性能特征。数字孪生用于在产品的整个生命周期，在物理原型和资产投资之前模拟、预测和优化产品和生产系统。

SAP 认为：数字孪生是物理对象或系统的虚拟表示，但其远不只是一个高科技的外观。数字孪生使用数据、机器学习和物联网来帮助企业优化、创新和提供新服务。

PTC 认为：数字孪生（PTC 翻译为数字映射）正在成为企业从数字化转型举措中获益的最佳途径。对于工业企业，数字孪生主要应用于产品的工程设计、运营和服务，带来重要的商业价值，并为整个企业的数字化转型奠定基础。

陶飞教授指出：当前对数字孪生存在多种不同的认识和理解，目前尚未形成统一共识的定义，但物理实体、虚拟模型、数据、连接和服务是数字孪生的核心要素。不同阶段（如产品的不同生命周期）的数字孪生呈现出不同的特点，对数字孪生的认识与实践离不开具体对象、具体应用与具体需求。从应用和解决实际需求的角度出发，实际应用过程中不一定要求所建立的"数字孪生"具备所有的理想特征，能满足用户的具体需求即可。

在赵敏和宁振波撰写的《铸魂：软件定义制造》一书中指出，数字孪生是实践先行，概念后成；数字孪生模型可以与实物模型高度相像，而不可能相等；数字孪生模型和实物模型也不是一个简单的一对一的对应关系，而可能存在一对多、多对一、多对多，甚至一对少、一对零和零对一等多种对应关系。

结合学术界和工业界的实践，e-works 认为，数字孪生并不是一种单元的数字化技术，而是在多种使能技术迅速发展和交叉融合的基础上，通过构建物理实体所对应的数字孪生模型，并对数字孪生模型进行可视化、调试、体验、分析与优化，从而提升物理实体性能和运行绩效的综合性技术策略，是企业推进数字化转型的核心战略举措之一。

2. 数字孪生的基本特征

数字孪生的基本特征是虚实映射。通过对物理实体构建数字孪生模型，实现物理模型和数字孪生模型的双向映射。构建数字孪生模型不是目的，而是手段，需要通过对数字孪生模型的分析与优化，来改善其对应的物理实体的性能和运行绩效。

任何物理实体都可以创建其数字孪生模型，一个零件、一个部件、一个产品、一台设备、一把加工刀具、一条生产线、一个车间、一座工厂、一个建筑、一座城市，乃至一颗心脏、一个人体等。对于不同的物理实体，其数字孪生模型的用途和侧重点差异很大。例如，达索系统帮助新加坡构建了数字城市，建立了一座城市的数字孪生模型，不仅包括地理信息的三维模型，各种建筑的三维模型，还包括各种地下管线的三维模型。该模型作为城市的数字化档案，可以用于优化城市交通，便于各种公共设施的维护。Biodigital 公司创建了生物数字人体模拟演示的在线平台,可以帮助医生和科学家研究人体构造,进行模拟试验。在太空探索的过程中,科学家通过数字孪生模型对远在太空的航天器如登陆火星的"好奇号"火星车进行远程监控、仿真与操控。显然,物理实体的结构越复杂,其对应的数字孪生模型也会越复杂,实现数字孪生应用的难度也更大。

3. 针对不同物理实体的数字孪生

不同物理实体的数字孪生应用重点差别很大。

产品数字孪生应用的重点在于复杂的机电软一体化装备,如发电设备、工程机械、机械加工中心、高端医疗设备、航空发动机、飞机、卫星、船舶、轨道交通装备、电梯、通信设备,以及能够实现智能互联的通信终端产品。

在产品的设计制造生命周期,可以通过在实物样机上安装传感器,在样机测试的过程中,将传感器采集的数据传递到产品的数字孪生模型,通过对数字孪生模型进行仿真和优化,从而改进和提升最终定型产品的性能;还可以通过半实物仿真的方式,部分零部件采用数字孪生模型,部分零部件采用物理模型来进行实时仿真和试验,验证和优化产品性能。另外,在产品创新设计时,大多数零部件会重用前一代产品的零部件,如果老产品已经建立了关键零部件的数字孪生模型,同样也应当进行重用,从而提升新产品的研发效率和质量。

产品服役的生命周期是产品的数字孪生应用最核心的阶段。尤其是对于长寿命的复杂装备,通过工业物联网采集设备运行数据,并与其数字孪生模型在相同工况下的仿真结果进行比对,可以分析出该设备的运行是否正常,运行绩效如何,是否需要更换零部件,并可以结合人工智能技术分析设备的健康程度,进行故障预测等。对于高端装备产品,其数字孪生模型应当包括每一个实物产品服役的全生命周期数字化档案。

在产品的报废回收再利用生命周期,可以根据产品的使用履历、维修 BOM 和更换备品备件的记录,结合数字孪生模型的仿真结果,来判断哪些零部件可以进行再利用和再制造。例如 SpaceX 公司的一级火箭实现了复用,结合数字孪生技术,可以更加准确地判断哪些零部件可以复用,从而大大降低火箭发射的成本。

工厂的数字孪生应用也分为三个方面:在新工厂建设之前,可以通过数字化工厂仿真技术来构建工厂的数字孪生模型,并对自动化控制系统和产线进行虚拟调试;在工厂建设期间,数字孪生模型可以作为现场施工的指南,还可以应用增强现实等技术在施工现场指导施工;而在工厂建成之后正式运行期间,可以通过其数字孪生模型对实体工厂的生产设备、物流设备、检测与试验设备、产线和仪表的运行状态与绩效,以及生产质量、产量、能耗、工业安全等关键数据进行可视化,在此基础上进行分析与优化,从而帮助工厂提高产能、提升质量、降低能耗,并消除安全隐患,避免安全事故。

目前,已有很多企业建立了生产监控与指挥系统,对车间进行视频监控,显示设备状态(停机、正常、预警和报警等),展示各种分析报表和图表等。构建数字孪生工厂可以进一步提升工厂运行的透明度。然而,要构建工厂完整的高保真数字孪生模型,需要工厂的建筑、产线、设备和产品的数字孪生模型,难度很大。设备和产线的数字孪生模型构建有赖于厂商提供相关数据,仅仅通过立体相机拍照,通过逆向工程构建的车间三维模型精度很低,而且也只包括外观的三维模型。但即便是基本的、示意性的、低精度的工厂数字孪生模型,对于工厂管理者实时洞察生产、质量和能耗情况,尽早发现设备隐患,避免非计划停机,也具有实用价值。

需要强调的是,对于一个已经建成投产的工厂,在工厂运行过程中,其数字孪生工厂所显示的所有数据和状态信息均来自真实的物理工厂,而非仿真结果。毫无疑问,要构建数字孪生工厂,需要实现设备数据采集和车间联网。图 2-50 是美的集团的数字孪生工厂应用实例。

图 2-50　美的集团数字孪生工厂应用实例

(来源:美的)

数字孪生工厂对于离散制造企业和流程制造企业都有十分重要的价值。在考察英国 Aveva 公司时,笔者观摩了该公司对于化工厂和无人海上钻井平台的数字孪生应用展示,数字孪生应用对工厂的安全运营具有重要意义。

产品数字孪生模型与工厂数字孪生模型在产品的制造过程中可以实现融合应用。在推进工厂的数字孪生应用时,如果有高保真的产品数字孪生模型,并且在此基础上能够构建产品的制造、装配、包装、测试等工艺的数字孪生模型,以及各种刀具和工装夹具的数字孪生模型,则可以在数字化工厂环境中,更加精准地对产品制造过程进行分析和优化。

4. 数字孪生对制造企业的价值

国际数据公司(International Data Corporation,IDC)在 2018 年 5 月发表的《数字孪生网络》报告中指出,到 2020 年底,65％的制造企业将利用数字孪生运营产品和（或）资产，降低质量缺陷成本和服务交付成本 25％。图 2-51 是数字孪生对制造企业价值的分析。

打造"人、物、流一体化"的数字供应链
基于数字孪生网络(这些数字孪生相当于"人、物、流一体化"数字供应链中的媒介)

着力落实以客户为中心的战略
感知需求和加速交付

支持预测性业务模式
覆盖设计、生产、服务和
维护等各个环节

投资智能自动化技术
实现灵活、快速的制造流程

确保获得全面可视性
捕获和分析互联产品信息，实现最优质量

利用数字化创新平台
基于物联网、区块链、人工智能、机器
学习和商务分析技术，打造安全的自动
化流程，制定更明智的决策，更快速地
响应客户和最终消费者的需求

图 2-51　数字孪生对制造企业价值的分析

（来源：IDC《数字孪生网络》报告）

产品数字孪生应用的价值是通过虚实融合、虚实映射，持续改进产品的性能，为客户提供更好的体验，提高产品运行的安全性、可靠性、稳定性，提升产品运行的"健康度"，在此基础上提升产品在市场上的竞争力。同时，通过对产品的结构、材料、制造工艺等各方面的改进，降低产品成本，帮助企业提高盈利能力；而工厂数字孪生应用的价值主要体现在构建透明工厂，提升工厂的运营管理水平，提高整体设备综合效率，降低能耗，促进安全生产等方面。要真正实现工厂数字孪生应用的价值，需要装备用户企业和装备制造企业进行深层次的合作。

2.9.2　数字孪生的相关支撑技术

数字孪生迅速成为热潮，源于数字化设计、虚拟仿真和工业互联网（工业物联网）等关键使能技术的蓬勃发展与交叉融合。

数字化设计技术从早期的二维设计发展到三维建模，从三维线框造型进化到三维实体造型、特征造型，产生了诸如直接建模、同步建模、混合建模等技术，以及面向建筑与施工行业的建筑信息模型技术（building information modeling，BIM）。三维建模技术不仅用于产品设计阶段，还可以实现三维工艺设计。产品的三维模型中不仅包括几何信息、装配关系，还包括产品制造信息（PMI，包括尺寸、公差、形位公差、表面粗糙度和材料规格等信息），以及利用这些信息实现 MBD。为了支持产品三维模型的快速浏览，可以从包含三维工艺特征的完整三维特征模型中抽取出仅包括几何信息的轻量化三维模型。基于三维造型和三维显示技术，虚拟现实技术取得了蓬勃发展，广泛用于汽车、飞机、工厂等复杂对象的虚拟体验，包括沉浸式虚拟现实系统 Cave，用于产品展示和市场推广的三维渲染技术，以及基于视景仿真的模拟驾驶技术等。近年来又发展起来增强现实技术，其特点是可以将实物模型和数字化模型融合在一个可视化环境中，从而实现传感器数据的可视化，还可以进行产品操作、装拆及维修过程的三维可视化，实现产品操作培训、维修维护等应用。

虚拟仿真技术从早期的有限元分析发展到对流场、热场、电磁场等多个物理场的仿真,多领域物理建模,对振动、碰撞、噪声、爆炸等各种物理现象的仿真,对产品的运动仿真,以及材料力学、弹性力学和动力学仿真,对产品长期使用的疲劳仿真,对整个产品的系统仿真,针对注塑、铸造、焊接、折弯和冲压等各种加工工艺的仿真,以及装配仿真,帮助产品实现整体性能最优的多学科仿真与优化,针对数控加工和工业机器人的运动仿真(其中数控仿真又可以分为仅仿真刀具轨迹,以及仿真整个工件、刀具和数控装备的运动),还有面向工厂的设备布局、产线、物流和人因工程仿真。如果从仿真的对象来区分,虚拟仿真技术可以分为产品性能仿真、制造工艺仿真和数字化工厂仿真。

在数字化设计技术和虚拟仿真技术发展和集成应用的过程中,产生了数字原型(digital mockup,DMU)、数字样机(digital prototype)、虚拟样机(virtual prototype)、全功能虚拟样机(functional virtual prototype)等技术,主要是用于实现复杂产品的运动仿真、装配仿真和性能仿真。通过对数字样机进行虚拟试验,可以减少物理样机和物理试验的数量,从而降低产品研发和试制成本,提高研发效率。

此外,随着传感器技术和无线通信技术的发展,21 世纪以来,物联网应用越来越广。除在消费领域应用之外,为了支持高价值工业设备的运行监控和维修维护,工业物联网开始受到业界广泛关注。IIoT 采集的数据类型和采集频率比普通的物联网应用高得多,而应用的数学模型和分析方法也比普通的物联网应用复杂得多。

在学术界的研究和 GE、西门子等工业巨头的示范效应驱动下,数字孪生技术开始受到广泛关注。2016 年 6 月,在西门子工业软件全球媒体与分析师会议上,西门子应用了数字孪生、数字主线(digital thread)等术语。

从数字孪生技术的发展背景可以看出,数字孪生模型是相对于其物理模型而言的。可以先建立数字孪生模型,应用数字孪生模型进行虚拟试验,但最终还是要建立物理模型,通过对数字孪生的分析,来优化物理模型的运行。

除了上述技术,工业大数据、人工智能等技术也是数字孪生的关键使能技术。

2.9.3　数字孪生在制造业的典型应用场景

数字孪生技术在各个行业有广泛的应用场景。陶飞教授团队在《计算机集成制造系统》2018 年第 1 期刊登的《数字孪生及其应用探索》一文中,归纳了 14 种应用场景,而后又在论文中介绍了数字孪生在航空航天、电力、汽车制造、油气行业、健康医疗、船舶航运、城市管理、智慧农业、建筑建设、安全急救、环境保护等 11 个领域、45 个细分类的应用(图 2-52)。

总体而言,数字孪生在制造业的应用前景广阔。其中,产品的数字孪生应用覆盖产品的研发、工艺规划、制造、测试、运维等各个生命周期,可以帮助企业推进数字化营销和自助式服务,有助于企业提升维护服务收入,创新商业模式;工厂数字

11个领域,45个细分类

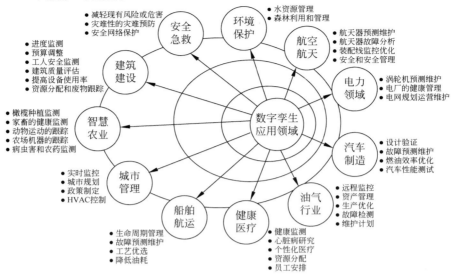

图 2-52　数字孪生的工业应用

(来源:陶飞教授)

孪生在工厂设计、建造,生产线调试、安装,工厂运行监控、工业安全等方面都可以给企业带来价值;数字孪生在供应链管理领域也可以应用,例如车间物流调度、运输路径优化等。

数字孪生在制造业的一些典型应用如下。

1. 产品的运行监控和智能运维

对于能够实现智能互联的复杂产品,尤其是高端智能装备,将实时采集的装备运行过程中的传感器数据传递到其数字孪生模型进行仿真分析,可以对装备的健康状态和故障征兆进行诊断,并进行故障预测;如果产品运行的工况发生改变,对于拟采取的调整措施,可以先对其数字孪生模型在仿真云平台上进行虚拟验证,如果没有问题,再对实际产品的运行参数进行调整。图 2-53 是 Ansys 的数字孪生技术在风电行业应用的案例。通过应用数字孪生技术,帮助风电企业避免非计划性停机,实现预测性维护和运行控制与优化。

数字孪生在航空领域也有相应的应用,由于每台航空发动机的飞行履历不同,飞行的环境不同,健康服役的寿命以及维护历史差别很大,因此,可以对每台航空发动机建立其对应的数字孪生模型实施监控。GE 航空对于正在空中运行的航空发动机进行实时监控,一旦出现故障隐患,可以通过对数字孪生模型的分析来预测风险等级,及时进行维修维护,显著提升了飞行安全。GE 航空通过数字孪生模型记录了每台航空发动机每个架次的飞行路线、承载量,以及不同飞行员的驾驶习惯和对应的油耗,通过分析和优化,可以延长发动机的服役周期,并改进发动机的设计方案(图 2-54)。

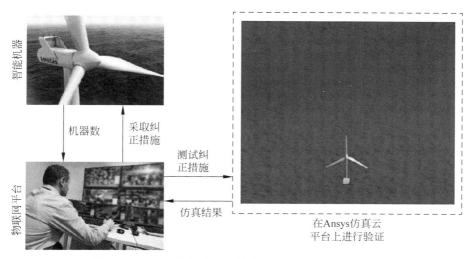

图 2-53　Ansys 的数字孪生技术在风电行业应用的案例

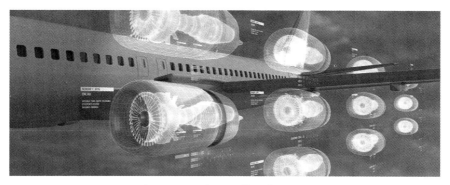

图 2-54　GE 航空的数字孪生应用

（来源：GE 官网）

　　在数字孪生应用领域，GE 与 Ansys 公司开展了战略合作。通过数字孪生技术的应用，实现产品的健康管理、远程诊断、智能维护和共享服务。通过结合传感器数据和仿真技术，帮助客户分析特定的工作条件并预测故障，从而节约运维成本。GE 航空通过汇总设计、制造、运行、完整飞行周期的相关数据，预测航空发动机的性能表现：①将发动机传感器数据与性能模型结合，根据运行环境的变化和物理发动机性能的衰减，构建自适应模型，精准监测航空发动机的部件和整机性能；②将发动机历史维修数据中的故障模式注入三维结构模型和性能模型，构建故障模型，应用于故障诊断和预测；③将航空公司历史飞行数据与性能模型结合并融合数据驱动的方法，构建性能预测模型，预测整机性能和剩余寿命；④将局部线性化模型与飞机运行状态环境模型融合并构建控制优化模型，实现发动机控制性能寻优，使发动机在飞行过程中发挥更好的性能。

西门子将来自智能传感器的温度、加速度、压力和电磁场等信号和数据，以及来自数字孪生模型中的多物理场模型和电磁场仿真和温度场仿真结果传递到MindSpere平台，通过进行对比和评估，判断产品的可用性、运行绩效和是否需要更换备件（图2-55）。

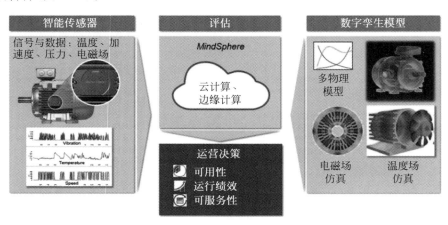

图 2-55   西门子的数字孪生应用案例

（来源：西门子）

在复杂装备的运维方面，可以通过增强现实技术，基于产品的数字孪生模型生成产品操作、装配或拆卸的三维动画。在实物环境下，透过各种穿戴设备或移动终端进行示教。PTC 提供了先进易用的增强现实应用平台。

2. 工厂运行状态的实时模拟和远程监控

对于正在运行的工厂，通过其数字孪生模型可以实现工厂运行的可视化，包括生产设备实时的状态、在制订单信息、设备和产线的 OEE、产量、质量与能耗等，还可以定位每一台物流装备的位置和状态。对于出现故障的设备，可以显示出具体的故障类型。华龙讯达应用数字孪生技术，在烟草行业进行了工厂运行状态的实时模拟和远程监控实践，中烟集团在北京的机构就可以对分布在各地的工厂实施远程监控。海尔、美的在工厂的数字孪生应用方面也开展了卓有成效的实践。

3. 生产线虚拟调试

在虚拟调试领域，西门子公司及上海智参、广州明珞等合作伙伴已开展了很多实践。虚拟调试技术是在现场调试之前，基于在数字化环境中建立生产线的三维布局，包括工业机器人、自动化设备、PLC 和传感器等设备，可以直接在虚拟环境下，对生产线的数字孪生模型进行机械运动、工艺仿真和电气调试，让设备在未安装之前已经完成调试。

应用虚拟调试技术，在虚拟调试阶段，将控制设备连接到虚拟站/线；完成虚拟调试后，控制设备可以快速切换到实际生产线；通过虚拟调试可随时切换到虚拟环境，分析、修正和验证正在运行的生产线上的问题，避免长时间生产停顿所带来的损失。

虚拟调试技术对企业的价值体现在：早期验证优化研发＋工艺＋制造的可行性，减少物理样机投入成本；减少去用户现场进行机器人调试的时间和出错率，节约差旅成本；虚实融合后为整个工厂的数字孪生打好基础，工厂建成之后可以与SCADA系统融合，打造基于三维模型的可视化监控系统，实现工厂的数字孪生。

2019年，罗克韦尔自动化公司并购了Emulate3D软件，作为罗克韦尔FactoryTalk DesignSuite软件的一部分，可以实现对整个工厂自动化控制系统进行虚拟仿真和虚拟调试，还可以利用工厂的数字孪生模型对员工进行培训，降低工厂运营的风险（图2-56）。

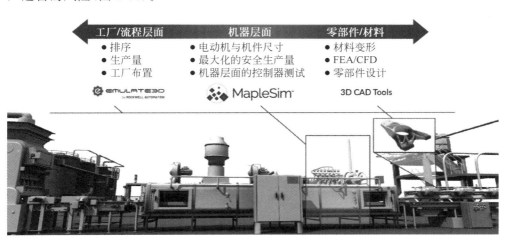

图 2-56　Emulate3D 和 MapleSim 的虚拟调试平台

美的集团旗下的美云智数的 MIoT. VC 系统（图2-57）提供了基于数字孪生的虚拟调试解决方案。其组件库内置 1400 多个机器人组件，内置库卡、ABB、安川、川崎等各主流机器人协议；通过图形示教，快速进行机器人姿态设计、运动路径干涉检查和姿态合理性分析；支持机器人姿态和轨迹的离线编程与虚拟调试，支持与现场设备的实时联机；支持喷涂、焊接等机器人动作示教、离线编程及虚拟调试。该系统支持 OPC UA（OLE for process control，OPC；unified architecture，UA）和西门子 S7 两大工业协议。

4. 机电软一体化复杂产品研发

对于高度复杂的机电软一体化产品，可以在研发阶段通过构建产品的数字孪生模型，并通过工程仿真技术的应用加速产品的研发，帮助企业以更少的成本和更快的速度将创新技术推向市场。运用数字孪生技术，能够综合利用结构、热学、电磁、流体和控制等仿真软件进行单物理场仿真和多场耦合仿真，对产品进行设计优化、确认和验证，还可以构建精确的综合仿真模型来分析实际产品的性能，实现持续创新。通过结合创成式设计技术、增材制造技术、半实物仿真技术，可以显著缩短产品上市周期。

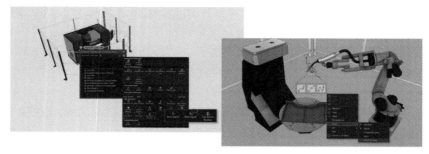

图 2-57　美云智数的 MIoT. VC 虚拟调试系统

（来源：美云智数）

美国 GE 认为，从概念设计阶段开始推进航空发动机的数字孪生应用，更容易将设计和结构模型与运行数据相关联，同时，还有助于优化设计，提高生产效率。精航伟泰测控仪器（北京）有限公司提供了基于模型的卫星数字孪生设计解决方案，可以最大程度地将验证后的设计模型自动转化为卫星的物理实现，例如可以根据相关设计模型自动生成星载软件的代码。

5. 数字营销

尚未上市的新产品，通过发布其概念阶段的数字孪生模型，让消费者选择更喜欢的设计方案，然后再进行详细设计和制造，这样有助于企业提升销售业绩。同时，通过构建基于数字孪生模型的在线配置器，可以帮助企业实现产品的在线选配，实现大批量定制。图 2-58 是比特视界（北京）科技有限公司（BITONE）为宝沃汽车开发的在线配置器，可以查看各种配置的外观和内饰。

图 2-58　BITONE 开发的汽车在线配置器

（来源：BITONE）

2.9.4　数字孪生主流厂商和解决方案

当前，数字孪生领域在全球受到广泛关注。西门子、达索系统、PTC、Ansys、罗克韦尔自动化、Aveva、ESI、GE、SAP、Unity、微软、Altair、Maplesoft、Bentley、力控科技、华力创通、触角科技、优也科技、华龙讯达、美云智数、寄云科技、精航伟泰、比特视界和同元软控等国内外厂商提供了数字孪生的相关解决方案。

西门子的数字孪生解决方案覆盖较全面,从设计工具、虚拟仿真、制造运营管理到工业自动化、物联网平台等关键技术领域,均提供相应的解决方案。为了建立更加完整的数字孪生应用模型,西门子在 CAD、PLM 等工业软件基础上,不断加大投资,先后并购整合了质量管理、生产计划排程、制造执行、仿真分析等各领域领先的技术。

在西门子的数字孪生应用模型中,产品数字孪生(product digital twin)、生产数字孪生(production digital twin)和性能数字孪生(performance digital twin)形成了一个完整的解决方案体系,并将西门子现有的产品及系统包揽其中,例如 Teamcenter、NX、Simcenter 等。

(1)产品数字孪生:在产品的概念和设计阶段创建数字孪生后,工程师可以根据相应的要求仿真和验证产品属性,例如评估产品是否稳定,是否直观易用?汽车车身是否提供尽可能低的空气阻力?电子设备是否可靠?无论涉及机械、电子、软件还是系统性能,数字孪生都可以用于提前测试和优化。

(2)生产数字孪生:它涉及工厂的机器、设备、传感器等整个生产环境的各个方面。通过在虚拟环境中仿真和调试,在实际操作开始之前,就可以识别错误和防止故障。

(3)性能数字孪生:不断地从产品或生产线获得运行数据,这样可以持续监控来自机器的状态数据和制造系统的能耗数据等信息,有助于执行预测性维护维修,以防止停机并优化能耗。

Ansys Twin Builder 是 Ansys 对数字孪生的产品软件包,能帮助工程师快速构建、验证和部署物理产品的数字化表示形式。这款开放式解决方案可以集成任何 IIoT 平台,并且包含运行时的部署功能,从而能够在运行过程中持续监控所用的每台资产设备。在 Ansys Twin Builder 的支持下,工业资产的连接功能与整体系统仿真充分结合,能帮助客户开展诊断和故障排除工作,确定理想的维护程序,优化每个资产设备的性能,通过 IIoT 获得的数据改进新一代产品。并且,Ansys 与众多伙伴合作打造数字孪生,使仿真技术的应用扩展到各个运营领域,甚至涵盖产品的健康管理、远程诊断、智能维护、共享服务等应用。

PTC 对于数字孪生的认知更强调数字世界与现实世界的联系。PTC 的数字孪生涵盖产品设计、制造、使用,再将使用数据回传进行监测分析,使得现实世界与数字世界之间的数据传递形成完整回路,加强现实世界与数字世界的连接。随着工业企业生成越来越多的有关物理世界的数据,PTC 将这些数据与物理实体形成映射,用于定义其产品、流程和人员的 IT 系统。同时 PTC 的物联网平台 ThingWorx 和增强现实平台 Vuforia 融合应用,可以进一步发掘数字孪生的价值。PTC 还与罗克韦尔、Ansys 等建立了合作关系。PTC 的 ThingWorx、Vuforia 与罗克韦尔自动化的 MES、FactoryTalk Analytics 以及 Industrial Automation 平台可以简化企业的连接方式,实现更好的互联互操作性。而在 ThingWorx 上融入 Ansys 工程仿真技术,通过两大技术平台之间建立联系,有助于将原始数据转变为可采取行动的新型智能信息。

达索系统的数字孪生的应用主要依托 3DEXPERIENCE 平台,将企业产品的开发、验证、生产、销售、运营全流程与企业项目管理流程整合,实现虚实融合与交互。3DEXPERIENCE 平台将相关技术和功能集成到一个统一的数字化创新环境中,创建数字孪生,从整个生态系统获取洞察力和专业知识,从而测量、评估和预测工业资产的表现,并以智能方式帮助企业优化自身运营。达索系统与 ABB 建立了全球合作伙伴关系,为数字化工业客户提供独特的、从产品生命周期管理到资产健康的软件解决方案组合。两家公司融合 ABB Ability 数字化解决方案和达索系统 3DEXPERIENCE 平台的优势,共同为客户提供数字孪生解决方案,帮助客户以更高的整体效率、灵活性和可持续性运行。

Altair 作为全球仿真技术领先厂商之一,近年来进行了一系列相关并购,制定了相应的数字孪生战略。Altair 数字孪生集成平台融合了物理和数据驱动的映射,以支持整个产品生命周期的优化。Altair 基于 Altair Activate,结合硬件在环和物联网功能,进行多学科系统建模,实现数字孪生技术。除此之外,Altair 与 ACROME 合作,基于 3D＋1D 系统协同仿真引擎,推出了面向数字孪生概念的机电一体化仿真与实物实验平台相结合的专用教学套件。

SAP 在 2016 年发布了资产智能网络(asset intelligent network,AIN),并在 2018 年汉诺威工业博览会上发布数字孪生网络(networks of digital twins),将制造商和运营商在产品的不同阶段的数字化映像数据真正打通。SAP 的数字孪生系统通过在数字世界中打造一个完整的数字化映射,实现了实时的工程和研发。在产品的使用阶段,SAP 数字孪生系统采集设备的运行状况,进行分析,获得产品的实际性能数据,再与需求设计的目标比较,形成产品研发的闭环体系。这样的闭环体系对于产品的数字化研发和产品创新有着非常重要的意义。

ESI 集团提出了混合孪生概念,可以对服务中的产品进行数值模拟,并得出可靠的预测性维护方案。Hybrid Twin 混合孪生模型的使用丰富了真实数据的虚拟样机并利用人工智能和机器学习使更准确的预测变得可行和实用。Hybrid Twin 监控系统实时变化,可准确预测各个产品特定行为的概率。通过构建 Hybrid Twin 混合孪生模型,ESI 集团帮助风电场的维护和监控成本平均降低了 30%。

Unity 基于自身实时 3D 技术和人机交互引擎,围绕数字孪生技术体系提供实时 3D 开发工具;同时面向特定应用场景,与合作伙伴共同推出完整解决方案。在 Unity 平台上,首先可导入静态数据并进行渲染,其次可规定运行的规则和接入相关控制模型,让虚拟世界和真实世界同频,最后是通过 VR、AR 实现与设备交互,或实现实时信号的对接。从而使开发者可以从辅助产品设计、制造到最终产品上市的全生命周期实现全流程的数字化。

微软 Azure 数字孪生提供物联网 IoT 平台，借助 Azure 的符合性、安全性和隐私优势构建企业级 IoT 互联解决方案，实现设备等资产以及现有业务系统连接到 Azure 数字孪生平台。通过与 Azure IoT 中心的集成，在确保高级安全性和可伸缩性的情况下监视、管理和更新 IoT 设备。此外，Azure 数字孪生 IoT 平台还与 Ansys Twin Builder 等仿真技术融合扩展其数字孪生方案。

Bentley 面向数字孪生领域推出的 iTwin Services，即数字孪生模型云服务，可提供多范畴的对应服务，其中包括概念创新、施工、检修、灾后重建、运营创新等服务。它可帮助持续审查项目状态，且可向前或向后查询变更分类时间线上的任何请求的项目状态，并实现任何项目时间线状态之间变化的可视化和分析可见性。

Maplesoft 公司的 MapleSim 平台提供了用于一体化生产线虚拟调试的数字孪生解决方案。通过虚拟调试实现基于仿真的设备选型、PLC 代码测试与高度、离线和在线仿真以及优化等，相比传统的实物调试，基于数字孪生的虚拟调试灵活性高、成本低、周期短，并可在广泛的场景和工况下进行。

力控科技数字孪生解决方案是通过集成三维可视化技术、快速建模技术、工厂设备实时状态监控技术、摄像监控技术等，实现基于三维数字孪生工厂的整体管理。三维数字孪生工厂平台将车间三维高精度模型、工艺流程、设备属性、设备实时数据，以及工厂运营管理数据等进行融合，直观地展示生产车间的工艺流程，实现车间生产的远程控制管理，提高车间的运营管理效率。同时为客户提供完整的、高附加值的产品解决方案，实现企业的智能化与精细化管理。

华力创通提供产品的数字孪生解决方案，服务基于模型的系统工程驱动的多维度数字样机、复杂虚拟装配、复杂人机工效、多用途虚拟现实系统、数据质量管理和轻量化技术、高性能计算、云计算、工程模拟器、视景仿真可视化等业务。华力创通面向工厂的数字孪生解决方案，结合 MES、SCADA 等软件，在通用的虚拟现实平台软硬件支持下，华力创通提供物理信息驱动下的实景三维工厂的虚拟现实人机交互体验系统，通过全三维数据和业务数据的叠加，实现基于 VR/AR 的工厂数字孪生项目的落地。

美云智数提供了虚拟调试解决方案和数字孪生工厂解决方案，在美的集团等企业的应用已取得显著效果。数字孪生工厂应用实现了设备联机、虚实结合、真实互动、设备故障预警和维修提醒，工厂审核效率提升 65%，设备故障率下降超过 9%，问题响应速度提升 30%。

寄云科技为大型制造企业构建了从单一装备到复杂系统的数字孪生，通过对设备实时状态、检测和维护数据的智能分析，实现设备状态监测、预测性维护、生产效率分析、质量溯源和预测等多种智能应用。

触角科技的数字孪生侧重应用新一代 MR/VR 头戴显示设备，实时展示数字孪生三维场景与 IoT 动态数据，并通过自然互动方式完成对场景中虚拟设备的多视角仿真操控；结合真实工业生产环境与设备，完成虚实融合的互动操作流程引导，实现了新一代交互式电子指导手册；全程录制面向数字孪生三维场景的仿真操作流程，并作为资源共享给其他工作人员在同一三维场景中进行可视化回放，用于特定任务的仿真验证与培训。

华龙讯达基于腾讯云推出木星数字孪生平台，基于物理模型、传感器、运行历史等数据，集成多学科、多物理量、多尺度、多概率的仿真过程的数据管理平台，实现产品数据在虚拟空间中完成映射，从而反映相对应的实体装备的全生命周期过程数字，将工厂物理空间的控制、运行、质量、物耗、能耗等数据在虚拟空间中建立实时镜像进行虚拟制造仿真，并将仿真结果作用于物理现场，助力企业提升资源优化配置能力、生产过程控制能力、均质生产保障能力、柔性制造能力和敏捷生产能力。

华天 SVDF 是华天软件完全拥有自主知识产权的数字化工厂规划布局、三维展示、虚拟仿真的系统。SVDF 建立在数字化模型基础上，通过输入数字化工厂的各种制造资源、工艺数据、CAD 数据等建立离散化数学模型，在软件系统内进行各种数字仿真与分析。SVDF 可以直接与生产设备控制系统以及各种生产所需的工序、报表文件等进行集成，结合网络技术，拓展数字化工厂互联能力，实现虚拟仿真与真实生产的无缝链接。

同元软控通过综合设计与验证平台软件面向航天领域提供了数字伴飞和数字空间站等数字孪生应用方案。在飞机早期论证与方案设计阶段建立整机级系统模型，以指导飞机快速方案论证和多种系统分析，实现对于复杂产品基于模型的多学科、多场景、多状态进行数字化仿真，在赛博空间中把飞机各种动作的参数调至最优。

2.9.5　数字孪生在制造业的应用前景展望

数字孪生是一个既具有前瞻性，又易于被各界理解的创新理念。

目前，围绕数字孪生技术的讨论还更多地集中在概念探讨阶段，我国制造企业真正开展的实际应用还处于初期阶段。正如前一阶段各方面热议，工业互联网缺乏"杀手级"应用一样，数字孪生也需要在产品运维和工厂运行监控等领域找到自己的"杀手级"应用。

即使没有数字孪生，很多装备制造企业也已经开始通过工业互联网（工业物联网）平台，对正在服役的装备进行远程监控，并利用工业大数据和人工智能技术进行预测性维护。那么，通过数字孪生技术实现虚实融合，可以进一步通过对这些装备运行过程的实时仿真和优化，提升设备运行绩效，避免异常事故。同样，即使没有数字孪生，很多制造企业也在建设生产监控与指挥系统，实现工厂的可视化、透明化。那么，通过数字孪生技术实现虚实映射，可以更加精准地把控工厂、车间、产线和设备的生产、能耗、质量、物流供应的实时状态，从而提升工厂的运行绩效，避免设备非计划性停机。因此,数字孪生应用给制造企业带来的价值是实实在在的。

制造企业应当组织针对数字孪生的培训,深入研究数字孪生的理念、数字孪生相关产品和解决方案,结合自身的产业特点和实际需求,找到数字孪生应用的突破口。在此基础上,制定数字孪生应用规划。从数字孪生应用中获益的机会,属于有准备的企业。

2.10　虚拟现实与增强现实

借助头盔、眼镜、耳机等虚拟现实设备,人们可以"穿越"到硝烟弥漫的古战场,融入浩瀚无边的太空,将科幻小说、电影里的场景移至眼前……,虚拟现实早已进入我们的生活。不仅如此,虚拟现实也已逐渐应用到更广泛的领域,如虚拟直播、医疗保健、教育、工程、零售、军事、服装、建筑和旅游等。在工业领域,虚拟现实与增强现实和其他三维可视化技术的融合,为产品研发、生产制造带来了前所未有的变革。

2.10.1　虚拟现实与增强现实的定义

虚拟现实(virtual reality,VR)技术利用三维建模等技术,建立一个虚拟的空间,再利用虚拟现实设备,提供视觉、听觉甚至触觉和嗅觉的感官模拟,能够使用户身临其境地沉浸在这样的虚拟的合成环境中,VR 的虚拟眼镜使用户在此环境中无限地观察虚拟空间中的事物,穿戴设备还会给身体不同方位的振动反馈。

虚拟现实技术最早应用在航空航天领域,集中在美国军方对飞行员的模拟训练,飞行员在飞行模拟器中就好像在真的飞机上一样,在屏幕上操作各种仪表设备,视景窗可以实时生成座舱外的景象,如机场与跑道、建筑物、河流、云层等。

虚拟现实技术是仿真技术的一个重要方向,是仿真技术与计算机图形学、人机接口技术、多媒体技术、传感技术和网络技术等多种尖端技术相结合而成的。虚拟现实有 4 个关键要素:沉浸(immersion)、交互(interaction)、行为(behavior)、想象(imagination)[24]。

增强现实(augmented reality,AR)也是一种计算机建模的技术,它通过捕获摄像机的位置,计算出影像物体的角度和位置来进行建模,当完成建模后,在此位置上增加一些虚拟的图像、视频或者更立体的 3D 模型,这些虚拟的对象和摄像机捕捉到的真实对象融合在一起,让用户可以通过摄像头就看到真实和虚拟两种影像。目前,在工业应用上,AR 技术侧重于精密仪器制造和维修,工程设备的维修,在医疗上用于解剖和训练,在军事上用于作战指挥、侦察,同时 AR 技术还应用在教学培训和抢险救灾等场景。

混合现实(mixed reality,MR)技术是虚拟现实技术和增强现实技术的混合应用,在建筑、工业、展览、医疗等行业都有成熟的应用案例。

1. 虚拟/增强现实的关键要素

（1）沉浸。沉浸是指通过视觉、听觉等使用户有身临其境的感觉,来增加虚拟世界的真实性。理想的虚拟环境应该达到使用户难以分辨真假的程度,甚至超越真实,如实现比现实更逼真的照明和音响效果等。

（2）交互。交互是指计算机通过各种各样的传感器捕捉用户的动作等信息,经过处理后与人产生相互作用。交互是沉浸感的重要影响因素,交互的实时性和交互的可操作程度都很关键。同时,交互的实时性对于硬件要求很高。

（3）行为。行为是交互的表达方式。大多数行为通过硬件来完成,如头戴式设备主要限于视觉体验。现在,越来越多的传感器,诸如手柄、激光定位器、追踪器、运动传感器,以及 VR 座椅、VR 跑步机等硬件的出现,呈现出更多样化的行为体验。

（4）想象。想象是指虚拟场景由设计者想象出来,既可以是真实现象的重现,也可以加入想象的内容。想象主导着虚拟现实的内容,为精品内容的出现提供了可能,也为新的交互方式、新的行为方式提供了灵感。

2. 虚拟/增强现实关键技术

虚拟/增强现实的关键技术主要包含以下 5 种。

（1）环境建模技术:即虚拟环境的建立,目的是获取实际三维环境的三维数据,并根据应用的需要,利用获取的三维数据建立相应的虚拟环境模型。

（2）立体声合成和立体显示技术:在虚拟现实系统中消除声音的方向与用户头部运动的相关性,同时在复杂的场景中实时生成立体图形。

（3）触觉反馈技术:在虚拟现实系统中让用户能够直接操作虚拟物体并感觉到虚拟物体的反作用力,从而产生身临其境的感觉。

（4）交互技术:虚拟现实技术中的人机交互远远超出了键盘和鼠标的传统模式,利用数字头盔、数字手套等复杂的传感器设备,以及三维交互技术与语音识别、语音输入技术成为重要的人机交互手段。

（5）系统集成技术:由于虚拟现实系统中包括大量的感知信息和模型,因此系统的集成技术为重中之重。这些技术包括信息同步技术、模型标定技术、数据转换技术、识别和合成技术等。

2.10.2 虚拟/增强现实技术发展综述

虚拟现实技术的概念最早来源于美国,其研究水平基本上代表国际发展的水平。目前该技术在美国的基础研究主要集中在感知、用户界面、后台软件和硬件四个方面。研究机构则主要集中于航空航天及大学实验室,如 NASA 的 Ames 实验室的研究主要集中在将数据手套工程化,使其成为可用性较高的产品;在约翰逊空间中心完成空间站操纵的实时仿真;大量运用面向座舱的飞行模拟技术;对哈勃太空望远镜进行仿真。MIT 是研究人工智能、机器人和计算机图形学及动画的先锋,这些技术都是虚拟现实技术的基础,其他国家也有不同程度的发展,如英国在分布式并行处理、辅助设备(包括触觉反馈)设计和应用研究方面全球领先,日本主要致力于建立大规模虚拟现实知识库的研究,在虚拟现实游戏方面的研究也处于领先地位。如图 2-59 所示,展示了虚拟现实技术的发展历程。

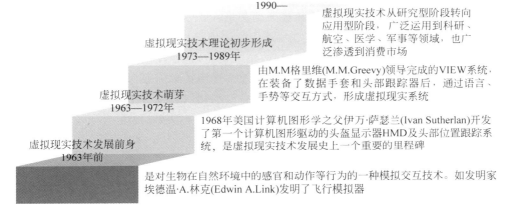

图 2-59　虚拟现实技术的发展历程

(来源:《虚拟现实技术发展历程及发展趋势分析》,产业研究智库)

我国虚拟现实技术研究起步较晚,与发达国家相比还有较大差距。北京航空航天大学计算机系是国内最早进行虚拟现实研究的单位之一,在虚拟环境中物体物理特性的表示与处理、虚拟现实中视觉接口方面软硬件、分布式虚拟环境网络设计方面成果突出;浙江大学 CAD&CG 国家重点实验室开发出了一套桌面型虚拟建筑环境实时漫游系统,还研制出了在虚拟环境中一种新的快速漫游算法和一种递进网格的快速生成算法;哈尔滨工业大学已经成功地虚拟出人的高级行为中特定人脸图像的合成、表情的合成和唇动的合成等技术问题;清华大学计算机科学与技术系对虚拟现实和临场感等方面进行了研究;西安交通大学信息工程研究所对虚拟现实中的关键技术——立体显示技术进行了研究,提出了一种基于 JPEG 的标准压缩编码新方案,获得了较高的压缩比、信噪比以及解压速度。

近几年,GPU 技术、立体眼镜和头显技术的进步,促使 VR/AR 技术在个人消费市场的爆发,在制造领域的应用场景也在加速落地。工业和信息化部在《虚拟现实产业白皮书(2019)》中指出,虚拟现实在制造业的应用主要包括虚拟研发、虚拟装配、设备维护检修等,已经在大型装备制造中实现初步应用。但虚拟现实设备的标准体系不完善,虚拟现实技术、产品和系统评价指标体系尚不健全,产品性能和质量缺乏标准规范,硬件、系统和内容之间的兼容性差等,这些给工业领域大范围地使用 VR 技术制造了障碍。

纵观虚拟现实技术多年来的发展历程，以及未来在工业领域更为广泛的应用，VR/AR 技术的研究将遵循"低成本、高性能"原则，有以下主要的发展趋势[25-26]。

1. 动态环境建模技术

虚拟环境的建立是虚拟现实技术的核心内容，动态环境建模技术的目的是获取实际环境的三维数据，在不降低三维模型的质量和复杂程度的前提下，实时建立相应的虚拟环境模型。该技术强调实时的数据传感、超高清显示技术，以及提高刷新频率、提升系统性能，减少晕眩和提高真实感。

因此，一是需要提升传感器性能，提高视觉传感、体感识别、眼球追踪、触觉反馈等能力，增强数据采集能力，从而精确、精准定位，快速反馈周围环境。二是突破 CPU、GPU 等数据处理单元的性能水平。虚拟建模技术需要对运动中大规模的数据模型进行重建，要求硬件能处理较大的并行视频数据，在虚拟世界中同步现实世界，提升用户体验。

2. 近眼显示技术

显示延迟、晕眩、视场角狭窄是目前虚拟现实技术普遍存在的问题，为了进一步提升虚拟现实的真实感、沉浸感，显示技术还有较大的提升空间。未来，近眼显示技术将以沉浸感提升与眩晕控制为主要发展趋势。

高角分辨率与广视场角显示成为提升虚拟现实沉浸感的重要切入点。随着虚拟现实头显在近眼显示上对清晰度提出了更高要求，分辨率将达到 4K 以上。增强现实强调与现实环境的人机交互，由于显示信息多为基于真实场景的提示性、补充性内容，现阶段增强现实显示技术以广视场角等高交互性（而非高分辨率等画质提升）为首要发展方向。

目前，虚拟现实眩晕产生机理尚未完全为人所知，因此，在显示技术方面眩晕控制成为虚拟现实在近眼显示方面的发展难点，发展非固定焦深的多焦点显示、可变焦显示与光场显示成为业界在近眼显示眩晕控制方面的重中之重。

此外，在硬件方面，AMOLED、LCOS/OLEDoS 成为近眼显示屏幕技术的主导路线，分别在响应时间、蓝光辐射量、功耗、轻便程度等方面具备优势。

3. 感知交互技术

感知交互技术聚焦于追踪定位、环境理解与多通道交互等热点领域。

追踪定位将成为 VR 与增强现实在感知交互领域的核心技术，该技术的发展趋势为由外向内的空间位姿跟踪向由内向外的空间位姿跟踪的转变。

手部体感交互呈现由手势识别向手部姿态估计/跟踪的发展趋势。传统的手势识别是让静态手型或动态手势与确定的控制指令进行映射，触发对应的控制指令，这种方式需要用户学习和适应才能掌握。而手部姿态估计与跟踪技术不需判断手部形态实际含义，通过还原手部 26 个自由度的关节点姿态信息，虚拟手与现实世界中双手的活动保持一致，用户像使用真实手操作现实物体一样对虚拟信息进行操作，这种技术学习成本低，可实现更多、更复杂、更自然的交互动作。

AR 感知交互的发展趋势侧重于基于机器视觉的环境理解。环境理解呈现由有标识点识别向无标识点的场景分割与重建的方向发展。基于机器视觉的环境理解成为 AR 感知交互的技术焦点，随着深度学习和定位重建技术的发展，机器识别会逐渐拓展到对现实场景的语义与几何理解。

VR 感知交互的发展趋势侧重于多通道交互的一致性，即通过视觉、听觉、触觉等感官的一致性，以及主动行为与动作反馈的一致性。基于用户眩晕控制与沉浸体验方面的特性要求，浸入式声场、眼球追踪、触觉反馈、语音交互等交互技术成为虚拟现实的刚性需求。

4．软件技术

虚拟现实技术除了硬件能力上的提升外，还需要加强软件开发能力。需要鼓励应用程序开发者研发通用化、易用性高的虚拟现实软件，使 AR/VR 技术更容易与移动设备相结合，用户可以更方便地创建各种增强现实应用，降低开发费用，从而降低虚拟现实系统的购买成本和使用成本。

此外，AR/VR 技术需要与企业级系统结合，利用 PLM 系统中的三维模型、BOM 和产品信息以及 SLM 系统中的维修服务信息，形成产品维修服务、培训指导的实时交互能力。

5．分布式虚拟现实技术

网络分布式虚拟现实将分散的虚拟现实系统或仿真器通过网络联结起来，采用协调一致的结构、标准、协议和数据库，形成一个在时间和空间上互相耦合、虚拟、合成的环境，参与者可自由地进行交互作用。目前，分布式虚拟交互仿真已成为国际上的研究热点，相继推出了 DIS、mA 等相关标准。

此外，虚拟现实的沉浸感还需要大幅提升端到端的网络传输性能。虚拟现实涉及接入网、承载网、数据中心网络、网络传输运维与监控以及投影、编码压缩等多种网络传输和数据处理技术，在利用虚拟现实仿真的过程中会产生大量的实时数据，因此，网络传输技术呈现出大带宽、低时延、高容量、多业务隔离的发展趋势。

2.10.3　虚拟/增强现实产业构成

根据赛迪智库的报告，虚拟现实产业链主要分成四个部分，包括硬件、软件、内容制作与分发、应用与服务（图 2-60）。

产业链上游是硬件、软件提供商。这一环节是虚拟现实产业最先发展和成熟的环节。很多企业从布局虚拟现实硬件设备和软件入手进入市场。硬件包括芯片、传感器、显示屏、光学器件、通信模块等器件，手柄、摄像头、体感设备等配套外设，以及 PC、移动端、一体机等终端。典型企业有英伟达、高通、TE、Kinect、Snakebyte、微软、尼康、Gopro、Dexmo、微动、Pico、Oculus 等。虚拟现实软件是被

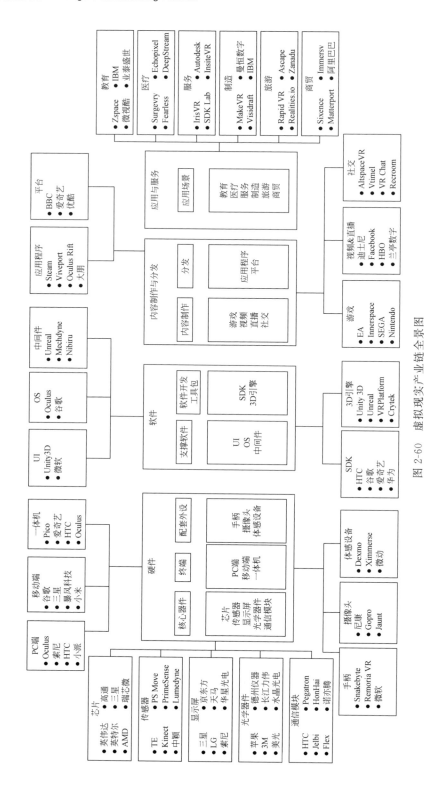

图 2-60 虚拟现实产业链全景图

（来源：赛迪智库）

广泛应用于虚拟现实制作和虚拟现实系统开发的一种图形图像三维处理软件。主要包括 UI、OS、中间件等支撑软件,以及 SDK、3D 引擎等软件开发工具包。典型企业有 Unity3D、微软、谷歌、Oculus 等。

产业链中游是内容制作与分发提供商。市场上硬件设备和平台已经相对成熟,而内容制作与分发这一环节是目前虚拟现实产业发展的重点。这类型厂商主要在游戏、直播、视频、社交等领域深入,并开拓更好的商业模式和运营模式,以更好地支撑行业应用。典型企业有 EA、Innerspace、迪士尼、兰亭数字、大朋、爱奇艺、优酷等。

产业链下游是各类应用与服务提供商。该环节包括教育(虚拟课堂、特殊教育、专业培训等)、医疗(教学、手术训练等)、制造(虚拟研发、虚拟装配、设备维护等)、商贸(虚拟市场、虚拟购物、虚拟展示等)等各个领域的应用。

美国的软件供应商 PTC 早在 2015 年就收购了 AR 技术平台 Vuforia,现在已经涉足虚拟现实、增强现实和混合现实三个领域。

2.10.4 虚拟/增强现实技术的典型应用

经过多年的发展,虚拟现实技术从实验室的研究项目走向实际应用,已经在军事、航空航天、建筑设计、旅游、医疗和文化娱乐及教育方面得到不少应用。由于其巨大的应用价值,在工业领域逐渐形成可落地的应用,已被宝马、通用、波音、苏霍伊(Sukhoi)等全球 500 强中的大型工业企业广泛应用于设计、营销、培训、客户服务等诸多领域,模拟训练、虚拟样机技术等典型应用受到许多工业企业的重视。虚拟现实、增强现实与仿真结合的应用开始渗透到制造业的方方面面。

1. 虚拟产品研发

在设计一个新产品或新型号时,传统的验证方式是先造出全功能的物理样机,但代价非常昂贵。通过虚拟现实技术构造出虚拟原型,不仅保证功能完整,而且可以大幅缩短样机的制造周期,降低研发成本。

中国长安汽车集团股份有限公司汽车工程研究院在概念汽车设计中,项目设计师完成方案后,运用虚拟现实技术,模拟概念车外观表现、动力性、操控性、安全性、通过性、燃油经济性和乘坐舒适性等,模拟后发现相关性能均达到设计要求并取得相应效果。

发动机设计过程较为复杂,在考虑各个部分装配关系的同时,还需要考虑各个零件的先后装配顺序。2P77 和 2P85 发动机项目的设计负责人在初步完成设计以后,运用 Unity3D 虚拟引擎,模拟发动机制造、装配过程,对存在的问题进行修改,最终确定设计方案[27](图 2-61)。

2. 虚拟加工

虚拟加工(virtual machining)系统是整合虚拟现实及机床的制造系统,在制造

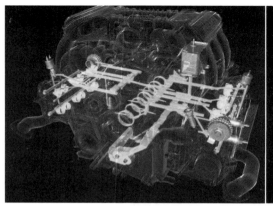

图 2-61　2P77 和 2P85 发动机

和生产上配合不同的计算机以及软件,目的是可以在虚拟现实系统的真实环境下仿真其特性、误差,并进行建模。虚拟加工可以在生产线没有实际测试的情形下,让产品可以正常生产。

3. 虚拟工厂规划

工厂设计、产线规划是复杂的系统工程,需要结合工业工程、工艺流程、产能、生产节拍、物料转运以及制造业务过程等多种因素设计,设计过程复杂、可靠性要求高。

首先利用三维工具对工厂、产线、装备建立三维模型,再利用虚拟现实技术对虚拟模型进行车间布局的仿真,分析判断产线、装备布局的合理性,对人、制造装备、物流过程的动态模拟,可直观评估可能存在的瓶颈、人机工程方面的问题,重复验证、迭代优化,保证工厂设计的合理性、可靠性。

虚拟现实技术可将机器人单元可视化,通过虚拟演示将动作轨迹输入到虚拟现实中,从而直接在虚拟现实中编程,用户可以将自己的视角转变为机器人的视角,从传感器中导入数据进行仿真,并可优化机器人的移动路径(图 2-62)。

图 2-62　虚拟现实技术应用于机器人动作编程

　　虚拟装配可以帮助工程师在不需要物理原型的情况下,对装配开始到结束的全过程进行可视化,可以使工艺师能够在虚拟环境中测试优化,对装配过程中的人机工程进行评估,对复杂装备的装配还可通过虚拟装配指导工人装配动作。以汽车制造为例,汽车车体的质量在汽车整车质量中占举足轻重的地位,装配水平是影响质量的关键。运用虚拟装配技术,改进现有的制造方法,对不同的装配方案进行比较,选择最佳方案,进行装配序列和装配路径优化,将整体装配误差在低成本的条件下控制在一定范围内[28](图 2-63)。

图 2-63　虚拟现实技术应用于装配过程

4. 基于数字映射的仓储物流

　　以菜鸟物流为例,仓库工作人员可以快速核对入库商品的数量和质量,并快速分类,同时快速录入商品的重量和体积,可视化的仓内导航与库区识别系统也会推动商品精准快速上架。

　　拣货员从快递箱中取出需要配货的订单,戴上 AR 眼镜,能按最优路线提示快速找到对应商品在仓库中所处位置,拿到商品,再根据眼镜中的商品信息与实物进行核对和质量检测。通过增强现实技术的应用,一个订单货品的分拣只需要 3 分钟左右,大大节省了时间。

5. 虚拟销售

　　达索系统利用 3D EXPERIENCE 平台帮助法国 PSA 集团旗下的高端品牌DS 汽车公司推进其展厅转型,带来全新"DS 虚拟视觉"(DS virtual vision)沉浸式汽车定制体验,该解决方案基于模块化的 3D 模型,利用虚拟现实技术向客户展示未来的产品,消费者戴上 HTC Vive 头戴式显示器就能在逼真的环境下,坐进虚拟

SUV中,在SUV旁边漫步,体验汽车内外部的独特卖点,还可在虚拟现实中选择不同车型的不同组合,包括内饰、车身颜色和配置等,PSA从而通过虚拟体验获取客户的个性订单,开创了革命性的购车体验。此外,基于虚拟现实的购车体验有助于完善构思和设计,使得研发效率大幅提升。

6.虚拟远程运维

产品在使用过程中突发故障,往往需要现场解决,维修工程师会带着大量的维修资料前往现场,如果再遇上疑难杂症,可能要运用更多的专家资源,耗费更多的维修成本,用户也会因此产生更多的损失。

增强现实技术的引入,可以减少维修的盲目性。通过网络传递现场实际的数据,结合虚拟现实技术在专家的计算机上再现故障现场,对实况进行模拟,专家在本地真实的体验中进行交互,从而对问题进行分析、诊断,提出维修方案指导问题解决[29]。

例如,微软HoloLens的混合现实技术在蒂森克虏伯电梯的维保应用。维保人员在现场检修时,无须翻阅厚重的纸质维修手册,直接通过增强现实将维修指南叠加在设备旁或故障零部件旁,非常直观地指导故障排除。此外,还可通过远程视频功能,连线身处异地的专家,通过视频,专家可直观了解到故障情况,与现场维保人员协同解决问题,如同专家身临其境指导维修。该技术的初步试验显示电梯维保工作效率提高了近4倍(图2-64)。

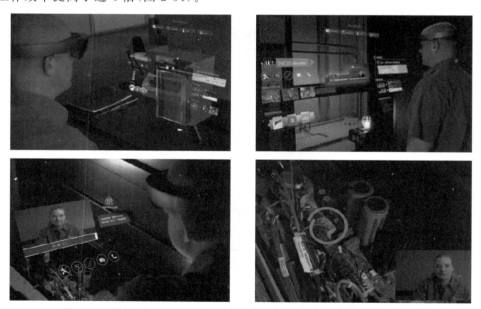

图2-64 微软HoloLens混合现实技术应用于蒂森克虏伯电梯的维护

富士通的增强现实眼镜可以让石油工人查看待处理管道的信息,或者用来获取电子档手册。与之配套的手套允许使用者在空中写数字,或者使用各种不同的手势来确认项目的细节,确认的信息随即发回总部。

7. 虚拟培训

在石油、天然气、轨道交通、航空航天等高危行业,员工正式上岗前的培训工作异常重要,但传统的培训方式花费大、成本高、效果不明显。虚拟现实技术的引入使虚拟培训成为现实,结合动作捕捉、高端交互设备及三维立体显示技术,为培训者提供一个和真实环境完全一致的虚拟环境,培训者沉浸在场景中,与所有物体进行交互,体验到不同操作的响应,还可在系统的引导下完成学习,远比阅读手册的效果好。目前在国外的一些工业企业中采用虚拟现实技术的操作培训很受重视。

2.11　工业信息安全

随着 5G、工业互联网、人工智能与大数据、云计算与边缘计算等为代表的新兴技术加快向工业生产领域渗透融合,在带来工业生产体系与运营模式等的变革,为工业生产发展注入强劲动力的同时,也给工业信息安全等带来新的挑战,工业信息安全形势日趋严峻。

2.11.1　工业信息安全的意义与内涵

如今,工业信息安全的重要性已日益凸显,成为制造强国和网络强国建设的重要支撑、保障国家网络安全的重要基础。图 2-65 分析了与工业信息安全相关的一些概念之间的关系。

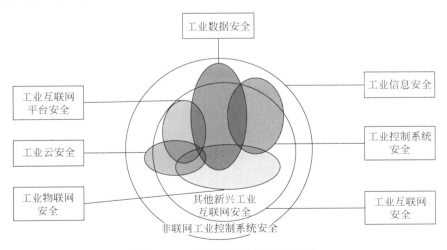

图 2-65　工业信息安全概念关系图

(来源:工业信息安全产业发展联盟,《工业信息安全标准化白皮书(2019 版)》)

工业信息安全是工业领域信息安全的总称。国家工业信息安全发展研究中心主任尹丽波在《深刻把握新时期工业信息安全的内涵、特点和重点》一文中指出，"工业信息安全的本质是确保完成工业生产任务的流程不被篡改或破坏，实现正常的生产过程、完成既定的生产目标，且生产执行过程的要素流动不被监控或盗取；工业信息安全防护的目标是工业企业生产所需的通信网络和互联网服务不中断，工业生产设备、控制系统、信息系统可靠正常运行，贯穿其中的数据不因偶然的或者恶意的原因遭受破坏、更改、泄露，工业生产和业务的连续性得到保障。"

2.11.2　工业信息安全的类型

工业信息安全涉及工业领域各个环节，一般而言，包括工业控制系统安全、工业互联网安全、工业大数据安全、工业云安全、工业电子商务安全、关键信息基础设施安全等内容。

1. 工业控制系统安全

工业控制系统（industrial control system，ICS）是各式各样控制系统类型的总称，它包括多种工业生产中使用的控制系统，如数据采集与监视控制系统、分布式控制系统、可编程逻辑控制器以及远程终端单元等。传统的 ICS 出现的时间要早于互联网，它采用专用的硬件、软件和通信协议，设计上也优先确保系统的高可用性和业务连续性，缺乏有效的安全防御措施，也基本没有考虑互联互通所必须考虑的通信安全问题。随着工业企业推进数字化转型与智能制造，以及云计算、大数据、物联网等新技术、新应用的大规模使用，使 ICS 由封闭独立走向开放、由单机走向互联、由自动化走向智能化，带来设备、网络、控制及数据等方面的安全隐患。

2. 工业互联网安全

工业互联网是新一代 IT 与传统 OT 全方位深度融合所形成的产业和应用生态，是工业智能化发展的关键信息基础设施，已被国家发展和改革委员会明确纳入"新基建"范围。工业互联网连接了工业系统与互联网，打破了传统工业相对封闭可信的制造环境，也使网络安全与工业安全风险交织，带来设备接入安全、网络通信安全、平台服务安全、应用程序安全、控制及数据安全等多方面的安全问题与挑战。图 2-66 是工业互联网产业联盟提出的工业互联网安全体系。

3. 工业大数据安全

工业大数据是工业领域产品和服务全生命周期数据的总称，包括工业企业在研发设计、生产制造、经营管理、运维服务等环节中生成和使用的数据，以及工业互联网平台中的数据等。近年来，我国工业大数据应用已迈出关键步伐，在需求分析、流程优化、能源管理等环节，数据驱动的工业新模式新业态在不断涌现，但与此同时也伴随着新的安全风险，比如存储风险、隐私泄露、APT 攻击、平台漏洞、数据泄露等。此外，如今各国都越来越重视数据和隐私的保护，相继颁布了数据安全相

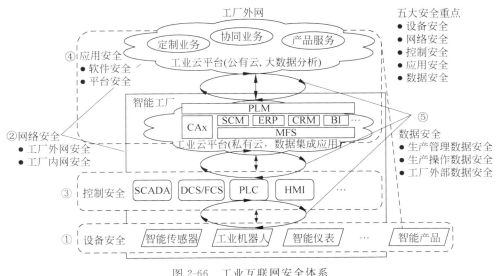

图 2-66 工业互联网安全体系

（来源：工业互联网产业联盟《工业互联网典型安全解决方案案例汇编（V1.0）》）

关法规，如欧盟出台了《通用数据保护条例》（GDPR），我国也正式发布并实施了"等保 2.0"，工业大数据也面临数据合规性的问题。

4. 工业云安全

工业云与工业互联网、工业互联网平台和工业 APP 同属智能制造的基础设施。近年来随着云计算发展进入普及阶段，越来越多的工业企业开始采用云计算模式部署信息化系统，工业上云正在成为趋势。工业云对下连接生产系统，在给工业企业带来效率提升、成本降低的同时，正因为其承载企业关键业务系统的价值巨大，使工业云安全的风险日益凸显。

5. 工业电子商务安全

所谓工业电子商务，是指工业企业在企业内及与上下游企业、客户和合作伙伴等各相关主体间，借助信息技术交易、交换、配送商品、服务、资源、能力、信息的过程，其本质是利用信息技术和网络资源重塑业务流程。当前，随着广大工业企业正积极探索依托工业电子商务创新企业交易方式、经营模式、组织形态和管理体系，广东、上海和湖北等地区也在依托工业电子商务积极推进区域产业集群集约化、网络化和品牌化改造提升，在工业电子商务迅速兴起的同时，同样也面临着数据信息被篡改、丢失与破坏、虚假交易、系统故障等一系列的信息安全风险。

6. 关键信息基础设施安全

根据国际电信联盟的定义，国家关键信息基础设施是指支撑物理国家关键信息基础设施的信息系统。近年来，以 5G、云计算、大数据、物联网、工业互联网为代表的新技术得到了快速应用，更多的传统能源、电力、交通基础设施、招投标平台连入网络,成为泛在的关键信息基础设施的有机组成。这些关键信息基础设施是经济社会运行的神经中枢,是网络安全的重中之重,也是可能遭到重点攻击的目标,因此也需采取有效措施,做好安全防护。

2.11.3　工业信息安全的形势与挑战

与传统网络安全相比,工业信息安全有很大的不同。工业系统的目标价值更高,其安全系统的复杂程度也远远高于传统的 IT 网络系统,在保障目标对象、安全需求等方面也具有其特殊性,其保护需求往往融合考虑了信息安全、功能安全和生产安全等多种安全需求,更侧重于维护生产运行过程的可靠稳定。此外,其风险来源更多,发生安全事件造成的后果也更为严重,不仅会造成设备故障、系统瘫痪、生产停滞,甚至还能引发安全事故,造成环境污染,导致人员伤亡。当前,随着工业数字化、网络化、智能化与服务化的加速发展,工业信息安全整体面临的形势与挑战也日趋严峻。

1. 工业信息安全相关标准仍有缺失

过去几年,虽然我国相继发布和实施了一批工业控制系统基础类安全标准,填补了我国在工业控制系统安全标准上的空白,但是工业信息安全标准仍存在缺失。比如,工业互联网安全的标准化工作还处于起步阶段,工业互联网的网络安全、数据安全、平台安全等标准仍在制定中;工业和信息化部近期发布了《关于工业大数据发展的指导意见》,提出了加快数据汇聚、推动数据共享、深化数据应用、完善数据治理、强化数据安全、促进产业发展、加强组织保障等多方面要求,但工业大数据相关标准仍有待完善;而且尚未有正式发布的工业信息安全体系框架类标准,难以有效指导工业企业的信息安全建设。

2. 信息安全重视程度不够

工业企业普遍存在重发展、轻安全的现象,对工业信息安全缺乏足够的重视,大多仅停留在表面以及口号上,缺乏有效的信息安全管理机制与应对措施,资金与人员投入也不足,造成工业信息安全防护能力滞后于工业发展能力。

3. IT 与 OT 分属不同部门管理,难以实现有效协同

在很多工业企业中,IT 与 OT 设备及系统通常分属于不同的部门来管理,彼此独立,各自为政,造成 IT 与 OT 技术人员的安全技能与动机存在显著的差异。IT 技术人员对软件创新、编程的力量和过程充满热情,但对如何将这些应用到工厂车间热情不足;而 OT 技术人员具有工程或制造背景,并且在保持机器运行方面倾向于实用性。这也导致在 IT 与 OT 系统加速融合的背景下,工业企业的 IT 与 OT 部门在工业信息安全防护上难以实现有效的协同。

4. 安全人才缺乏,安全技能有限

一方面,既懂信息安全又熟悉工业系统环境的专业人员严重匮乏,制约着信息

安全意识与防护技术的提升；另一方面由于工控设备须保证 7×24 小时高可用性，往往不允许频繁调试，即使发生了设备故障或者安全事故也必须在极短的时间内恢复；众多工控系统在设计之初就有天然的缺陷，不仅普遍存在安全漏洞，而且控制协议、控制软件等也缺少诸如认证、授权、加密等安全功能，加之安全防护技能有限，也增加了工业信息安全防护上的困难。

5. 涉及主体复杂，安全防护与监管责任难划分

例如，工业互联网业务和数据在设备层、数据采集层、基础网络层、IaaS 层、工业互联网平台层、工业应用层等多个层级间流转，安全责任主体涉及工业企业、设备供应商、基础电信运营商、IaaS 网络服务商、工业互联网平台运营商、工业应用提供商等，安全责任难以界定；而且在监管层面，由于工业互联网涉及制造、能源、水务等众多行业，涵盖设备安全、控制安全、网络安全、平台安全、数据安全等，在这种融合状态下，安全管理、协调等诸多层面的监管职能分散于多个行业主管部门，缺乏责权清晰的监管体系。

6. 大规模、高强度的工业信息安全事件频发，工业领域成为网络攻击重灾区

据国家工信安全中心统计，2017—2018 年，工业领域公开报道的勒索病毒攻击事件高达 17 起，其中制造业是攻击的重点目标。而据《2018 年数据泄露调查报告》统计，全球制造业的数据泄露事件多达 536 起，行业排名第 6，其中涉及大型企业事件 375 起，行业排名居首位。随着工业企业价值密度增大、网络依赖性提升，将愈发成为勒索者的"理想目标"。表 2-11 列举了 2018—2019 年工业信息安全十大事件。

表 2-11　2018—2019 年工业信息安全十大事件

序号	时　间	事　件
1	2018 年 2 月	加密采矿软件攻击致欧洲废水处理设施瘫痪
2	2018 年 4 月	摩莎工业路由器曝 17 项安全漏洞
3	2018 年 7 月	100 余家汽车制造商大量生产数据因平台漏洞遭泄露
4	2018 年 7 月	乌克兰氯气站遭 VPNFilter 恶意软件突袭
5	2018 年 8 月	勒索病毒导致台积电生产停摆
6	2018 年 11 月	中国台湾合晶科技遭 WannaCry 攻击
7	2018 年 12 月	美国第三大报纸出版商 Tribune Publishing 遭勒索病毒攻击
8	2019 年 3 月	委内瑞拉电网工业控制系统遭攻击导致全国大规模停电
9	2019 年 3 月	挪威铝业集团遭受勒索攻击
10	2019 年 4 月	德国制药和化工巨头拜耳公司遭恶意软件入侵

来源：国家工信安全中心，《2019 年工业信息安全态势展望报告》。

2.11.4　工业信息安全防护技术与策略

面对日益严峻的工业信息安全形势，一方面，国家应加紧制定工业互联网、工业大数据、工业云等相关工业信息安全政策与标准，构建责任清晰、制度健全的监管体系；另一方面，工业控制设备与系统厂商，工业云平台、工业大数据平台、工业互联网等产品与平台提供商应提升产品与平台服务的安全性及安全保障能力；同时，工业企业也应提升信息安全防护意识及能力，变被动防御为主动防御，建立起有效的安全管理及应对机制。必要时也可与专业的工业信息安全服务商合作，共同筑牢工业信息安全防线。

目前，针对工业信息安全的威胁与风险，其防护策略主要包括安全风险与漏洞评估、网络分区与边界隔离、设备安全加固、工业主机防护、控制安全与防护、数据安全防护、态势感知、纵深防御等。

（1）安全风险与漏洞评估：即发现并定义安全风险，制定安全战略，这包括安全战略与计划，安全风险、合规性与漏洞评估，安全治理政策与要求等的评估与制定等。工业安全服务商大多有此类服务。例如 IBM 提供的安全智能运营和咨询服务，可帮助及时发现可能危及 OT 设备的关键攻击场景，保证 OT 框架安全性，提高其网络安全成熟度，同时建立快速检测和响应 OT 安全事件的计划和程序，并满足各项工控标准和行业规范。

（2）网络分区与边界隔离：即通过内部与外部应用区域的物理隔离以及基于可信处理单元的访问控制，实现对外部重要信息的流出与访问控制。例如，为了有效实现工厂内网与外网、工控网络与其他网络之间的边界安全防护，在每个网络边界处一般都会部署一个或多个边界安全设备，包括工业防火墙、工业网闸、单向隔离设备或者企业定制的边界安全防护网关等。

（3）设备安全加固：即对设备进行安全加固，并建立设备、操作系统漏洞发现和补丁更新机制，确保及时发现相关安全漏洞、进行补丁升级。必要时可采用基于硬件的可信计算与验证技术，为设备的安全启动以及数据传输机密性和完整性保护提供支持。

（4）工业主机防护：工业现场的工业主机主要包括工业控制系统的工程师站、操作员站、服务器、存储等主机设备，负责工业控制系统的工作流程及工艺管理、状态监控、运行数据采集、重要信息存储等工作，是整个工业控制系统的指挥中心，因此往往也是工业网络中的主要风险点，病毒入侵、人为误操作等威胁都主要通过主机设备进入工业系统。在防护上主要采用"应用程序白名单"技术，通过白名单软件进行工业主机加固，建立工业主机安全"白名单"基线，确保可信任的程序、进程被放行，已知和未知恶意程序被阻断，保护工业主机免遭病毒或针对安全漏洞所发起的攻击行为。

（5）控制安全与防护：一般从控制协议、控制软件和控制功能入手，加强认证授权、协议加密、协议过滤和恶意篡改等方面技术，并在使用前确保开展控制协议鲁棒性测试、软件安全测试及加固等工作。

（6）数据安全防护：一般可采取数据加密、访问控制、身份认证、数据脱敏及业务数据隔离等多种防护措施协同联动的方式进行防护,覆盖包括数据收集、传输、存储、处理、脱敏和销毁等全生命周期。

（7）态势感知：即对工业生产与办公网络等全维度安全数据进行采集、分析、预测、响应的综合性分析决策；通过大数据分析、机器学习等技术对安全行为进行分析和建模,对威胁和攻击行为进行预测、响应和溯源,通过多维度可视化技术展示,使整体安全状态可感知,安全态势可预测,为企业的安全运营体系提供安全决策的数据支持。

（8）纵深防御：在安全管理学上的概念是指通过多层重叠的安全防护系统而构成多道防线,即使某一防线失效也能被其他防线弥补或纠正。目前,部署纵深防御也是工业领域应对安全威胁的切实方法,并有许多工业信息安全服务商提供纵深防御解决方案。例如,西门子的纵深防御解决方案,提供从工厂安全到网络安全,再到系统完整性的全面防御。工厂安全着眼于对自动化系统的物理保护和信息安全管理,安全服务包括有关实施全面工厂保护的过程与指南；网络安全即工业网络中的安全通信,主要目的在于通过专业规划、设计和实施高效网络结构,实现连续和安全的通信；系统完整性则强调通过集成的信息安全功能,针对控制层的未授权组态更改以及未授权的网络访问提供全面保护。

2.11.5　工业信息安全厂商与产品服务

随着全球工业信息安全事件频发,工业信息安全形势日益严峻,全球工业信息安全市场需求显著提升,工业信息安全市场规模也不断扩大。根据市场研究公司 Transparency Market Research 分析,2019 年全球工业信息安全市场规模达 164.01 亿美元,预计到 2026 年增长至 297.6 亿美元,年复合增长率达 8.83%。根据国家工业信息安全发展研究中心发布的《中国工业信息安全产业发展白皮书（2019—2020)》的数据,"2019 年我国工业信息安全产业规模达到 99.74 亿元,市场增长率达 41.84%,预计 2020 年我国工业信息安全市场增长率将达 23.13%,市场整体规模将增长至 122.81 亿元,数据显示国内工业信息安全产业规模正在加速扩容。"而市场规模扩大的背后,则是国内外众多不同背景的工业信息安全厂商纷纷涌入。

目前国外的工业信息安全服务厂商数量众多,包括 IBM Security、火眼（Fireeye）、飞塔（Fortinet）、赛门铁克（Symantec）、迈克菲（McAfee）、卡巴斯基（Kaspersky Lab）、趋势科技（Trend Micro）、Dragos、Indegy、Claroty、CyberX、Palo Alto Networks、Lockheed Martin、CheckPoint、Tofino Security、PAS、Darktrace、思科、通用电气、西门子、霍尼韦尔、罗克韦尔、艾默生、施耐德电气、菲尼克斯电气等。

据国家工业信息安全发展研究中心统计,2019 年国内约有 266 家企业涉足工业信息安全业务,较 2018 年增长 50%,以传统信息安全背景厂商最多,占总体数量的 55％，行业整体集中度有所下降。国内知名厂商有和利时、浙江中控、安控科技、科远智慧、力控华康、海天炜业、360 企业安全、奇安信、绿盟科技、深信服、蓝盾股份、启明星辰、网御星云、得安信息、天地和兴、天融信、英赛克科技、威努特、匡恩网络、安恒信息、中科网威、圣博润、网藤科技、珞安科技、木链科技、立思辰、珠海鸿瑞、六方云、长扬科技、瑞星网安、卓识网安、天空卫士、三零卫士、安策科技、石化盈科、中油瑞飞、南信瑞通、博智软件、谷神星、天地和兴、安点科技、亚信安全等。

从企业背景来看，既有传统的信息安全厂商，如赛门铁克、迈克菲、卡巴斯基、趋势科技、360 企业安全、奇安信、绿盟科技、立思辰、中科网威、三零卫士、天融信、瑞星网安等；也有从事自动化控制等业务的自动化厂商，如通用电气、西门子、艾默生、施耐德电气、和利时、浙江中控、力控华康、海天炜业、珠海鸿瑞等；以及传统网络产品提供商或 IT 系统集成商，如 Fortinet、思科、华为、石化盈科、中油瑞飞、南信瑞通等。此外还有专注于工业信息安全的厂商，如 Indegy、Claroty、威努特、木链科技、天地和兴、安点科技、六方云等。

根据《中国工业信息安全产业发展白皮书（2019—2020）》观察，当前国内工业信息安全市场竞争格局主要呈现几点趋势：一是国家资本加强布局工业信息安全行业，如中国电科入股绿盟科技、南洋股份，中国电子投资奇安信，国家资本的重视将有力推动我国安全产业加速发展。二是安全厂商上市、融资动作增多，以安恒信息为代表的科创板公司积极布局工控安全和工业互联网安全产品，六方云、烽台科技、融安网络、长扬科技、天地和兴等获得资本投资，融资金额数千万到上亿元不等。三是集成商中工业互联网平台供应商增加，如海尔、华为、阿里巴巴等布局工业信息安全领域，这类厂商拥有客户资源优势。

从国内工业信息安全厂商提供的产品服务来看，主要分为两类：一是产品类，主要包括工业防火墙、工业网闸、应用白名单等为代表的边界安全与终端安全产品；终端入侵检测、网络入侵检测、工业安全审计等检测审计产品；态势感知、合规管理、安全运维管理等工业信息安全管理类产品。二是服务类，包括安全评估、安全咨询、安全设计等咨询服务；安全集成、安全加固等实施服务；以及应急处置、攻防演练、安全培训与托管等运营服务。据《中国工业信息安全产业发展白皮书（2019—2020）》显示，2019 年我国工业信息安全产品类市场规模达 30.303 亿元，占市场总额的 79％，工业信息安全服务类市场规模近 7.997 亿元，占市场总额的 21％，其中，安全评估、安全应急和安全培训服务是服务类市场增长的主要驱动力。

此外，不同厂商间开展工业信息安全合作也正在成为趋势。例如，在罗克韦尔自动化与思科战略合作的架构中，工业信息安全方面的内容是重要组成部分。工业级设备联网解决方案提供商 Moxa 宣布与国内专注于工控安全领域的威努特携手合作，构建智能制造工业安全一站式解决方案；美国工业网络安全厂商 Dragos 和通用电气合作，以加强工业控制系统安全。

随着工业数字化、网络化与智能化的快速发展，网络安全威胁也向工业领域加速渗透,网络攻击手段日趋复杂多样,大规模、高强度工业信息安全事件频发,使工业信息安全面临严重安全威胁与隐患。但目前我国整体上应对工业安全风险的能力却不足,这突出表现在相关安全标准缺失、安全监管困难、安全意识不够、安全人才与技能匮乏等方面。面对日益严峻的工业信息安全形势,需政府、产品与平台服务提供商(如工业自动化设备及控制系统提供商、工业云平台提供商、工业互联网平台提供商、工业大数据平台提供商、网络服务提供商等)、工业企业以及工业信息安全厂商多方形成合力,开展多层次、多维度合作,共同筑牢工业信息安全防线。

2.12 精密测量技术

工业测量是在工业生产和科研各环节中,为产品的设计、模拟、测量、放样、仿制、仿真、产品质量控制、产品运动状态提供测量技术支撑的一门学科。测量内容以产品的几何量为主,也涉及色彩、温度、速度与加速度及其他物理量。

2.12.1 精密测量的内涵

精密测量技术是工业测量技术的一个组成部分,特指以毫米级或更高精度进行的工业测量。现代工业的发展,对产品的尺寸精度提出了更高的要求,特别是对于精密加工行业而言,如精密丝杠、精密齿轮、精密蜗轮、精密导轨和精密轴承等零件的加工,采用如游标卡尺、千分尺等传统的测量工具已经无法满足其测量精度的要求。同时,随着消费者对个性化产品的需求增加,制造企业面临着产品测量种类增加、测量批量减小、测量速度要快、测量结果要能够存储以便于后期质量数据分析及追溯等要求,精密测量技术已然成为企业适应市场竞争的一项不可或缺的技术。再者,随着人工智能、机器学习、智能传感器、5G 等技术的发展,在线、自动化、高速、智能成为当前精密测量系统和技术的主旋律。因而精密测量设备需要具有一定的智能化水平,如一次测量完成后,能够自适应地对下一批相同产品自动连续测量,以及在机器视觉等技术的辅助下,自动判断产品质量合格与否。更进一步,测量不仅仅是产品合格与否的判定,它还需要与质量分析、加工制造、设计仿真进行更为广泛的融合,从而达到品质推动生产力的目的。测量数据与质量分析软件的相互作用,可以帮助企业实现更稳定可靠的生产制造过程,确保批量生产的稳定性,提前预测加工质量的趋势,并及时对加工设备、加工路径乃至刀具进行调整[30]。精密测量作为智能制造的眼睛,不仅对产品质量控制起到决定作用,也对制造水平起到了决定作用。当前,推进智能制造与数字化转型成为企业发展的趋势,精密测量的重要性不言而喻。

相比于传统测量装备,智能测量装备更加复杂,包括了机、电、软多学科知识,涵盖无线射频识别技术、机器视觉、协作机器人、在线检测和管理软件系统等多领域技术,由传统的以人工测试为主向全自动化检测进阶。智能测量装备的应用为企业的智能制造提供了有力支撑。本节主要介绍几何量测量的智能测量装备,涉及几何尺寸、形状和位置等相关参数的测量。

智能测量装备测量几何尺寸的方式可分为接触式测量和非接触式测量(图 2-67)。接触式测量法是测量器具的传感器与被测零件表面直接接触的测量方法。例如,以触针沿工件表面运动并持续获取测量点数据,这个过程也称为扫描,通过扫描将采集到的形状数据转换为离散的几何点坐标数值,从而完成物体表面形状的建模。其特点是测量的可靠性高、测量精度高、重复性好。接触式测量的缺点是测量的接触力可能会对测量器具和零件表面(如软性表面)造成变形,从而影响到测量的不确定度,因此通常不适用于软性表面的测量。

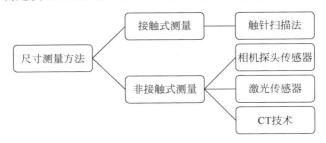

图 2-67　智能测量装备测量几何尺寸的方式

非接触式测量是测量器具的传感器与被测零件的表面不直接接触的测量方法,以光电、电磁、超声波等技术为基础,在仪器的感受元件不与被测物体表面接触的情况下,即可获取被测物体的各种外表或内在的数据特征。非接触测量的优点是测量传感器不与被测物体表面接触,对被测零件表面不会构成任何损伤,比较适合于复杂曲面以及软性表面零件的测量。非接触式测量采用相机探头传感器、激光传感器或 CT 技术的形式。

2.12.2　精密测量装备

1) 三坐标测量机

三坐标测量机(coordinate measuring machining,CMM)(图 2-68)是指一种可在立体坐标系内做三个方向移动测量的光学测量仪器,可以测量几何形状、长度及圆周分度等。三坐标测量机测量头分为接触式和非接触式两种,常用的测量头为接触式测头,其应用范围广,种类多样,测量方便灵活。三坐标测量机的缺点是对测量环境要求高,不便携,测量范围小。

CMM 的应用场景:各种工业计量领域,包括汽车零部件测量、模具测量、齿轮测量、五金测量、电子测量、叶片测量、机械制造等。

2) 关节臂测量机

关节臂测量机(图 2-69)是一种便携式接触测量仪器,关节臂拥有 6 个或 7 个自由度,可灵活旋转,对空间不同位置待测点的接触模拟人手臂的运动方式。测头功能同三坐标测量机。有些厂家在其测头上附加小型结构光扫描仪,可实现对工件的快速扫描,集接触式与非接触式系统的优点于一体。

图 2-68　三坐标测量机

（来源：海克斯康）

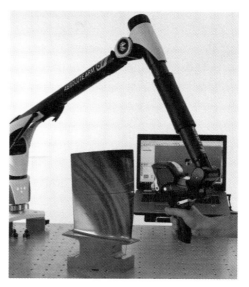

图 2-69　关节臂测量机

（来源：海克斯康）

关节臂测量机的应用场景：可完成尺寸检测、点云扫描等。

3）激光跟踪仪

激光跟踪仪(laser tracker)(图 2-70)是一台以激光为测距手段配以反射标靶的仪器,它同时配有绕两个轴转动的测角机构,形成一个完整球坐标测量系统。可以用它来测量静止目标,跟踪和测量移动目标或它们的组合。

图 2-70　激光跟踪仪

（来源：海克斯康）

激光跟踪仪的应用场景：能够方便、准确地完成大尺寸、超大尺寸的工装测量与零部件匹配等任务。

4）拍照测量设备

拍照测量设备（digital photogrammetry）（图 2-71）是用工业相机对物体进行连续拍照，然后运用图像处理软件及技术对拍摄的照片进行分析，计算被测物尺寸的一种方式。拍照式测量系统提供高速、3D 拍照式测量解决方案。

拍照测量设备的应用场景：快速数据采集及条件复杂的车间现场环境。

5）光学三维测量设备

光学三维测量系统是采用光束进行测量的系统，具有非接触式的优点。这种系统也称三维蓝光扫描仪，根据传感方法不同，分为三维蓝光扫描仪、激光三维扫描仪、CT 断层扫描仪等（图 2-72）。

图 2-71　拍照测量设备

（来源：海克斯康）

图 2-72　光学三维测量设备

（来源：海克斯康）

光学三维测量设备的应用场景：适用于待测物体几何形状的全尺寸三维数字化检测，三维扫描仪具有工业级高精度和高稳定性，在严苛的环境下仍可提供高精度测量数据。

6）复合式影像测量机

复合式影像测量机（图 2-73）可在同一台设备上完成工件所有类型特征的测量，避免在不同设备上二次装夹，节省上下料的时间和多台设备的投资。应用复合式传感器测量技术，实现快捷的光学测量与接触式扫描测量，提升检测效率。

复合式影像测量机的应用场景：小、薄、软、复杂形状零部件的测量。

7）在机测量设备

在机测量就是以机床硬件为载体，附以相应的测量工具（硬件有：机床测头、机床对刀仪等；软件有宏程式、专用 3D 测量软件等），在工件加工过程中，实时在机床上进行几何特征的测量，根据检测结果指导后续工艺的改进（图 2-74）。

图 2-73　复合式影像测量机

（来源：海克斯康）

图 2-74　在机测量设备

（来源：海克斯康）

在机测量设备的应用场景：铣床、加工中心和车床等加工设备。

8）间隙轮廓表面测量设备

间隙轮廓表面测量设备可进行轮廓测量和三维表面检测，为手持式非接触测量，可满足从产品开发、制造，到维修维护的一系列制造质量需求（图 2-75）。

图 2-75　间隙轮廓表面测量设备

（来源：海克斯康）

间隙轮廓表面测量设备应用场景：应用于汽车、铁路、钢铁和航空航天等行业，如车身和车门之间的间隙和面差测量，车轮轮廓检查、制动盘测量、车轮间距测量、车轮磨损检查和轨道磨损检查等。

9）机床高精度校准补偿设备

机床高精度校准补偿设备主要用于提供校准补偿，可进行精确完整的几何分析，持续监测并实现机床和坐标测量机精度的提升，可用于机床设计与校准、计量仪器校准、电子/汽车/航空航天等行业以及研究领域(图 2-76)。

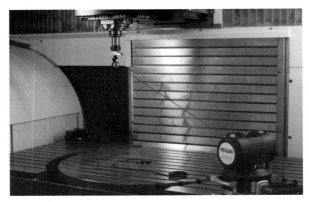

图 2-76　机床高精度校准补偿设备

(来源：海克斯康)

机床高精度校准补偿设备应用场景：为机床进行校准，提供高精度保证。

2.12.3　精密测量领域市场

几何量精密测量领域有众多厂商，可谓百花齐放。每个厂商都有各自侧重的产品与技术，形成了自身独特的竞争优势，其中部分知名厂商如表 2-12 所示。

表 2-12　智能测量装备知名厂商(部分)

企业名称	网　　　址
海克斯康	http://www. hexagonmi. com. cn/
雷尼绍	https://www. renishaw. com. cn/zh/renishaw-enhancing-efficiency-in-manufacturing-and-healthcare--1030
温泽	http://www. wenzel-cmm. cn/
蔡司	https://www. zeiss. com. cn/corporate/home. html
FARO	https://www. faro. com/zh-cn/
尼康	http://www. nikon-instruments. com. cn/index. html
马尔	https://www. mahr. cn/
东京精密	http://www. accretech. com. cn/
伯赛计量	http://www. perceptron. com. cn/
三丰	https://www. mitutoyo. com. cn/
API	http://www. apisensor. com. cn/?hmdahk＝jobeq3

其中，海克斯康的产品涵盖测量设备和智能制造领域的软件和解决方案，为全球传感器、精密测量和工业软件领域提供全方位的产品和服务。产品范围从手动测量工具如手持扫描仪，到应用于精密计量领域的超高精度测量机，以及各种

现场型、全自动的光学、激光测量系统等。雷尼绍是高精度测量和医疗技术领域的跨国集团公司,在测量领域的主要产品包括坐标测量机用触发式测头、扫描测头、机床测头、比对仪等。温泽提供三维测量、计算机断层扫描、光学高速扫描等解决方案,其测量产品涵盖通用三坐标测量、便携式关节臂测量、工业计算机断层扫描、高速测量及数字化等。蔡司、FARO、尼康、马尔、东京精密、伯赛计量、三丰、API 等都是精密测量领域的知名厂商,其产品在部分行业与领域建立了比较大的优势。

第3章

智能制造的核心应用

智能制造涵盖了整个价值链的智能化,包括研发、工艺规划、生产制造、采购供应、销售、服务、决策等各个环节,通过智能产品、智能服务、智能装备与产线、智能车间与工厂、智能研发、智能管理、智能供应链与物流及智能决策等不同环节的应用,相互融合和支撑,实现商业模式创新、生产模式创新、运营模式创新及决策模式创新(图 3-1)。企业在推进智能制造时需要始终围绕企业自身发展目标,依据自身优势和发展诉求统筹规划、分步实施、持续学习、优化调整,避免盲目跟从。本章将用理论与案例相结合的方式,详细讲解智能制造各个环节的核心应用。

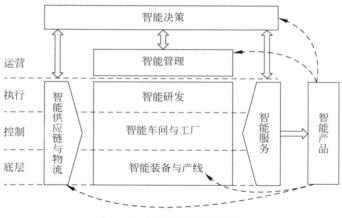

图 3-1 智能制造应用场景

3.1 智能产品

智能产品通常具有自主决策、自适应工况、人机交互等特点。自主决策需要环境感知、自预测性、智能识别及自主决策的技术支持;自适应工况需要工况识别感知、控制算法及策略等关键技术;人机交互需要借助多功能感知、语音识别或图像识别、智能 Agent、信息融合、参数自动反馈关键技术等。围绕产品的智能化出现了智能互联产品、软件定义产品等不同的智能产品类型。

1. 智能互联产品

IT 技术是产品本身不可分割的一部分,也赋予了传统产品新的功能与能力。新一代产品内置传感器、处理器和软件,并与互联网相连,实时采集海量数据让产品的功能和效能都大大提升。例如无人驾驶汽车是智能汽车的一种,它利用车载传感器感知车辆周围环境,并根据感知所获得的道路、车辆位置和障碍物信息,控制车辆的转向和速度,从而使车辆能够安全、可靠地在道路上行驶,集自动控制、体系结构、人工智能、视觉计算等众多技术于一体,是计算机科学、模式识别和智能控制技术高度发展的一种产品。又如生产拖拉机的企业可能会发现自己已处于农业装备系统、天气数据系统、灌溉系统、种子优化系统等农场管理系统中,因此,需要重新定义产品边界,构建系统的系统,提供更多的增值服务满足客户的需求(图 3-2)。

产品智能化常见的方式如在产品中加入智能化单元,提升产品附加值,以及衍生产品价值链等。例如在工程机械上增加传感器,对产品进行定位,对关键零部件状态开展监测,积累产品状态、重要参数等数据,进行多维度分析,从而帮助企业挖掘更多商业机会。

> Bigbelly 垃圾桶集太阳能、物联网、高效压缩机为一体。当桶内垃圾快满时,压缩机会在 40 秒内将垃圾压缩至原来体积的 1/5;当压缩后的垃圾桶快满时,则自动联网将垃圾桶已满以及垃圾桶所在地理位置的信息发送至垃圾处理中心;处理中心的系统根据各个垃圾桶发回的数据,规划最佳回收路线和时间(图 3-3)。

> SmartHalo 自行车导航设备(图 3-4)的 LED 导航系统安装在车头中间,配对智能手机设置好 GPS 导航后,SmartHalo 会通过变色闪烁 LED 灯指引用户前往目的地。此外,其内置的传感器可以追踪骑行时间、距离、速度、高度和消耗的热量。用户可以在 APP 设置健身目标,并在车头实时监测进度。并且 SmartHalo 会在有电话打入时,在屏幕中间亮起蓝色 LED 灯。

2. 软件定义产品

软件在生产、装备、管理、交易等环节的应用中不断深化,成为推动智能制造发展的重要基础力量。从产品角度看,近年来,发达国家也正在不断用软件定义产品功能和性能,增强对以软件为主导的创新的重视程度。制造业将不仅仅是产品的生产,还包括软件、服务或解决方案,这些为制造业带来巨大的附加值。以汽车行业为例,软件成为体现产品差异化的关键,70％的汽车创新来自汽车电子,而 60％的汽车电子创新属于软件创新(图 3-5)。目前正在积极研发的自动驾驶汽车,软件将起到十分关键的作用;为了实现汽车低油耗行驶,需由软件来协同控制汽车零部件中的硬件模块,软件效果直接影响到汽车的油耗。图 3-6 是汽车产品智能化进程。

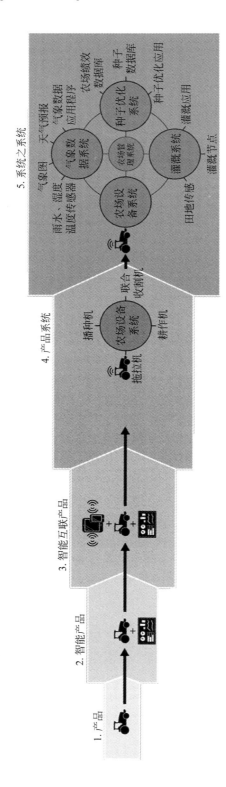

图 3-2　重新定义产品边界——拖拉机产业示例图

（来源：迈克尔·波特（Michael Porter），吉姆·赫佩尔曼（Jim Heppelmann）：《智能互联产品如何改变竞争格局》，《哈佛商业评论》2014 年 11 月）

图 3-3　Bigbelly 垃圾桶及管理云平台

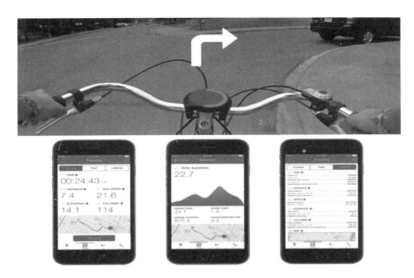

图 3-4　SmartHalo 自行车导航设备

车载软件	智能互联	在线娱乐	互联网应用	车载社交	……	应用程序软件
		远程诊断	远程控制		……	嵌入式软件
	智能交互	屏幕化显示	屏幕震动反馈	辅助照明	……	
车控软件	智能驾驶	自适应巡航ACC	车道保持LKA	自动泊车APA		
		自动紧急制动AEB			……	

图 3-5　软件创新支撑汽车产品智能化

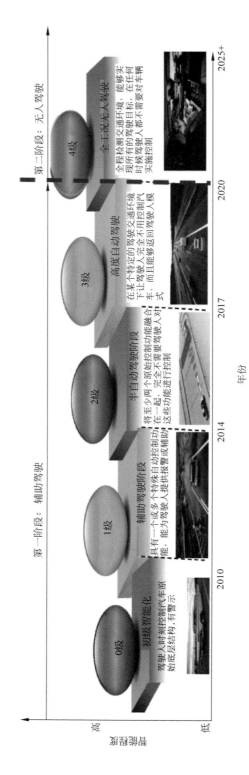

图 3-6 汽车产品智能化进程

此外,还有一部分是智能技术的产品化形成的智能产品,主要是体现在物联网、大数据、云计算、边缘计算、人工智能、机器学习、深度学习等技术的综合应用,如 FESTO 的仿生产品——气动机械臂引入了强化学习及大规模并行学习等 AI 技术,使得仿生机器人的技能习得与技能同步变得更加便捷。

3.2　智能服务

制造业向服务化转型是谋求在价值链上的高端发展。随着互联网、移动通信和物联网的广泛应用,工业 4.0 和智能制造热潮促进了服务型制造的创新发展,为企业提供了新的机遇,呈现出以下几种典型创新模式。

(1) 通过物联网和传感器应用,感知产品状态,进行预防性维修维护,帮助客户更换备品备件。我国已涌现出一些专业的设备管理服务企业,承接设备的预防性维修维护。基于物联网可以实现远程故障诊断,通过"精确制导"大大提高维修效率。

发那科通过在服务器上集中管理机器人的作业信息,通过移动终端对产品进行远程监控和故障预警等,实现零宕机(ZDT),提高机器人的运作效率,保证生产连续、稳定的运转(图 3-7)。一台机器人的正常寿命 8~10 年,零宕机服务可以帮助企业实现故障预警并大幅降低维护成本。

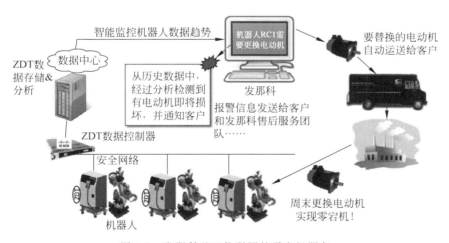

图 3-7　发那科基于物联网的零宕机服务

(2) 从单纯卖产品走向出售包含产品与服务的平台或从卖产品到卖使用产品的服务。

罗尔斯·罗伊斯公司推出针对其航空发动机产品的 TotalCare 包修服务,按飞行小时收费,确保航空公司的飞行可靠性和在翼飞行时间,实现了与航空公司的双赢。该公司能够实现按服务绩效收费的基础，依然是强大的传感器技术与物联网技术。从媒体报道中可以看到，很多知名的航空公司都与该公司签订了TotalCare合作协议。

（3）通过开发面向客户服务的APP提供个性化服务。促进客户购买智能硬件产品本身附加的内容服务，实现产品功能的升级，或者促进新产品的销售，以及产品本身的改进。

海尔智家APP支持快速绑定和在线管理智慧家电，实时查看家电状态及能耗，还可以一键邀请家人共同管理，在为客户提供个性化服务的同时，促进其他产品的交叉营销。

（4）基于互联网和模块化设计思想，实现产品的个性化定制，即C2B。

尚品宅配可以实现从款式设计到构造尺寸的个性化定制，还能实现整体家居的三维体验；美克美家也进行了个性化定制的实践。长安汽车在官网上已经实现了新型SUV的个性化定制，定制参数包括颜色、外观装饰、内饰、发动机、天窗等。推进C2B，除了需要互联网平台之外，实际上更重要的基础是产品的标准化、系列化、模块化，否则成本很高，企业和客户都难以承受（图3-8）。

图3-8　长安汽车实现SUV在线定制

（5）通过互联网实现制造外包和服务外包，包括设计、制造、检测、试验、检修维护、设备租赁、三维打印、工程仿真和个性化定制等服务外包。目前，由于订单不足和产能过剩，很多制造企业有部分制造装备闲置。同时，很多大中型企业有很多检测与试验装备使用频率不高。因此，如果能够承接外包服务，可以使制造企业的资源得到充分利用。

速加网(https://www.sogaa.net)是一站式云制造平台,为客户提供零件的快速打样、小批量试制及低成本量产等一站式柔性制造服务,并通过持续的科技创新为智能制造赋能,提高零部件品质,缩短交付周期,降低加工成本,打造极致的零部件云制造体验。

Proto Labs 是全球最大的 3D 打印服务商之一,成立于 1999 年,最初业务范围是为塑料注射成型,2014 年收购 FineLine Prototyping(FineLine),2015 年收购 Alphaform AG 的某些资产,实现 3D 打印服务,包括立体光刻(STL)、选择性激光烧结和直接金属激光烧结。

制造企业要在白热化的竞争中脱颖而出,在制造优秀的差异化产品的同时,必须对服务的设计与交付进行战略规划。同时,善于利用公共平台实现自身设计资源、制造资源、检测资源和服务能力的充分利用,才能打造高绩效的企业。

3.3　智能装备

随着我国经济产业结构调整、劳动力成本上升、劳动力供给下降和国家政策支持,以及由此带动装备制造业转型升级,具备感知、分析、推理、决策、控制功能的智能装备成为智能制造发展的有力推动者。

智能装备是智能工厂运作的重要手段和工具。智能装备通过开放的数据接口,将专家知识和经验融入感知、决策、执行等制造活动中,并实现数据共享与闭环反馈,赋予产品制造在线学习能力,进而实现自学、自律和制造。智能装备主要包含智能生产设备、智能检测设备和智能物流设备。

1. 智能生产设备

制造装备在经历了机械装备到数控装备后,目前正在逐步向智能装备发展。智能生产设备包括数控机床、工业机器人、增材制造设备等。数控机床可以和相关辅助装置共同构成柔性加工系统或柔性制造单元,或者也可以将多台数控机床连成生产线,既可一人多机操纵,又可进行网络化管理。工业机器人通过集成视觉、力觉等传感器,能够准确识别工件,自主进行装配,自动避让人,实现人机协作。金属增材制造设备可以与切削加工(减材)、成型加工(等材)等设备组合起来,极大地提高材料利用率。智能化的加工中心具有误差补偿、温度补偿等功能,能够实现边检测边加工。

日本马扎克智能机床配备了针对加工热变位、切削震动、机床干涉、主轴监测、维护保养、工作台动态平衡性及语音导航等智能化功能,可以自行监控机床运转状态,并进行自主反馈,大幅度提高了机床运行效率和安全系数。马扎克公司在单机的智能化、网络化的基础上,开发了智能生产中心管理软件,一套软件便可管理多达 250 台的数控机床,使生产的过程控制由车间级细化到每台数控机床。

ABB 的 YUMI 是 ABB 首款强调人机协作的双臂工业机器人,YUMI 的每个手臂有 7 个轴,工作范围更大,更灵活敏捷,且卡距更小,更精确自主,使 YUMI 能轻松应对各种小件组装,包括机械手表的精密部件、手机零件、计算机零件;同时,YUMI 拥有视觉和触觉,可以进行引导式编程,在触摸到小件后通过传感器感知并完成相应动作,无须人为控制,并能保证较高的操作精度(精确到 0.02mm);YUMI 的机械臂以软性材料包裹,同时配备创新的力传感器技术,一旦触碰到人体,即可在几毫秒内自动急停,确保人身的安全。

2．智能检测设备

智能检测设备是以多种先进的传感器技术为基础,引入人工智能的方法与思想,能够自动地完成数据采集、处理、特征提取和识别,以及多种分析与计算,最终的检测结果能尽量减小人为干预的影响。此外,某些具有检测功能的智能装备还可以补偿加工误差,提高加工精度。例如,机器视觉技术可以替代目视检测,在 SMT 行业自动将电路板拍照,与标准的电路板进行比对,替代人工进行质量检测;语音识别技术可以帮助工人准确取货。

3．智能物流设备

智能物流设备包括自动化立体仓库、智能夹具、AGV、桁架式机械手、悬挂式输送链、无人叉车、移动式协作机器人(AMR)等。智能物流装备和物流系统的结合,可以有效衔接工厂内的各个加工环节,使物料在各工序有效流转,是智能工厂建设的基石。

重型卡车 MAN 生产车间中建有大型的自动化立体仓库,满足混流生产中不同订单的物料配送需求。同时,大量的线边"物料超市"可以确保物料的精准配送。"物料超市"应用 DPS,操作台上显示器标注不同颜色,帮助工人准确找到所需物料的位置,并按照最优化和高效的拣选路径完成物料选配,一旦出现拣选错误就会给予提示和预警。针对线上紧急需求,也可以提供呼叫补货的提醒。

回顾智能制造装备的发展历程,从普通机床到数控机床,发展到能够实现自动换刀的加工中心,实现多个工序复合的车铣复合加工中心,实现加工与检测结合,并能够实现误差补偿的加工中心,智能化程度越来越高。同时,智能装备已从单机应用发展到多台智能装备的组合应用,建立智能制造单元(或柔性制造系统),在此基础上集成各种智能物流装备,构建智能制造产线。融合了数据采集、设备联网、数控编程等功能的设备,其智能化程度不断提高。同时,设备的操作与维护保养、维修也日益复杂,一方面对工人的技术水平要求更高;另一方面也使设备检修维护服务外包的需求日益凸显。

3.4　智能产线

很多行业的企业高度依赖自动化生产线,如钢铁、化工、制药、食品饮料、烟草、芯片制造、电子组装、汽车整车和零部件制造等,实现自动化的加工、装配和检测,一些机械标准件生产也应用了自动化生产线如轴承。但是,装备制造企业目前还是以离散制造为主。很多企业的技术改造重点就是建立自动化生产线、装配线和检测线。汽车行业的冲压、焊接和喷涂工艺已实现了高度的柔性自动化,电子行业的表面贴装技术(SMT)生产线自动化程度也很高,很多家电和手机企业都实现了老化测试和功能测试的自动化。相对而言,装配工艺最难实现自动化,汽车整车企业总装车间的自动化率不超过 30%,部分企业汽车天窗、前后挡风玻璃、座椅、仪表盘等零部件的装配实现了自动化。汽车行业总装车间一般会设立拣货区(kitting area,也称为物料超市),由拣货员根据订单将小件放在料箱中,由 AGV 或有轨穿梭车(RGV)配送到线边,工人可以直接进行安装,大大提高了装配的效率。

为了提高生产效率,工业机器人、吊挂系统在自动化生产线上的应用越来越广泛,并且广泛应用 RFID 作为标识,来自动切换工装夹具,实现柔性自动化。对于批量较大的产品,可以采用流水线式生产和装配;对于小批量、多品种的产品,一般采用单元式组装的方式;在机加工、钣金加工等工艺,可以采用柔性制造系统实现多种产品的全自动柔性化生产。要提高自动化率,企业需要注重面向自动化的设计(DFA)。例如,三菱电机在伺服电机生产时,将定子像金属手表链一样展开,便于实现绕线圈工艺的自动化,然后再合拢进行焊接。

目前,很多汽车整车厂已实现了混流生产,在一条装配线上可以同时装配多种车型。汽车行业正在推行安灯系统,实现生产线的故障报警。在装配过程中,通过准时按序送货(just in sequence)的方式实现混流生产。食品饮料行业的自动化生产线可以根据工艺配方调整 DCS 或 PLC 系统来改变工艺路线,从而生产多种产品。目前,汽车、家电、轨道交通等行业的企业对生产线和装配线进行自动化、智能化改造需求十分旺盛,很多企业在逐渐将关键工位和高污染工位改造为用机器人进行加工、装配或上下料。

相比于传统产线,智能产线具有以下特点:在生产和装配的过程中,能够通过传感器或无线射频识别技术自动进行数据采集,并通过电子看板显示实时的生产状态;能够通过机器视觉和多种传感器进行质量检测,自动剔除不合格品,并对采集的质量数据进行 SPC 分析,找出质量问题的成因;支持多种相似产品的混线生产和装配,灵活调整工艺,适应小批量、多品种的生产模式;具有柔性,如果生产线上有设备出现故障,能够调整到其他设备生产;针对人工操作的工位,能够给予智能提示等。

例如,西门子成都电子工厂的自动化流水生产线上安装了多个传感器,每个产品均附带条码,当产品经过特定地方时,会由 RFID 进行自动识别。工人装配好产品后,通过操作工作台按钮,传感器自动扫描条码信息,由此记录产品在该工位的信息,形成产品实际生产路线。同时,MES结合该产品的生产数据和检验数据,对产品行进路线进行优化调整。产品组装的生产线布局是在中间的循环导轨两侧布置了装配各种元器件的设备,导轨上有标准的托盘,托盘上是半成品,MES会自动根据生产工艺选择路线,将托盘转移到设备的导轨上,将产品移动到某台设备中完成相应工序,实现混流生产。

　　FMS已成为优秀制造企业进行机加工的标配,马扎克、FANUC、牧野机床、通快等知名企业都全面应用了FMS,芬兰FASTEMS专门提供FMS的集成。FMS集成了多台加工中心、清洗单元、去毛刺单元,待加工零件装夹在托盘上,放在立体货架上,由轨道输送车将托盘运输到各台加工中心完成加工。在钣金加工方面,意大利萨瓦尼尼公司提供了全自动的钣金加工解决方案,从钣金优化排样、板材出库、激光切割、冲孔、折弯到焊接等工序全自动完成,在电梯、金属器皿等行业得到广泛应用。

　　三菱电机通过机器人单元生产方式的开发,将生产单元模块化,集中部分工序、使用机器人,并有效利用人工,减少占地空间,提高设备品质和生产效率(图3-9)。

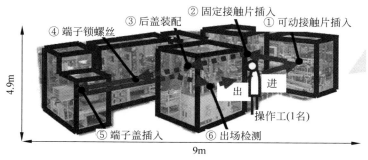

图 3-9　三菱电机名古屋制作所的智能产线
(来源:三菱电机)

3.5　智能车间

　　一个车间通常有多条生产线,这些生产线或生产相似零件或产品,或有上下游的装配关系。要实现车间的智能化,需要对生产状况、设备状态、能源消耗、生产质量、物料消耗等信息进行实时采集和分析,进行高效排产和合理排班,提高设备综合效率。因此,制造执行系统成为企业的必然选择。此外,APS也已经进入了制造企业选型的视野,开始了初步实践,实现基于实际产能约束的排产,但APS软件对设备产能、工时等基础数据的准确性要求非常高。DM技术也是智能车间的支撑工具,可以帮助企业在建设新厂房时,根据设计的产能科学进行设备布局,提升物流效率,提高工人工作的舒适程度。

　　另外,智能车间必须建立有线或无线的工厂网络,能够实现生产指令的自动下达和设备与产线信息的自动采集。对于机械制造企业,可以通过DNC技术实现设备状态信息和加工代码的上传下达,实现车间的无纸化,也是智能车间的重要标志,企业可以应用三维轻量化技术,将设计和工艺文档传递到工位。

元工国际联合亚控、航星、中科川思特和研华,推出了设备联网解决方案,一个平台可以联网 PLC、CNC、机器人、仪表/传感器和工控/IT 系统,统一组态监控和三维实况,并实现模拟生产。

通过数字孪生技术的应用,可以将 MES 采集到的数据在虚拟的三维车间模型中实时地展现出来,不仅提供车间的虚拟现实环境,而且还可以显示设备的实际状态,实现虚实融合。此外,智能车间还有一个典型应用,就是视频监控系统。该系统不仅记录视频,还可以对车间的环境、人员行为进行监控、识别与报警。另外,智能车间应当在温度、湿度、洁净度的控制和工业安全(包括工业自动化系统的安全、生产环境的安全和人员安全)等方面达到智能化水平。

福特汽车生产线上,将虚拟现实技术与人体工程学设计相结合,通过收集数据和计算机模型来预测装配工作中的身体碰撞。通过测量每名生产线上的工人,帮助识别运动可能会导致的过度疲劳、劳损或受伤。迄今为止,福特的生物工程学家在全球超过 100 辆新车上进行过应用,已优化减少了 90% 的过度动作、解决难以解决的问题和难以安装部件的问题,并且减少了 70% 的工伤率。

海尔胶州工厂应用车间的虚实融合技术,将车间的三维数字模型与 MES 反馈的设备状态等实时信息结合起来,展示出车间的实时状态,为企业优化生产提供了新的途径(图 3-10)。

图 3-10　海尔胶州工厂的虚实融合应用

(来源:天河智能)

3.6 智能工厂

智能工厂是智能制造重要的实践领域,已引起了制造企业的广泛关注和各级政府的高度重视。近年来,全球各主要经济体都在大力推进制造业的复兴。在工业4.0、工业互联网、物联网、云计算等热潮下,全球众多优秀制造企业都开展了智能工厂建设实践。

西门子安贝格电子工厂实现了多品种工控机的混线生产;发那科公司实现了机器人和伺服电机生产过程的高度自动化和智能化,并利用自动化立体仓库在车间内的各个智能制造单元之间传递物料,实现了最多720小时无人值守;施耐德电气公司实现了电气开关制造和包装过程的全自动化;美国哈雷戴维森公司广泛利用以加工中心和机器人构成的智能制造单元,实现大批量定制;三菱电机名古屋制作所采用人机结合的新型机器人装配产线,实现从自动化到智能化的转变,显著提高了单位生产面积的产量;全球重卡巨头MAN公司搭建了完备的厂内物流体系,利用AGV装载进行装配的部件和整车便于灵活调整装配线,并建立了物料超市,取得明显成效(图3-11)。

图3-11　德国MAN公司利用AGV作为部件和整车装配的载体

当前,我国制造企业面临着巨大的转型压力。一方面,劳动力成本迅速攀升、产能过剩、竞争激烈、客户个性化需求日益增长等因素,迫使制造企业从低成本竞争策略转向建立差异化竞争优势。在工厂层面,制造企业面临着招工难以及缺乏专业技师的巨大压力,必须实现减员增效,迫切需要推进智能工厂建设。另一方面,物联网、协作机器人、增材制造、预测性维护、机器视觉等新兴技术迅速兴起,为制造企业推进智能工厂建设提供了良好的技术支撑。再加上国家和地方政府的大力扶持,使各行业越来越多的大中型企业开启了智能工厂建设的征程。我国汽车、家电、轨道交通、食品饮料、制药、装备制造、家居等行业的企业对生产和装配线进行自动化、智能化改造,以及建立全新的智能工厂的需求十分旺盛,涌现出海尔、美的、东莞劲胜、尚品宅配等智能工厂建设的样板。

> 　　海尔佛山滚筒洗衣机工厂可以实现按订单配置、生产和装配,采用高柔性的自动无人生产线,广泛应用精密装配机器人,采用 MES 全程订单执行管理系统,通过 RFID 进行全程追溯,实现了机机互联、机物互联和人机互联;尚品宅配实现了从款式设计到构造尺寸的全方位个性定制,建立了高度智能化的生产加工控制系统,能够满足消费者个性化定制所产生的特殊尺寸与构造板材的切削加工需求;东莞劲胜全面采用国产加工中心、国产数控系统和国产工业软件,实现了设备数据的自动采集和车间联网,建立了工厂的数字孪生,构建了手机壳加工的智能工厂。

3.6.1　智能工厂的六大特征

总体而言,智能工厂具有以下 6 个显著特征。

(1) 设备互联。能够实现设备与设备互联,通过与设备控制系统集成,以及外接传感器等方式,由数据采集与监视控制系统实时采集设备的状态,生产完工的信息、质量信息,并通过应用 RFID、条码(一维和二维)等技术,实现生产过程的可追溯。

(2) 广泛应用工业软件。广泛应用 MES、APS、能源管理、质量管理等工业软件,实现生产现场的可视化和透明化。如在新建工厂时,可以通过数字化工厂仿真软件,进行设备和产线布局、工厂物流、人机工程等仿真,确保工厂结构合理;在推进数字化转型的过程中,确保工厂的数据安全以及设备与自动化系统的安全;在通过专业检测设备检出次品时,能够通过统计过程控制等软件,分析出现质量问题的原因。

(3) 充分结合精益生产理念。充分体现工业工程和精益生产的理念,能够实现按订单驱动,拉动式生产,尽量减少在制品库存,消除浪费。推进智能工厂建设要充分结合企业产品和工艺特点。在研发阶段也需要大力推进标准化、模块化和系列化,奠定推进精益生产的基础。

(4) 实现柔性自动化。结合企业的产品和生产特点,持续提升生产、检测和工厂物流的自动化程度。产品品种少、生产批量大的企业可以实现高度自动化,乃至建立黑灯工厂;小批量、多品种的企业则应当注重少人化、人机结合,不要盲目推进自动化,应当特别注重建立智能制造单元。

（5）注重环境友好，实现绿色制造。能够及时采集设备和产线的能源消耗，实现能源高效利用。在危险和存在污染的环节，优先用机器人替代人工，能够实现废料的回收和再利用。

（6）可以实现实时洞察。从生产排产指令的下达到完工信息的反馈实现闭环。通过建立生产指挥系统，实时洞察工厂的生产、质量、能耗和设备状态信息，避免非计划性停机。通过建立工厂的数字孪生，方便地洞察生产现场的状态，辅助各级管理人员做出正确决策。

3.6.2 智能工厂的建设重点

在当前智能制造的热潮之下，很多企业都在规划建设智能工厂。制造企业在进行智能工厂规划时，不能盲目追求无人工厂、黑灯工厂、机器换人，一定要结合自身的产品特点和生产模式，合理规划智能装备和产线的应用，实现人机融合。智能工厂建设的重点主要在以下方面。

1. 制造工艺的分析与优化

在新工厂建设时，首先需要根据企业在产业链的定位，拟生产的主要产品、生产类型（单件、小批量多品种、大批量少品种等）、生产模式（离散、流程及混合制造）、核心工艺（如机械制造行业的热加工、冷加工、热处理等），以及生产纲领，对加工、装配、包装、检测等工艺进行分析与优化。企业需要充分考虑智能装备、智能产线、新材料和新工艺的应用对制造工艺带来的优化。同时，企业也应当基于绿色制造和循环经济的理念，通过工艺改进节能降耗、减少污染排放；还可以应用工艺仿真软件，对制造工艺进行分析与优化。

2. 数据采集

生产过程中需要及时采集产量、质量、能耗、加工精度和设备状态等数据，并与订单、工序、人员进行关联，以实现生产过程的全程追溯。出现问题可以及时报警，并追溯到生产的批次、零部件和原材料的供应商。此外，还可以计算出产品生产过程中产生的实际成本。有些行业还需要采集环境数据，如温度、湿度、空气洁净度等数据。企业需要根据采集的频率要求来确定采集方式，对于需要高频率采集的数据，应当从设备控制系统中自动采集。企业在进行智能工厂规划时，要预先考虑好数据采集的接口规范，以及 SCADA 系统的应用。不少厂商开发了数据采集终端，可以外接在机床上，解决老设备数据采集的问题，企业可以进行选型应用。

3. 设备联网

实现智能工厂乃至工业 4.0，推进工业互联网建设，实现 MES 应用，最重要的基础就是要实现 M2M，也就是设备与设备之间的互联，建立工厂网络并建立统一的标准。在此基础上，企业可以实现对设备的远程监控。设备联网和数据采集是企业建设工业互联网的基础。

4．工厂智能物流

推进智能工厂建设,生产现场的智能物流十分重要,尤其是对于离散制造企业。智能工厂规划时要尽量减少无效的物料搬运。很多优秀的制造企业在装配车间建立了集中拣货区(kitting area),根据每个客户订单集中配货,并通过摘取式电子标签拣货系统进行快速拣货,配送到装配线,消除了线边仓。离散制造企业在两道机械工序之间可以采用带有导轨的工业机器人、桁架式机械手等方式来传递物料,还可以采用 AGV、RGV 或者悬挂式输送链等方式传递物料(图 3-12)。在车间现场还需要根据前后道工序之间产能的差异,设立生产缓冲区。立体仓库和辊道系统的应用也是企业在规划智能工厂时需要进行系统分析的问题。

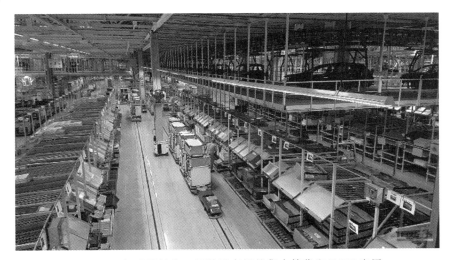

图 3-12　标致雪铁龙工厂装配车间的集中拣货和 RGV 应用

5．生产质量管理

在智能工厂规划时,生产质量管理是核心的业务流程。质量保证体系和质量控制活动必须在生产管理信息系统建设时统一规划、同步实施,贯彻"质量是设计、生产出来,而非检验出来的"理念。质量控制在信息系统中需嵌入生产主流程,如检验、试验在生产订单中作为工序或工步来处理;质量审理以检验表单为依据启动流程开展活动;质量控制的流程、表单、数据与生产订单相互关联、穿透;按结构化数据存储质量记录,为产品单机档案提供基本的质量数据,为质量追溯提供依据;构建质量管理的基本工作路线:质量控制设置—检测—记录—评判—分析—持续改进;质量控制点需根据生产工艺特点科学设置,质量控制点太多影响效率,太少使质量风险放大;检验作为质量控制的活动之一,可分为自检、互检、专检,也可分为过程检验和终检;质量管理还应关注质量损失,以便从成本的角度促进质量的持续改进。对于采集的质量数据,可以利用 SPC 系统进行分析。制造企业应当提升对质量管理信息系统的重视程度。

6. 设备管理

设备是生产要素,发挥设备综合效率(overall equipment effectiveness,OEE)是智能工厂生产管理的基本要求,OEE的提升标志产能的提高和成本的降低。生产管理信息系统需设置设备管理模块,使设备释放出最高的产能,通过生产的合理安排,使设备尤其是关键、瓶颈设备减少等待时间;在设备管理模块中,要建立各类设备数据库,设置编码,及时对设备进行维修保养;通过实时采集设备状态数据,为生产排产提供设备的能力数据;企业应建立设备的健康管理档案,根据积累的设备运行数据建立故障预测模型,进行预测性维护,最大限度地减少设备的非计划性停机;要进行设备的备品备件管理。

7. 智能厂房设计

智能工厂的厂房设计需要引入建筑信息模型,通过三维设计软件进行建筑设计,尤其是水、电、气、网络、通信等管线的设计。同时,智能厂房要规划智能视频监控系统、智能采光与照明系统、通风与空调系统、智能安防报警系统、智能门禁一卡通系统、智能火灾报警系统等。采用智能视频监控系统,通过人脸识别技术以及其他图像处理技术,可以过滤掉视频画面中无用的或干扰信息、自动识别不同物体和人员,分析抽取视频源中的有用信息,判断监控画面中的异常情况,并以最快和最佳的方式发出警报或触发其他动作。整个厂房的工作分区(加工、装配、检验、进货、出货、仓储等)应根据工业工程的原理进行分析,可以使用数字化制造仿真软件对设备布局、产线布置、车间物流进行仿真。在厂房设计时,还应思考如何降低噪声,如何能够便于设备灵活调整布局,多层厂房如何进行物流输送等问题。

8. 智能装备的应用

制造企业在规划智能工厂时,必须高度关注智能装备的最新发展。机床设备正在从数控化走向智能化,实现边测量、边加工,对热变形、刀具磨损产生的误差进行补偿,企业也开始应用车铣复合加工中心,很多企业在设备上下料时采用了工业机器人。未来的工厂中,金属增材制造设备将与切削加工(减材)、成型加工(等材)等设备组合起来(图3-13),极大地提高材料利用率。除了六轴的工业机器人之外,还应该考虑SCARA机器人和并联机器人的应用,而协作机器人则将会出现在生产线上,配合工人提高作业效率。

9. 智能产线规划

智能产线是智能工厂规划的核心环节,企业需要根据生产线要生产的产品族、产能和生产节拍,采用价值流图等方法来合理规划智能产线。智能产线的特点是:在生产和装配的过程中,能够通过传感器、数控系统或RFID自动进行生产、质量、能耗、设备综合效率等数据采集,并通过电子看板显示实时的生产状态,能够防呆防错;通过安灯系统实现工序之间的协作;生产线能够实现快速换模,实现柔性自动化;能够支持多种相似产品的混线生产和装配,灵活调整工艺,适应小批量、多品种的生产模式;具有一定冗余,如果生产线上有设备出现故障,能够调整到其他设备生产;针对人工操作的工位,能够给予智能的提示,并充分利用人机协作。设

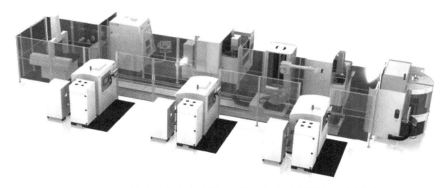

图 3-13　增材制造设备与切削加工设备组合应用的智能制造单元

计智能产线需要考虑如何节约空间，如何减少人员的移动，如何进行自动检测，从而提高生产效率和生产质量。企业建立新工厂非常强调少人化，因此要分析哪些工位应用自动化设备及机器人，哪些工位采用人工。对于重复性强、变化少的工位尽可能采用自动化设备，反之则采用人工工位。

10. 制造执行系统

制造执行系统（MES）是智能工厂规划落地的着力点，是面向车间执行层的生产信息化管理系统，它上接 ERP 系统，下接现场的 PLC 程控器、数据采集器、条形码、检测仪器等设备。MES 旨在加强 MRP 计划的执行功能，贯彻落实生产策划，执行生产调度，实时反馈生产进展；面向生产一线工人：指令做什么、怎么做、满足什么标准，什么时候开工，什么时候完工，使用什么工具等；记录"人、机、料、法、测、环、能"等生产数据，建立可用于产品追溯的数据链；反馈进展、反馈问题、申请支援、拉动配合等；面向班组：发挥基层班组长的管理效能，班组任务管理和派工；面向一线生产保障人员：确保生产现场的各项需求，如料、工装刀量具的配送，工件的周转等。为提高产品准时交付率、提升设备效能、减少等待时间，MES 需导入生产作业排程功能，为生产计划安排和生产调度提供辅助工具，提升计划的准确性。在获取产品制造的实际工时、制造 BOM 信息的基础上，企业可以应用 APS 软件进行排产，提高设备资源的利用率和生产排程的效率。

11. 能源管理

为了降低智能工厂的综合能耗，提高劳动生产率，特别是对于高能耗的工厂，进行能源管理是非常有必要的。采集能耗监测点（变配电、照明、空调、电梯、给排水、热水机组和重点设备）的能耗和运行信息，形成能耗的分类、分项、分区域统计分析，可以对能源进行统一调度、优化能源介质平衡，达到优化使用能源的目的。同时，通过采集重点设备的实时能耗，还可以准确知道设备的运行状态（关机、开机还是在加工），从而自动计算 OEE。通过感知设备能耗的突发波动，还可以预测刀具和设备故障。此外，企业也可以考虑在工厂的屋顶部署光伏系统，提供部分能源。

> 三菱电机提出了能源 JIT 理念,福山制作所对空调系统、空压机、锅炉等耗能设备进行重点监控,对于非生产时间的能耗进行追溯,对生产线每个工位的能耗进行检测,将节能的责任分配到班组,从而节约能源(图 3-14)。

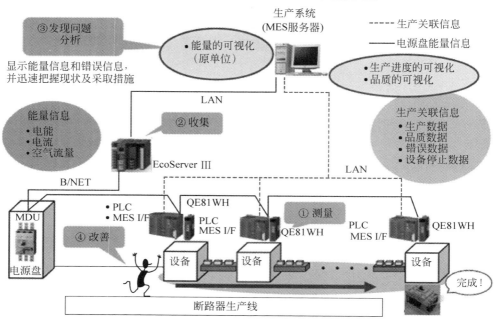

图 3-14   三菱电机福山制作所的节能案例

12. 生产无纸化

生产过程中工件配有图纸、工艺卡、生产过程记录卡、更改单等纸质文件作为生产依据。随着信息化技术的提高和智能终端成本的降低,在智能工厂规划时,可以普及信息化终端到每个工位,结合轻量化三维模型和 MES,操作工人将可在终端接受工作指令,接受图纸、工艺、更单等生产数据,可以灵活地适应生产计划变更、图纸变更和工艺变更。有很多厂商提供工业平板显示器,甚至可以利用智能手机作为终端,完成生产信息查询和报工等工作。

13. 工业安全

企业在进行新工厂规划时,需要充分考虑各种安全隐患,包括机电设备的安全,员工的安全防护,设立安全报警装置等安防设施和消防设备。同时,随着企业应用越来越多的智能装备和控制系统,并实现设备联网,建立整个工厂的智能工厂系统,随之而来的安全隐患和风险也会迅速提高,现在已出现了专门攻击工业自动化系统的病毒。因此,企业在做智能工厂规划时,也必须将工业安全作为一个专门的领域进行规划。

14. 精益生产

精益生产的核心思想是消除一切浪费,确保工人以最高效的方式进行协作。很多制造企业采取按订单生产或按订单设计,满足小批量、多品种的生产模式。智能工厂需要实现零部件和原材料的准时配送,成品和半成品按照订单的交货期进行及时生产,建立生产现场的电子看板,通过拉动方式组织生产,采用安东系统及时发现和解决生产过程中出现的异常问题;同时,推进目视化、快速换模。很多企业采用了 U 形的生产线和组装线,建立了智能制造单元。推进精益生产是一个持续改善的长期过程,要与信息化和自动化的推进紧密结合。

15. 人工智能技术应用

人工智能技术正在被不断地应用到图像识别、语音识别、智能机器人、故障诊断与预测性维护、质量监控等各个领域,覆盖从研发创新、生产管理、质量控制、故障诊断等多个方面。在智能工厂建设过程中,应当充分应用人工智能技术。例如,可以利用机器学习技术,挖掘产品缺陷与历史数据之间的关系,形成控制规则,并通过增强学习技术和实时反馈,控制生产过程,减少产品缺陷。同时集成专家经验,不断改进学习结果。利用机器视觉代替人眼,提高生产柔性和自动化程度,提升产品质检效率和可靠性。

16. 生产监控与指挥系统

流程行业企业的生产线配置了 DCS 或 PLC 控制系统,通过组态软件可以查看生产线上各个设备和仪表的状态,但绝大多数离散制造企业还没有建立生产监控与指挥系统。实际上,离散制造企业也非常需要建设集中的生产监控与指挥系统,在系统中呈现关键的设备状态、生产状态、质量数据,以及各种实时的分析图表。在一些国际厂商的 MES 软件系统中,设置了制造集成与智能模块,其核心功能就是呈现出工厂的关键 KPI 数据和图表,辅助决策。

17. 数据管理

数据是智能工厂建设的血液,在各应用系统之间流动。在智能工厂运转的过程中,会产生设计、工艺、制造、仓储、物流、质量、人员等业务数据,这些数据可能分别来自 ERP、MES、APS、WMS、QIS 等应用系统。因此,在智能工厂的建设过程中,需要一套统一的标准体系来规范数据管理的全过程,建立数据命名、数据编码和数据安全等一系列数据管理规范,保证数据的一致性和准确性。另外,必要时,还应当建立专门的数据管理部门,明确数据管理的原则和构建方法,确立数据管理流程与制度,协调执行中存在的问题,并定期检查落实优化数据管理的技术标准、流程和执行情况。企业需要规划边缘计算、雾计算、云计算的平台,确定哪些数据在设备端处理,哪些数据需要在工厂范围内处理,哪些数据要上传到企业的云平台处理。

18. 劳动力管理

在智能工厂规划中,还应当重视整体人员绩效的提升。设备管理有设备综合效率,人员管理同样有整体劳动力效能(overall labor effectiveness,OLE)。通过对整体劳动力效能指标的分析,可以清楚了解劳动力绩效,找出人员绩效改进的方向和办法,而分析劳动力绩效的基础是及时、完整、真实的数据。通过考勤机、排班管理软件、MES 等实时收集考勤、工时和车间生产的基础数据,用数据分析的手段,可以衡量人工与资源(如库存或机器)在可用性、绩效和质量方面的相互关系。让决策层对工厂的劳动生产率和人工安排具备实时的可视性,通过及时准确的考勤数据分析评估出劳动力成本和服务水平,从而实现整个工厂真正的人力资本最优化和整体劳动效能的提高(图 3-15)。

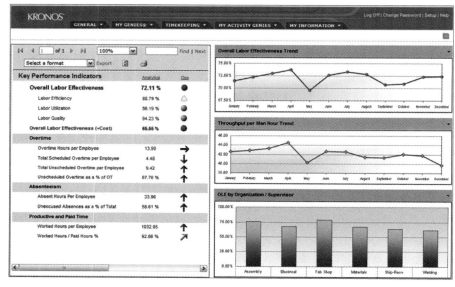

图 3-15　推进对劳动力的精益管理

(来源:Kronos)

总之,要做好智能工厂的规划,需要从各个视角综合考虑,从投资预算、技术先进性、投资回收期、系统复杂性、生产的柔性等多个方面进行综合权衡、统一规划,从一开始就避免产生新的信息孤岛和自动化孤岛,才能确保做出真正可落地,既具有前瞻性,又具有实效性的智能工厂规划方案。同时,还可以基于这些维度来建立智能工厂的评估体系。智能工厂的规划是一个十分复杂的系统工程,需要企业的生产、工艺、IT、自动化、设备和精益等部门通力协作;同时,也需要引入专业的工厂设计和智能制造咨询服务机构深入合作。

3.6.3　智能工厂的成功之道

在智能制造的热潮中,企业不宜盲目跟风。建设智能工厂,应围绕企业的中长期发展战略,根据自身产品、工艺、设备和订单的特点,合理规划智能工厂的建设蓝图。在推进规范化、标准化的基础上,从最紧迫需要解决的问题入手,务实推进智能工厂的建设。

1. 进行智能工厂整体规划

智能工厂的建设需要实现 IT 系统与自动化系统的信息集成；处理来源多样的异构数据，包括设备、生产、物料、质量、能耗等海量数据；应当进行科学的厂房布局规划，在满足生产工艺要求、优化业务流程的基础上，提升物流效率，提高工人工作的舒适程度。

智能工厂的推进需要企业的 IT 部门、自动化部门、精益推进部门和业务部门的通力合作。制造企业应当做好智能工厂相关技术的培训工作，选择有实战经验的智能制造咨询服务机构，共同规划推进智能工厂建设的蓝图。在规划时应注意行业差异性，因为不同行业的产品制造工艺差别很大，智能工厂建设的目标和重点也有显著差异。

2. 建立明确的智能工厂标准

在智能工厂的建设中，企业往往会忽视管理与技术标准的建立，容易造成缺少数据标准，一物多码；作业标准执行不到位；缺失设备管理标准，不同的设备采用不同的通信协议，造成设备集成难度大；管理流程复杂，职权利不匹配；质检标准执行不到位，导致批次质量问题多等问题。因此，需要建立明确的智能工厂标准，例如，业务流程管理规范、设备点检维护标准、智能工厂评估标准等管理规范，以及智能装备标准、智能工厂系统集成标准、工业互联网标准和主数据管理标准等技术标准。

3. 重视智能加工单元建设

智能加工单元在我国制造企业的应用还处于起步阶段，但必然是发展的方向。智能加工单元可以利用智能技术将 CNC、工业机器人、加工中心以及自动化程度较低的设备集成起来，使其具有更高的柔性，提高生产效率。

4. 强调人机协作而不是机器换人

智能工厂的终极目标并不是要建设成无人工厂，而应追求在合理成本的前提下，满足市场个性化定制的需求。因此，人机协作将成为智能工厂未来发展的主要趋势。人机协作的最大特点是可以充分利用人的灵活性完成复杂多变的工作任务，在关键岗位上，人的判断能力和决策能力显得更为重要，而机器人则擅长重复劳动。

5. 积极应用新兴技术

未来，增强现实技术将被大量应用到工厂的设备维护和人员培训中。工人戴上 AR 眼镜，就可以"看到"需要操作的工作位置。例如，需要拧紧螺栓的地方，当拧到位时，会有相应提示，从而提高作业人员的工作效率；维修人员可以通过实物扫码，使虚拟模型与实物模型重合叠加，同时在虚拟模型中显示出设备型号、工作参数等信息，并根据增强现实中的提示进行维修操作；增强现实技术还可以帮助设备维修人员将实物运行参数与数字模型进行对比，尽快定位问题，并给予可能的故障原因分析。此外,数字工厂仿真技术可以基于离散事件建模、3D几何建模、可视化仿真与优化等技术实现对工厂静态布局、动态物流过程等综合仿真和分析,从而能够先建立数字化的生产系统甚至全部工厂,依据既定工艺进行运行仿真。

3.7 智能研发

在智能制造体系架构中,作为先进制造业核心竞争力的源泉,智能研发是其中一个重要环节。传统的设计制造业务模式是从需求调研、竞品分析、市场调研等方面获取产品设计需求,然后再从概念设计到详细设计,并将详细设计方案转变成可制造的工艺流程和生产流程,最后完成产品的制造过程并对外销售。从过去产品生命周期管理的角度来看这种流程没有什么问题,并且这种串行的研发制造流程也是目前制造企业的主流模式。

但随着物联网、工业大数据、增材制造、增强现实等新兴技术不断地涌现并逐步走向成熟应用,这种流程就显得有些僵化和缺乏灵活性,无法对技术的更新换代和客户需求做出快速响应,而且也很难适应企业未来智能制造体系建设与发展的需求。

所以企业要想进行智能制造转型,首先必须从产品创新根源上做起,将串行研发流程转变为根据用户需求持续改进的闭环智能研发流程,感知用户需求并灵活做出调整,同时融入智能制造相关新兴使能技术,形成从用户到用户的产品研发循环。即在产品设计需求分析阶段就开始进行市场与用户相关数据分析,这其中包含用户直接参与基于自身喜好的产品定制过程,以及产品在使用过程中反馈相关运行数据来指导改善原设计方案,形成一个往复循环持续优化的智能研发过程。

3.7.1 智能研发的八个要素

智能研发流程体现了设计历史上从为用户设计,到帮助用户设计,再到用户为自己设计的转变。所以,智能研发必须建立在设计信息、生产信息、用户使用及反馈信息的高度智能化集成基础上,从智能化的需求产生到基础设计数据获得的过程,从智能化的用户参与式设计到能够直接转变为生产信息并被执行。要想实现这些转变,智能研发必须有八大要素的支撑才能实现。

1. 建立统一的多学科协同研发平台

首先针对智能产品的开发一般都是跨越多个专业技术领域和具有多种关键技术特征的,涉及多学科跨专业领域高度交叉与融合。同时,用户的多样化需求也使产品结构和功能变得非常复杂,IT嵌入式软件技术也逐渐成为产品的核心部分,需要机、电、软等多个学科的协同配合。

这就需要企业建立一个可以融合企业内部所有不同专业学科领域研发系统和工具的顶层架构,形成一个可以全面管理产品生命周期中所有专业研发要素的、统一的多学科协同研发平台。

平台除了可以管理各专业图纸、工艺和材料信息以外，还可以管理产品的功能、性能、质量、指标这些特性类数据及其生成过程，并能集成程序设计与管理、仿真、优化、创新、质量等工具，使研发体系可以快速高效地应用这些工具，从而进行差异性、高性能、高品质的产品智能研发。在这个基础上，再采用知识工程将企业研发过程中的知识积累下来，形成系列化产品开发的能力。

2. 建立数字化样机，实现仿真驱动创新

智能研发的核心是建立产品的数字样机，用来支持总体设计、结构设计，与工艺设计过程协同，支持项目团队进行并行产品开发。

建立数字化样机的主要作用包括公差尺寸分析、干涉检查等，同时还有重量特性分析、运动分析和人机功效分析。此外，数字样机还能够提供产品装配分析的数据信息，这包括装配单元信息、装配层次信息等，以保证对产品的装配顺序、装配路径、装配时的人机性、装配工序和工时等进行仿真。利用数字样机还可以进行工艺性评估，包括加工方法、加工精度、刀路轨迹等，实现对样机的 CAM 仿真和基于三维数字样机的工艺规划。

数字化样机在产品的销售阶段同样发挥重要的作用，它能够为产品宣传提供逼真的动态演示效果、静态产品数据。通过三维模型的轻量化技术，企业可以便捷、灵活地利用原始数字化样机模型为产品培训提供分解图、原理图，还可以提供近似产品的快速变型与派生设计，以满足市场报价、快速组织投标和生产的需要。

另外，在数字化样机的基础上，企业还可以建立虚拟样机进行系统集成和仿真验证，可以通过仿真减少实物试验，降低研发成本，缩短研发周期，实现仿真驱动设计。同时还可以将仿真技术与试验管理结合起来，提高仿真结果的置信度。

除此以外，为了保障产品的可靠性，还必须在产品设计的前期就充分考虑工艺规划、制造、装配、检验、销售、使用、维修、报废等产品全生命周期过程中的各项工程要素。利用并行工程和 DFX 技术，在设计阶段尽可能早地针对不同阶段中产品的性能、质量、可制造性、可装配性、可测试性、产品服务和价格等因素进行综合评估，从而优化产品设计，保障产品质量。

3. 采用标准化、模块化设计手段提高产品个性化定制能力

以用户为中心的智能研发必然会面临用户需求的多样性，这就要求企业必须有灵活多变的产品变型设计能力，形成标准化、模块化、系列化产品的开发能力。模块作为产品设计的基础单元，是产品知识的载体，产品模块化以及知识重用，能够适度降低设计风险，提高产品的可靠性和设计质量，并大幅降低设计成本、缩短设计周期。此外，还能缩短产品采购周期、物流周期以及生产制造周期，降低产品的采购成本、物流成本、制造成本和产品售后服务成本。因此，具备产品的标准化、模块化设计能力尤为重要。

模块化设计是将一定范围内具有不同功能或相同功能不同性能、不同规格的产品进行功能分析，划分类别并设计出一系列功能模块，通过模块的选择和组合可以构成不同的产品组合,满足不同功能、不同规格变型产品需求。

模块化设计方式可以提高设计重用、降低成本,研发管理平台与模块化设计手段的结合,使得这种设计模式如虎添翼。实施模块化和系列化,将产生大量的产品模块和配置规则,数据量巨大,需要研发管理平台进行管理,实现设计模块的有序性和结构化,从而保证数据的准确性和知识的重用性。

4．MBD/MBE 设计信息与生产信息高度集成

MBD 可以将制造信息和设计信息共同定义到产品的三维数字化模型中,MBD 不仅描述设计几何信息而且定义了三维产品制造信息和非几何的管理信息(产品结构、尺寸与公差标注、BOM 等),使设计与制造之间的信息交换可不完全依赖信息系统的集成而保持有效的连接。MBD 打破了设计制造的壁垒,使设计、制造特征能够方便地被计算机和工程人员解读,有效地解决了设计制造一体化的问题。

在将 MBD 模型作为统一的"工程语言"后,就可以进一步推进 MBE 的应用。设计模型中包含的数据能在工艺、供应、制造直至维护服务环节有效传递,通过高度一致的数据模型,在 PLM 和 ERP、MES 之间形成一条双向流动的数据流,使生产制造及后续过程实现高度的自动化,形成整个价值链的数字化"闭环"。

5．融合增材制造与拓扑优化技术的创新设计

区别于传统的经验式设计模式,经过拓扑优化的产品模型是在给定载荷、工况等约束条件下,满足性能要求的最优拓扑模型。通过拓扑优化确定和去除那些不影响零件刚性部位的材料,并在满足功能和性能要求的基础上实现零件的轻量化,是一种新型的设计方法。然而,拓扑优化技术只有在不考虑制造工艺约束时才具有更好的效果。因此,尽管工程师们通过拓扑优化方法设计出了结构独特、高性能的产品模型,但往往因为可制造性问题而舍弃产品在轻量化、高性能上的优势。

随着增材制造技术的出现并逐步走向成熟应用,目前已能够很好地解决这一大难题。增材制造技术可以帮助企业摆脱传统减材、等材制造工艺的限制,按照最理想的结构形式来设计产品,使得产品"功能性优先"变为可能。因此,增材制造让拓扑优化技术的价值得以完全的发挥,两者的融合创新了设计制造过程,对传统制造业而言是颠覆性的转变。

6．应用虚拟现实及增强现实技术的设计评审

虚拟现实和增强现实技术是衔接虚拟产品和真实产品实物之间的桥梁,通过应用虚拟现实和增强现实技术,在产品的初创阶段以及物理样机测试之前,就能够对产品的设计方案和产品的相关属性信息进行直观的展示和体验,并且在虚拟空间也便于设计者之间的协同交流,使整个设计评审过程更便捷和有效,同时能够更直观地发现设计过程中存在的问题。

7．建立基于云端的广域协同研发

在智能研发中,基于互联网,企业的产品和服务将会由单向的技术创新、生产

产品和服务体系投放市场、等待客户体验,逐步转变为企业主动与用户服务的终端接触,进行良性互动,协同开发产品,技术创新的主体将会转变为用户。其创新、意识、需求贯穿生产链,影响着设计以及生产的决策。

设计师将会成为在消费端、使用端、生产端之间汇集各方资源的组织者,在设计生产链的巨大网络下起到推动作用,不再独立包揽所有的产品创新工作。智能研发将会是基于云端与供应商、合作伙伴、客户进行协同研发,让所有人都能够参与的开放式创新。基于互联网的协同设计云平台,可在线汇聚全球各具专业技能的工业设计师、研发工程师进入智力库,快速组织开展大规模协同作业,能够帮助制造企业客户高效便捷完成工业产品研发设计。而一旦有亟待解决的需求,可在平台上随时提交和发布,平台通过及时匹配,推送给有相关经验的智力库,帮助需求方物色优质解决方案,且全程协作进度管控。

8. 基于数字孪生的闭环产品研发,驱动产品创新

产品研发已从过去关注产品生命周期初期的设计阶段,演变为关注产品的全生命周期,通过设计阶段的仿真、测试、试验以及产品的运行和服务阶段相关数据的采集和利用,对于产品的优化创新起到了重要作用,使得原型设计的速度、质量得以提升。

有赖于传感、物联网、大数据、AI、仿真、VR/AR/MR/XR 等技术的大力发展,有效促进数字孪生技术进一步落地,进而为产品研发创新插上了健壮的翅膀。在产品的设计制造生命周期,可以通过在实物样机上安装传感器,在样机测试的过程中,将传感器采集的数据传递到产品的数字孪生模型,通过对数字孪生模型进行仿真和优化,从而改进和提升最终定型产品的性能;还可以通过半实物仿真的方式,部分零部件采用数字孪生模型,部分零部件采用物理模型来进行实时仿真和试验,验证和优化产品性能。在产品的运营和服务阶段,在建立数字孪生数据和仿真的基础上,分析发现需要进一步优化和提升的地方,从而提升新产品研发效率和质量。

3.7.2　智能研发探索与实践

企业要缩短产品研发周期,需要深入应用仿真技术,建立虚拟数字化样机,实现多学科仿真,通过仿真减少实物试验;需要贯彻标准化、系列化、模块化的思想,以支持大批量客户定制或产品个性化定制;需要将仿真技术与试验管理结合起来,以提高仿真结果的置信度。在智能制造时代,业界涌现出一批积极探索智能研发的软件公司,并在制造企业落地与实践。

1. 研发工具智能化

目前,在产品研发工具方面,已经出现了一些智能化的软件系统,成为智能研发的具体体现。例如 Geometric 的 DFM PRO 软件可以自动判断三维模型的工艺特征是否可制造、可装配、可拆卸;CAD Doctor 软件可以自动分析三维模型中存在的问题;Altair 的拓扑优化技术可在满足产品功能的前提下,减轻结构的重量;系统仿真技术可以在概念设计阶段,分析与优化产品性能;PLM 已向前延伸到需

求管理，向后拓展到工艺管理；西门子的 Teamcenter Manufacturing 系统将工艺结构化，可以更好地实现典型工艺的重用；开目软件基于三维的装配 CAPP、机加工 CAPP 以及参数化 CAPP 也具备一定智能程度。图 3-16 是开目 DFM 对于零件的可制造性检查。

图 3-16　开目 DFM 对于零件的可制造性检查

（来源：武汉开目信息技术股份有限公司）

2. 个性化需求推动产品模块化设计

模块化设计方式不仅能提高设计重用、降低成本，而且可以利用重用大幅压缩产品的设计制造周期。海尔在沈阳的智能互联工厂实现了高度的柔性（支持多达 500 多种型号冰箱的生产）和高度自动化（节拍可达 10 秒/台）。该工厂支撑了家电个性化定制的商业模式，并通过单件产品上的溢价实现了不错的投资回报率。这主要得益于研发团队成功地将冰箱产品进行了模块化设计，将 300 多个零部件组合成 23 个模块（其中包含 10 个标准模块和 13 个可变模块），进而大幅度降低了零部件、半成品和成品数字化管理的复杂度，同时也简化了制造工艺和供应链。

3. 数字孪生概念深入产品设计与运营

产品研发从传统的产品设计和分析认证，发展成为以虚拟原型（数字样机）替代物理原型，从而实现设计和加工过程的全数字化，并通过采集传感器数据，将三维模型的变化和物理模型的变化进行对比，以改善产品设计。PTC 与美利达合作打造数字孪生物联网概念示范产品，通过感应器收集自行车数据，并开展对骑行路线、骑行习惯等分析，给予危险警示；此外，根据扫描自行车序号，开展虚拟实境监控。西门子引用数字孪生来形容贯穿于产品生命周期各环节间一致的数据模型。美国通用公司借助这一概念，在发动机的耐高温合金涡轮叶片上安装传感器，根据要求的频率传输实时数据,由软件平台接收、数据化存储,再建立数字模型。通用公司还采用数字孪生技术,实时管理并更新真实电站的数据,捕捉真实电站的运营情况,并发出警告。

4. 虚拟现实技术融入研发

虚拟现实技术基于其构想性、沉浸感、实时交互性三个特点,使人与模型可以进行交互,产生与真实世界中相同的反馈信息,在很大程度上提升了设计的效率和协同性。

佳能推出的 MRERL 系统实现了 3D 计算机渲染模型在现实环境中与现实世界物体无缝融合的设计过程,并支持多用户协同工作,同步进行完整的产品设计。其实现方式是,渲染现有部件和新设计概念的 3D 模型,并将两者组合起来。例如,将现有的汽车座椅整合到新车虚拟设计的投影中,用户可以在座椅上,看到汽车外面的真实环境以及汽车内部的数字虚拟模型,包括全新设计的仪表盘和方向盘。

汽车整车企业和设计公司广泛应用 Cave 技术,利用虚拟现实技术辅助产品研发。全球 PLM 领导厂商之一达索公司提出三维体验(3D EXPERIENCE)的理念,在虚拟现实和增强现实方面提供了解决方案。

5. 仿真驱动创新设计

在概念设计阶段引入仿真技术优化设计,变革了传统的设计过程。Altair 根据产品的性能要求、运动过程中载荷的变化情况,利用拓扑优化技术计算出力的传递路径,由此构造出产品骨架,在骨架的基础上进行外观的美化设计,后续的设计过程在虚拟环境中不断进行优化。这种仿真前置的设计方法,不仅在保证产品性能和可靠性的情况下充分发挥想象力,实现创新设计,还能实现产品的轻量化,使产品研发周期和成本大幅下降。空中客车 A380 前沿翼的设计上采用 Altair 的设计理念,利用拓扑优化技术,将前沿翼减重 500kg。图 3-17 是空中客车 A380 前沿翼的拓扑优化设计。

图 3-17　空中客车 A380 前沿翼的拓扑优化设计

6. 拓扑优化与3D打印结合

拓扑优化技术帮助设计人员获得最优的结构形状,在满足给定荷载和工况要求的前提下,设计出轻量化产品。然而,经过拓扑优化后的产品结构形状往往不对称、不规则,其制造难度非常大,很难通过传统的方法制造出来。以3D打印为典型的增材制造技术打破了这一约束,任何复杂的产品都能通过3D打印制造出来。拓扑优化技术与3D打印的完美结合,形成了共生技术架构(图3-18),极大地释放了设计的潜能,让拓扑优化技术得以充分发挥其创新价值。

图 3-18 共生技术架构

7. 协同设计模式兴起

基于互联网与客户、供应商、合作伙伴开展协同设计,实现云端的协作,也是智能研发的创新形式。例如波音公司,为充分利用全球开发资源、制造资源,已构建多国家、多组织的异地协同设计制造模式。国内企业也逐渐开始尝试以并购或合作的方式与国外研发机构构建创新产品协同开发团队,快速提升公司产品创新实力。

总体来说,实现智能研发是一个复杂而漫长的过程。企业除了要建立完善的研发体系以外,还应通过信息化技术实现产品全生命周期中数据流的自动化,以用户为中心,通过智能研发构造出智能互联的产品,并形成系列化的产品生态圈,将用户的需求、使用等信息与产品研发紧密地联系起来,形成一个闭环持续优化的产品研发及服务体系。

3.8 智能管理

智能管理通过对物流、信息流、资金流和知识流的控制,从采购原材料开始,制成中间产品及最终产品,最后由销售网络将产品送到客户手中,将供应商、制造商、分销商直至最终客户连成一个整体的网链结构。将企业内部各项业务之间,企业与供应商之间,企业与客户之间进行集成,进行信息共享和智能决策,实现整体利益和各节点企业利益最大化。智能管理旨在充分调动内部资源,实现各部门、各业务之间的合理分工,高效协作,全面提升企业运营管理水平。

在智能制造的浪潮下,实现智能管理主要以企业资源计划系统、客户关系管理系统、质量管理系统、业务流程管理系统、办公自动化系统等管理信息化系统为核心,通过人工智能、机器学习、数字孪生、物联网、数据湖、AR/VR 等智能化技术的应用,实现企业管理中的重点业务环节的智能管理。同时,通过信息集成逐步实现业务系统的深度集成和贯通,不断提升企业决策能力和企业竞争力。

在销售与客户关系管理方面,通过 SaaS 云计算平台等技术的应用,构建智能的移动营销管理体系;通过应用大数据分析技术,实现对客户交付、维修维护、备品备件、退换货、残次品回收等的分析,从而进行客户管理和主动式服务;通过人工智能、虚拟现实等实现产品应用场景、维修维护的虚拟体验;建立用户画像,实现对客户群体和个体的大数据分析、预测和个性化服务等;通过用户需求、反馈分析挖掘用户需求,推动产品和服务创新。

在设备管理方面,可以基于知识管理、人工智能、机器学习等技术,实现设备状态预测和自适应;实现设备全生命周期管理,覆盖从前期管理、运行、维修直至报废等全过程;对设备的效益等进行分析与预测。某制药企业通过采集设备传感器数据(如温度、压力、振动、转速、流量、位移、电压、电流等数据)对设备运行状态、设备操作情况进行监控和分析,减少和取代人工干预。

在人力资源管理方面,可以对劳动力作业基准、生产率和效率等进行持续改进;实现员工优化,可根据企业的岗位要求、员工能力自动优化人员配置;统计分析工人的整体绩效。人力资源领域是社交网络和云模式的重要领域,继美国的领英(Linkedin)之后,我国的陌陌、拉勾网等社交平台也已开始提供人力资源招聘服务,我国制造企业已经开始应用基于公有云的人力资源招聘、绩效和人才管理系统。

在质量管理方面,可以建立规范化、科学化、数字化的质量测量、统计、分析和优化体系,实现产品生命周期的全过程的质量相关信息追溯、分析和优化;建立产品质量问题分析、质量数据模型、处置知识库;实现制造过程的关键数据在线检测,并对数据异常进行预警;基于物联网、数字孪生、大数据分析、质量模型预测等技术实现产品全过程的质量信息的动态采集和分析,实现质量的准确预测和预防;依据产品质量在线检测结果预测未来产品质量可能的异常;基于知识库自动给出生产过程的纠正措施。

某手机制造商已经将数字孪生理念融入产品全生命周期中。当一部手机出厂时,ERP 系统记录了所使用的原材料信息,包括材料来源、型号等,如果手机出现问题,可实现强大的组件批次可追溯性。在此基础上,利用物联网反馈信息,使得产品在离开工厂后可以继续提取数据,跟踪产品的使用情况。未来,该 ERP 系统将会生成一个近实时的数字图像,告诉制造商该手机使用情况的所有相关信息,例如地理位置,开启频率,在不同温度、湿度环境条件下的使用情况,电池寿命等,让手机制造商了解在该产品上正在发生的一切。

> 某 3C 制造企业,一天一个工位要完成 1 万多零件所有点位的检测,每个零件都要求在很短时间内从 13 个角度去检查 10 种缺陷。在应用 AI 质检,深度融合传统机器视觉技术和 AI 深度学习技术后,通过大量的检测图片上传比对,反馈到控制系统执行对产品质量的判定,整个流程的时间不到 1 秒钟。

3.9　智能物流与供应链

随着信息化、互联网等技术的快速发展,为解决需求驱动性供应链管理、供应链的高效整合与协同提供了强大的技术支持,让企业了解到提升供应链效率存在诸多可能。

(1)供应链协同计划与优化。

供应链协同计划与优化可以实现供应链同步化,消除供应链的牛鞭效应,帮助企业及时应对市场波动。

> "三星模式"工业园使用强大的信息系统支撑,采取直供模式,其供应商可直接查询三星的原材料、配件等库存信息,甚至根据三星的生产计划,直接把零配件输送至生产线,将三星的本地库存降到最低,同时有效抑制牛鞭效应,使原材料生产厂商计划性投产,实现供应链的协同计划与优化(图 3-19)。

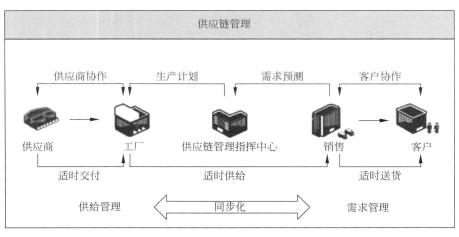

图 3-19　三星的供应链同步化

(2)供应链可视化。

利用信息技术,采用条码、EDI、EAI、RFID、GPS、GIS 等技术,对产品在供应链流转环节中所产生的数据(订单、物流以及库存等相关指标信息)进行采集、加工、分析、展示。既实现企业内部运营供应链可视化,也需要实现合作伙伴的供应链可视化,进而用信息串联整合供应链,降低各环节交易成本,缩短交易周期;实现联合库存,减少单个企业存货量;减少响应和决策时间,提高客户满意度。

(3)整车物流一线通管理系统。

利用 GPS、移动通信技术(GPRS)、RFID、计算机技术、数据库技术、电子地图技术等,基于自主研发的车载蓝牙免提(VDA)设备,实现车辆出库、车辆入库、车辆盘库、车辆交接、车辆实销等业务环节车辆的定点定位管理,使数据更加实时准确。

> 广汽乘用车宜昌工厂构建了智能供应链系统平台,其中订单可视化跟踪是亮点之一。通过 PDA 终端绑定取货订单,利用物流车辆 GPS 定位装置,实时跟踪订单、车辆在途信息。实现了订单及车辆实时跟踪,监控订单执行情况,准确管控外物流风险;取货计划解析,获取运输路线、时长、千米数、电子围栏监控;车辆实时位置跟踪,图形化展示在途异常情况;绑定车辆装载订单明细,实时查询风险零件在途位置。

(4)企业间信息集成 EDI 技术。

EDI 技术最重要的价值是可以让供应链上下游企业通过信息系统之间的通信,实现整个交易过程无须人工干预,而且不可抵赖。如图 3-20 所示,国外的汽车、电子等行业已广泛应用 EDI 来实现上下游企业之间的数据交互,无须人工干预。

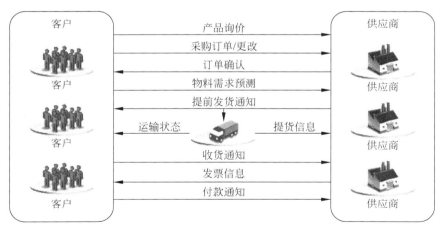

图 3-20   EDI 助力企业实现供应链数据双向交互

(5)需求分析及预测。

根据有关的历史数据,应用合适的统计工具及相关的复杂数理模型和计算方式,对供应链参与企业的产品需求做出预测。

> 某企业通过大数据、人工智能等技术建立预测模型、补货模型,开展用户需求预测、预算价格、自动补货、自动调拨、整体库存分析、库存量单位(stock keeping unit,SKU)备货等,并建立采购建议系统、调拨计划系统、库存健康系统及仓内补货系统。目前已经实现通过28天销售值,预测每一个SKU未来量并驱动调拨和补货,保证商品量和限购率。同时,从产品研发角度,特别是数据运用方面的探索,例如,从商品评价中挖掘用户情感、用户体验、商品不足,通过销售数据测试商品质量情况、商品供需请求等各种指数,将分析结果反馈到材料生产环节、供应商供货环节,实现供应链体系的流程再造。

3.10 智能决策

当今世界进入了数据爆炸的时代,数据成为企业最重要的资产之一。因此,获取数据、传输数据、管理数据、发挥数据的价值、用数据来驱动企业业务运作和正确决策成为了企业关注的热点。并且,随着制造业数字化转型的不断推进,企业生产过程数字化及管理流程智能化正在逐步实现,实现决策智能化将是重塑制造企业核心竞争力,拉开与其他企业间差距的关键所在。

制造企业的运营,从数据的视角来看,包括数据采集、数据存储与备份、数据安全、数据建模与可视化、数据分析与预测等过程。企业涉及的数据类型非常多,包括静态数据和动态数据,也可以分为实时数据和非实时数据,还可以分为结构化数据、半结构化数据和非结构化数据,来源包括企业的信息系统、设备、传感器、供应链,以及社交网络。因此,真实、可靠、全面、及时的数据是企业管理和决策的基础,数据驱动下的智能决策也逐渐成为制造企业资源优化配置的利器。

1. 基于社交大数据的产品设计及营销决策

随着社交媒体的广泛应用,企业进行产品创新设计也可以基于社交大数据的反馈来优化设计方案,使产品设计更加贴近客户的需求。根据不同产品的销售数据分析,有针对性地调整产品的生产计划,加大畅销产品的产量。企业在社交媒体上的商誉数据也必须高度关注。企业在做市场推广时,如果需要聘请明星做广告代言人,应当通过大数据分析,根据明星在社交媒体粉丝的人群分布与目标市场的匹配程度、受欢迎程度等因素进行遴选。

> 海尔实践的协同设计定制模式是将用户的碎片化需求进行整合,从为库存生产转变为为用户生产,用户可以全流程参与设计、制造,从一个单纯的消费者变成"产消者"。协同设计与全流程交互平台整合攸关方资源和跨界合作伙伴,智能化、物联网产品服务横向集成7项业务过程:用户交互、研发、数字营销、模块采购、供应链、物流、服务,实现了群体智能。

2. 基于质量数据采集的分析与决策

企业需要确保产品设计、工艺规划和生产制造、采购、装配、发运等各个价值链关键环节的产品质量,也需要充分关注整个供应链的质量管理。企业应当推进工序质量控制,借助统计软件和大数据分析工具进行质量分析;应用数字化的质量检测设备,直接将检测结果连入信息系统,避免手工输入质量检测数据。在准确采集质量数据的基础上,可以通过 SPC 和认知计算等方法,对质量数据进行深入分析,从而促进企业改进产品质量。

图 3-21 是 IBM 完成的一个质量分析与决策的案例。通过物联网对生产过程、设备工况、工艺参数等信息进行实时采集;对产品质量、缺陷进行检测和统计;在离线状态下,利用机器学习技术挖掘产品缺陷与物联网历史数据之间的关系,形成控制规则;在在线状态下,通过增强学习技术和实时反馈,控制生产过程减少产品缺陷;集成专家经验,改进学习结果。

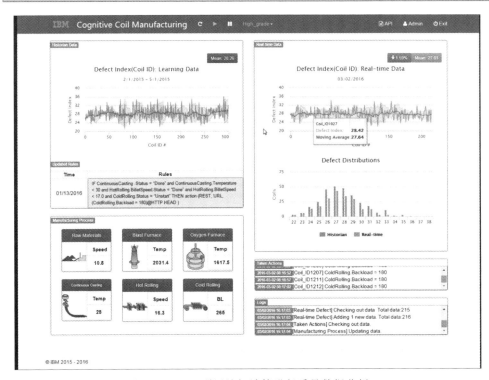

图 3-21　IBM 利用认知计算进行质量数据分析

3. 基于设备数据采集的预防性维修维护

企业应当尽可能地利用设备的数据接口来获取相关数据。对于老设备,如果无法直接获取设备数据,则应当添加外接传感器。通过采集设备的能耗,可以判断出设备的状态是停机、空载还是在加工,甚至还可以分析出刀具磨损的状态,对断刀进行预警,做出准确的更换决策。企业可以通过与设备厂商、数控系统厂商合作,获取设备内部的传感器数据,从而实现对设备的状态监控,及时对设备可能存在的异常状态进行预警,避免由于设备故障而造成非计划性停机。在设备数据采集的基础上,企业可以通过对传感器数据的分析,基于"机器学习"等人工智能算法,实现对设备的状态监控和设备健康管理,进而进行预测性维修维护(predictive maintenance),甚至预见性维护(prescriptive maintenance)。

4. 基于商业智能的企业智能决策

商业智能软件的价值在于其通过技术手段从企业各个应用系统的庞杂数据中提取出有用的数据并进行科学的整理,以保证数据的正确性和一致性,并通过抽取(extraction)、转换(transformation)和装载(load)过程,合并到一个部门数据集市或企业的数据仓库中。在此基础上利用合适的 BI 工具,针对不同需求进行多维数据分析和挖掘,并通过可视化手段将结果定期或实时展示给相关人员,最终为企业决策提供支持,达到协助企业创收增利、规避风险、提升效能和竞争力的目的。企业应当在 BI 系统中建立各种"仪表盘",根据负责人的角色,实时提供相关的图表,让负责人根据数据及时做出准确决策。图 3-22 是基于角色的移动版 BI 系统。

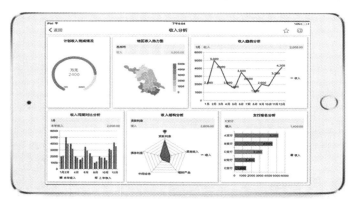

图 3-22　基于角色的移动版 BI 系统

某医药企业通过 BI 系统搭建了销售管理驾驶舱,帮助医药行业企业从不同的维度和筛选条件来分析销售情况,例如整体销售达成情况、经销商业绩分析、人员销售业绩分析、拜访活动分析、费用分析、市场报告等。

第 4 章

智能制造推进策略

在政府的积极推进和企业内生动力的驱动下，制造企业踏上了智能制造的转型征程，智能制造支撑了不少优秀企业成为行业领军企业，乃至细分市场的全球隐形冠军。但是，推进智能制造是一个复杂的系统工程，不同行业、不同规模、不同所有制、不同制造模式的企业，推进智能制造的模式千差万别，个性化很强。推进智能制造，需要结合企业的发展战略、发展现状、行业地位、产品定位等，制定明确的推进策略。具体包括智能制造技术策略、实施策略、投资策略、组织策略、人才策略、合作伙伴发展策略等。而在具体推进智能制造技术应用时，应当引入专业咨询服务机构，共同制定智能制造规划，明确智能制造的整体框架、实施路线图，在此基础上进行选型与实施。本章将介绍如何正确理解智能制造，避免陷入误区，明确智能制造的推进策略。

4.1 推进智能制造的难点与误区

4.1.1 智能制造推进难点问题

制造企业推进智能制造面临诸多难点问题。

第一，概念纷繁复杂，技术领域众多。近几年来，从工业 4.0 的热潮开始，智能制造、CPS、工业互联网（平台）、企业上云、工业 APP、人工智能、工业大数据、数字工厂、数字经济、数字化转型、C2B（C2M）等概念接踵而至，让企业眼花缭乱、无所适从。智能制造涉及的技术非常多，例如云计算、边缘计算、RFID、工业机器人、机器视觉、立体仓库、AGV、虚拟现实/增强现实、增材制造、工业安全、时间敏感网络、深度学习、数字孪生、MBD、预测性维护等，让企业目不暇接。这些技术看起来都很美，但如何应用，如何取得实效？很多企业还不得要领。

第二，缺乏成功案例。企业对于智能制造领域的相关技术缺乏实施经验，欠缺可以借鉴的成功案例，更缺乏专业人才。目前，制造企业已经存在 4 种类型的孤岛：信息化孤岛、自动化孤岛、信息系统与自动化系统之间的孤岛，以及正在出现"云孤岛"。同时，企业也缺乏统一的部门来系统规划和推进智能制造。在实际推进智能制造的过程中，不少企业仍然是"头痛医头"，缺乏章法。

第三，理想与现实差距大。推进智能制造，前景很美好。但是绝大多数制造企业利润率很低，缺乏自主资金投入。在"专项""示范""机器换人"等政策刺激下，一些国有企业和大型民营企业争取到各级政府给予的资金扶持，而中小企业只能自力更生。

第四，自动化、数字化还是智能化？ 在推进智能制造过程中，不少企业对于建立无人工厂、黑灯工厂跃跃欲试，认为这就是智能工厂。而实际上，高度自动化是工业3.0的理念。对于大批量生产的产品，国外的优秀企业早就实现了无人工厂。例如日本发那科仅需40秒就能全自动装配完成一个伺服电机，但其前提是产品的标准化、系列化，以及面向自动化装配的设计，例如将需要用线缆进行插装的结构改为插座式的结构。三菱电机集团名古屋制作所的可儿工厂对于大批量生产的产品大量应用机械手，实现高度自动化装配；对于中小批量的产品，推进低成本自动化装配；而对于单件定制的产品，采取手工装配。施耐德电气公司的法国诺曼底工厂生产继电器，该工厂实现了绕线、装配、包装等全流程的自动化，而且可以在一条产线生产多种变型产品。西门子一直将被广泛誉为工业4.0典范的安贝格电子工厂称为数字化工厂，其特点是人机协作的柔性自动化生产、智能物流、工业软件广泛应用、海量的数据采集以及大数据分析。

一个真正的智能工厂，应该是精益、柔性、绿色、节能和数据驱动的，是能够适应多品种小批量生产模式的工厂。智能工厂不一定是无人工厂，而是少人化和人机协作的工厂，推进智能工厂绝不是简单地实现机器换人。南京熊猫爱立信工厂有一条装配线，一开始设置的自动化率是90%，后来发现调整为70%，增加若干人工工位，整体质量和效率反而是最优的。

第五，如何理性看待投资回报。制造企业的企业家非常关心投资回报。很多企业的要求就是必须能够在三到四年，甚至更短的时间收回投资的信息化、自动化系统才投入。然而，有些效益容易核算，如某条产线减少了多少工人。有些效益却是隐性的，例如工业软件作为一个使能要素，企业离不开，却难以计算出它究竟为企业直接或间接节省了多少成本，产生了多少直接盈利。如果选型、实施和应用不到位，更是常常用不起来，业务部门牢骚满腹。长此以往，制造企业更加重硬轻软，最后停留在简单地做一点局部的自动化改善。

第六，数据采集与设备联网，迈不过去的坎。企业要真正实现智能制造，必须进行生产、质量、设备状态和能耗等数据的自动采集，实现生产设备（机床、机器人）、检测设备、物流设备（AGV、自动化立库、叉车等）、动力设备、试验设备，以及工业移动终端的联网，没有这个基础，智能制造就是无源之水。但是，现阶段很多制造企业还停留在单机自动化阶段，甚至一些知名企业的生产线也未联网。没有基础的设备联网，何谈工业互联网？

第七，基础数据和管理基础缺失。无论是推进企业信息化、两化融合，还是进一步实现数字化转型，推进智能制造，基础数据的规范性和准确性都是必要条件。

很多企业在实施 ERP,或者 ERP 升级换型的过程中,花费时间最多的就是基础数据的整理。企业管理的规范和业务流程的清晰,也是企业推进智能制造的"敲门砖"。但现实的情况是,一些企业的基础数据还没有理顺,甚至还存在多物一码、一物多码,却在大谈"工业大数据"。这种舍本逐末的做法是难以取得实效的。

4.1.2　推进智能制造的误区与对策

当前,还有很多制造企业存在关于"轻与重"的认识与实践中的误区。

误区一:重自动化,轻数字化

当前,制造企业面临着巨大的人力资源成本压力和招工难等问题,因此,很多离散制造企业积极进行生产线的自动化改造。一部分重复性较高的工位由企业提出工艺需求,选择非标自动化集成商提供专用的自动化设备,完成诸如拧螺丝、装配、焊接、打标、检测等特定工序,从而替代人工,实现少人化。但是,很多企业的自动化产线只能适应单一品种,柔性不强;另外,很多企业还是不能及时、准确地了解生产现场的实时状况,没有实现生产过程的可视化与透明化。流程制造企业的生产线普遍应用了自动化控制系统,但数字化技术的应用相对滞后,也存在与自动化系统脱节的问题。

反观一些国际优秀企业,则非常注重实现透明工厂和互联工厂。例如,马扎克公司全球的工厂都实现了互联,在其日本大口工厂就可以实时查询宁夏的小巨人工厂(马扎克子公司)某一台设备的实时状态,包括设备使用状态、OEE、产量、质量、能耗等信息。库卡、通快等企业的工厂也非常注重车间的透明化,可以随时查看车间、产线和每台设备的实时状态。罗克韦尔自动化公司位于美国克利夫兰的电子工厂真正将 MES 用深用透,可以及时查询贴片机吸嘴的状态,判断是否需要维护,还可以看到每个订单的执行情况、车间生产排产和执行的状态、各条产线的缺陷率等,辅助管理人员及时做出调整与优化,显著提高生产质量(图 4-1)。因此,企业在推进智能制造的过程中,一定要自动化与数字化并重,自动化是基础,通过数字技术的应用真正创造价值。

图 4-1　罗克韦尔自动化公司电子工厂的可视化

误区二：重单机自动化，轻系统柔性化

制造企业非常重视购买智能装备，不少企业还配备了上下料的工业机器人，但是往往还是单机自动化，生产过程中还需要人工搬运，导致产生在制品库存，高端智能装备的设备综合效率较低。而国际领先企业已经开始应用柔性制造系统，实现了机加工和钣金加工的全自动、无人化地加工不同的零件。机加工FMS包括若干台加工中心、机器人去毛刺单元、清洗单元、轨道输送车等设备和控制软件，配备了立体货架，放置工件和工装，可以完成从粗到精的全自动加工；钣金加工的FMS则可以实现从钣金下料、冲孔、折弯到焊接等整个钣金制造工艺。

FMS并不是一个新概念，30年前就有企业开始应用。但由于早期的设备可靠性、稳定性不足，以及多台设备的生产调度与管控比较复杂，一些早期应用FMS的企业放弃了FMS，回到单机应用数控加工中心。但是，随着自动化、数字化和检测等技术的发展，近年来FMS的技术已经逐渐成熟，成为离散制造企业提升生产效率的必然选择。马扎克、发那科的机加工车间应用FMS已达到最高720小时无人值守，可以自动生产不同的机械零件，图4-2为马扎克的FMS应用。

图 4-2　马扎克的 FMS 应用

误区三：重局部改造，轻整体优化

很多企业十分注重对瓶颈工位或消耗人工较多的工位进行自动化改造，推进"机器换人"。这种方式虽然能够减少人工，提高单个工位的效率，但是对于提升生产线的整体效率意义不大，而且往往会将瓶颈工序转移到其他工位。

正确的方式是基于工业工程的理念，利用价值流图等方法，根据生产的产品类型、产量、批量、制造工艺、产能、生产节拍和在制品物流传输方式，对产线进行整体优化；同时，从实现自动化加工与装配的角度来对制造工艺进行优化，以降低自动化改造的难度，尽量满足多种变型产品的生产与装配。例如，e-works咨询团队服务的一家集装箱制造企业在进行集装箱侧墙板和顶板生产时，通过工艺优化，将原来的平板剪断→罗拉成型→拼板点焊→自动焊接的工艺进行了优化,将原有纵向焊缝改成横向焊缝,工艺优化成先焊整板再进行成型,既减少了焊缝长度,又易于进行自动化改造,还成功实现了从钢材开卷到成型的多工序连续自动化。e-works 咨询团队长期服务的另一家轨道交通车门制造企业在进行自动化改造时,基于精益生产的"一个流"原则优化车间布局,平衡节拍,保证了在自动化改造完成后整个生产系统的均衡,减少了搬运距离,最大限度地消除了生产等待和搬运带来的浪费(图 4-3)。

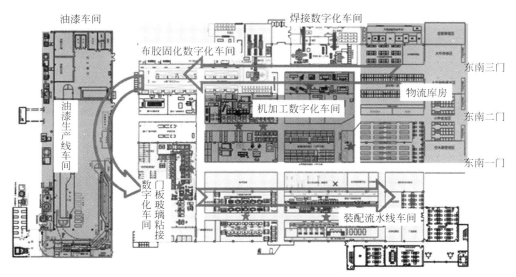

图 4-3　基于"一个流"原则进行产线自动化改造

注:图示中★代表工业机器人系统主要的应用点及规划实施点

⇨代表生产工序流动方向,整体呈 U 形生产布局

误区四:重单元系统应用,轻整体规划与系统集成

历经数十年的应用,制造企业应用的信息系统越来越多。很多企业往往是为了解决某一个或某一类问题,满足某个业务部门或者某个业务流程的需求而建设一套信息系统,缺乏整体规划,导致系统之间功能重叠、边界模糊、数据来源多样等问题。例如,某企业先导入了 ERP 系统,后来由于生产现场细化管理,导入了 MES,之后由于需要对仓库进行精细化管理,引入了 WMS,三个系统都有物料管理功能,由此带来一些单据需要在不同部门多个系统之中重复录入,同一个数据在不同系统之中多头管理,导致工作效率低、数据不一致等问题。各类信息系统越上越多,功能越来越复杂,但是信息孤岛林立,很多数据需从系统中导出、处理、再导入另一系统中,需要到多个系统进行查询,才能获取有效信息。数据变更时,不能及时从接收变更的源头系统传递到其他关联系统。企业的运营效率没有提升,甚至反而下降,投资回报率不高。

部分企业已经意识到此类问题,通过对业务和系统边界的划分,简化数据在不同系统之间传递的过程,实现数据的实时共享,保证数据的准确性,消除信息孤岛,为企业运营和经营分析提供统一、一致的数据源。e-works认为,企业应明确业务边界和系统功能边界,构建统一的系统集成方案,可以引入MDM,在实施过程中实现各系统的数据集成和接口统一管理,避免数据断点、接口重复开发等问题。

制造企业必须改变"竖井式"的单元系统实施与应用模式,尽量避免软件系统功能重叠,导致重复投资等问题,使企业投资的数字化和自动化系统能够达到预期的成效。制造企业应将工业软件的应用与智能装备、数据采集、工控网络、工厂仿真、产线规划、AGV和立体仓库等相关技术结合起来,进行智能制造整体规划,并在整体规划的指导下,进行单元系统的实施;同时,要顺应云计算、组件化、微服务的潮流,实现企业数字化系统架构的升级。

误区五：重建设,轻运维

制造企业在智能制造推进过程中,普遍存在重建设、轻运维的问题。在系统采购和实施阶段,企业会展开需求分析、系统评估、可行性分析和招标选型,重大项目高层领导也会参与决策过程,投入大量的人力、物力和财力。但在系统上线以后,却缺乏持续的运维,应用软件多年不进行维护和升级,系统功能与实际业务流程的匹配度差距越来越大,系统价值难以发挥;自动化产线也存在不及时维护保养,故障率高等问题。例如某企业应用了国际知名的ERP系统,但是上线七年,没有进行持续运维,而企业的经营模式、组织架构和业务流程发生了很大变化,导致ERP系统与企业的实际需求差距越来越大,业务部门意见很大;同时,ERP系统的新版本与企业应用的老版本功能也有了很大差异,企业升级的成本几乎与重新购买相同,在老版本上做的二次开发模块也需要重新开发。

企业的发展是动态变化的,唯一的不变就是变。因此,企业在信息系统选型时,需要充分考虑系统的柔性化、平台化、可配置和可扩展;同时,企业也需要及时对系统进行维护升级,企业的IT团队要能够及时根据企业需求的变化,对信息系统进行重新配置,尽量减少语言级的二次开发。

误区六：重数字化设计,轻数字化仿真与优化

近年来,制造企业在产品研发(R&D)方面的投入持续增加,购买了三维CAD、CAE等软件,但是大部分企业还是重产品开发(development)、轻研究(research),主要是根据客户的订单需求进行产品设计,对于前沿技术的研究与探索不够。在系统应用方面,数字化设计软件应用十分广泛,部分企业已经延伸到数字化工艺,但是对于仿真技术的应用还停留在初级阶段,主要进行运动仿真、结构和流体仿真与验证,尚未实现仿真驱动设计、多物理场仿真分析与优化设计,仿真应用不成体系,缺乏对仿真规范、仿真流程、材料数据库的管理,仿真人员没有建立专门的组织,仿真软件的价值远未充分发挥。

在国际先进制造企业中,仿真已成为提升产品研发能力,改进制造工艺,提高产品性能和可靠性的重要手段。仿真技术也在不断创新,实现了实时仿真,仿真软

件更加宜人化，数字化设计和仿真可以实现双向集成，也出现了针对特定产品（例如齿轮、轴承、动力电池、电机等）的设计与仿真分析一体化的软件系统。图 4-4 为汽车行业仿真技术的应用。仿真技术的应用可以帮助企业减少实物试验，显著降低研发成本，成为企业提升创新能力的必然选择。在智能工厂建设方面，也可以利用工厂仿真软件，对设备和产线布局、工厂物流、人机工程和装配过程进行仿真。

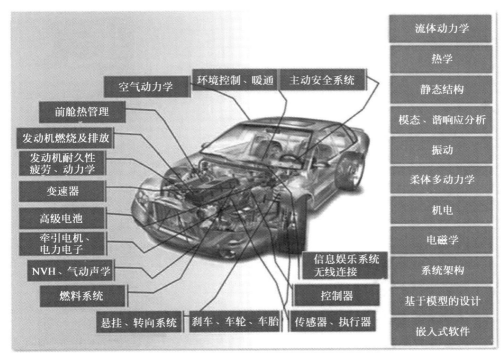

图 4-4　汽车行业仿真技术的应用

　　企业一定要数字化设计、数字化仿真与优化并重，数字化设计是仿真的基础，应用数字化仿真与优化技术来提升产品性能。在仿真技术应用过程中需要注重仿真规范和标准、仿真流程、仿真结果的分析和利用，实现仿真知识管理。

　　误区七：重信息系统应用，轻数据价值体现和管理改善

　　很多制造企业在数字化转型的过程中已经应用了诸多信息系统，但系统应用的效果和发挥的价值却参差不齐。一方面，虽然企业信息系统的应用领域不断拓展，但企业对系统的数据本身缺乏分析，数据的价值未得到充分挖掘，难以支撑企业决策；另一方面，企业想借助信息系统去管理大部分的业务问题，但建设信息系统时，却忽略了企业本身需要进行管理改善，业务管理的规范和标准很不完备，造成系统的应用效果未达到预期。

　　一些优秀的制造企业在信息系统选型之前，除了必要的业务现状调研、需求分析等工作外，还会对企业的业务流程进行梳理和优化，包括营销模式、研发过程管控、生产运营体系、物流供应体系等，通过建立组织、完善制度、输出改善措施和行动细则，来支撑整个系统的建设，真正地做到"管理先行、业务驱动"。在应用系统的基础上，通过 BI 决策分析对数据内涵的价值进行挖掘和分析利用，对各类业务进行前瞻性预测及分析，并实现战略分解和运营监控，为企业各层级的决策提供有力支撑。图 4-5 为基于 BI 的决策支持系统框架。

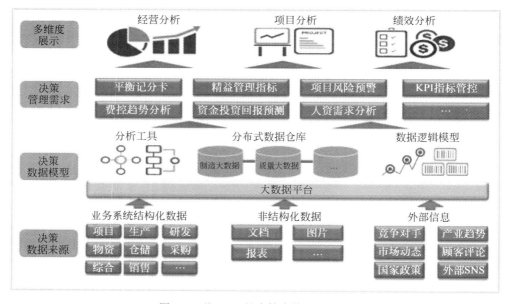

图 4-5　基于 BI 的决策支持系统框架

企业在推进智能制造的过程中，要做到信息系统应用与管理改善并重，通过推进业务管理的规范化、标准化，结合系统实施提升管理基础，使信息系统有效地支撑业务运行。在业务系统全面应用的前提下，对各类数据进行有效分析，充分挖掘数据价值，有效支撑决策。企业应当将组织和制度的完善与管理手段和信息系统进行匹配，对部门职责、岗位职责、管理模式、绩效考核体系和人员素质等方面进行持续改善，从而提升应用效果，发挥信息系统实施的预期价值。

误区八：重显示度，轻实用性

在国家大力推进智能制造的背景下，部分企业不惜重金打造出"豪华版"的智能工厂，各种智能装备和信息系统一应俱全，包括知名品牌的 BI、ERP、PLM、MES、SRM、ESB、生产及物流仿真系统、自动立体仓库、AGV、自动化产线、生产指挥中心等，建立了专门的智能制造展厅、车间现场的参观通道、示范生产线等，很有显示度。但是，在实用性方面却明显不足。例如：生产线建设未考虑实际市场需求，导致重复建设、设备闲置，产能利用不充分；自动立体仓库的建设对于场地位置布局、物料的分类管理、物料外包装设计、物料标识、存取分拣等环节考虑不足，导致自动立体仓库效率低下；AGV 的应用对于搬运频次、搬运路径与仓库及生产现场的协同等方面的考虑存在不足,导致 AGV 无法实际应用;生产指挥中心图表及数据对于生产现场的掌控及指导性不足、实时性不够;生产及物流仿真应用与实际脱节,对于多产品的混线生产适应性不足等。最为明显的是,不少企业不惜花重金建立了大屏幕生产指挥中心,平常却没人看,更多的只是用于参观。对于生产状态的预警和报警等关键信息,没有实现根据管理者的角色推送到移动终端。

推进智能制造必须注重实效。e-works 咨询团队服务的一家知名企业在精益生产理念的主导下,通过 5 年时间,先后实现 20 多个关键工序的自动化生产,有针对性地解决了产品质量不稳定、生产效率低下等痛点问题;通过引进 AGV 自动小车,对主要的流水线实行自动配送;引进机器视觉技术,对机构的零部件装配、产品关键质量控制点等进行自动影像检测,提升质检效率;通过 MES 应用,实现了生产的透明化、规范化与无纸化管理,结合条码、RFID 等工具,实现质量可追溯,保证产品的可靠性;通过虚拟仿真系统,建立了与物理工厂完全匹配的数字化工厂,实时监控物理工厂运转状态;通过 SCADA 系统实现对设备、环境、能源等数据的实时采集,实现了数字化与自动化系统的融合;通过生产调度指挥中心,生产指标实时反馈,异常实时处置,实现了生产组织的扁平化管理。

因此,企业在推进智能制造的过程中,一定要明确自身的短板及需要解决的关键问题,制定合理的规划及实施计划,分期分重点,选择合适的技术、系统、设备和团队解决企业的痛点问题。

总之,推进智能制造是一个长期的过程,不要期望"毕其功于一役",制造企业需要建立"打持久战"的决心。智能制造推进是一个十分复杂的系统工程,涉及多个领域的技术,技术本身也在不断创新和发展,因此,不仅需要系统地进行规划,在规划落地执行过程中,也要根据企业的实际经营状况制定滚动规划;制造企业必须本着务实求真的态度,既要考虑系统的先进性,更要考虑实用性;制造企业既要建设好自身的专业团队,又要适时引入专业的咨询服务机构和数字化、自动化解决方案提供商作为战略合作伙伴。只有这样,才能成功达到智能制造的"彼岸"。

4.2　推进智能制造的成功之道

推进智能制造,应当在企业内部建立正确的认识,所谓"上下同欲者胜"。

第一,应当明确,推进智能制造的核心目的是帮助企业通过实现降本增效、节能降耗、提高产品质量、提升产品附加值、缩短产品上市周期、满足客户个性化需求,以及向服务要效益等途径,提升企业的核心竞争力和盈利能力。推进智能制造绝不能搞面子工程。

第二,必须对智能制造有正确的理解和认识。智能制造覆盖企业全价值链,是一个极其复杂的系统工程,不是能一蹴而就的;推进智能制造需要规划、IT、自动化、精益推进等部门通力合作;不同行业的企业推进智能制造差异很大。推进智能制造,需要引入中立、专业的服务机构,开展多层次、多种形式的培训、考察、交流与学习,让企业上下树立对智能制造的正确认识。此外需要强调的是,小批量、多品种的企业不要盲目推进无人工厂;个性化定制和无人工厂是鱼和熊掌不可兼得;不能盲目推进机器换人。

第三,大处着眼,小处着手。企业要想推进智能制造取得实效,应当通过智能制造现状评估、业务流程和工艺流程梳理、需求调研与诊断、整体规划及落地实施等步骤,画出清晰的智能制造路线图,然后根据路线图和智能制造整体规划(图4-6),稳步推进具体的项目,注重对每个智能制造项目明确其KPI指标,在关键绩效指标的基础上,评估是否达到预期目标。智能制造要取得实效,需要清晰的思路、明确的目标、高层的引领、专业的团队和高度的执行力。

第四,紧密跟踪先进制造技术的发展前沿。近年来,制造业的新材料、新技术、新工艺层出不穷,金属增材制造技术不仅改变了复杂产品的制造方式,还改变了产品结构,也彻底打破了可制造性的桎梏,催生了创成式设计等新的设计模式,从计算机辅助人设计,演化为人辅助计算机设计。碳纤维复合材料的广泛应用催生了全新的制造工艺和制造装备。奥迪A8采用了铝制车身,车身焊接不能再使用点焊,取而代之的是铆焊、摩擦焊、激光焊等新工艺。材料和工艺的改进往往会对产品的性能如抗腐蚀性、耐久性带来巨大的提升。精密测量技术也在迅速发展,由接触式测量发展到非接触式测量,由离线检测演化为在线检测,由事后检测演化为边测量边加工,从而帮助制造企业提升产品质量。

第五,积极稳妥地推进数字化和智能化技术的应用。当前,人工智能技术的发展如火如荼,必将在制造业不断得到应用,尤其是在无人驾驶汽车、质量检测与优化、设备故障诊断和预测等领域。现在已经出现了谷歌的Tensorflow等开源的人工智能引擎可以应用。此外,虚拟现实、增强现实、混合现实等可视化技术,在制造业也有很好的应用场景,例如设备操作培训和设备维修维护等。爱立信工厂应用增强现实技术进行电路板质量的检测(图4-7)。蒂森克虏伯电梯公司利用MR技术提高电梯维护的效率。Cobot(协作机器人,单臂和双臂)在装配、拧螺丝、涂胶等很多工序可以进行应用,机器人与视觉传感器、力觉传感器的集成应用能够大大提高机器人动作的准确性和灵活性。

第六,选择真正专业的合作伙伴。智能制造系统架构十分复杂,也非常个性化,相关技术在不断演进,企业本身也是动态变化的,智能制造评估体系和规划方法论也还处于不断完善的过程中,智能制造的推进是一个长期的过程。因此,企业推进智能制造需要寻找专业的合作伙伴,从培训、现状评估、规划,到具体的数字化工厂仿真、产线设计,到真正实现工控网络的建设,并建立工控安全体系,实现IT与OT系统的集成。

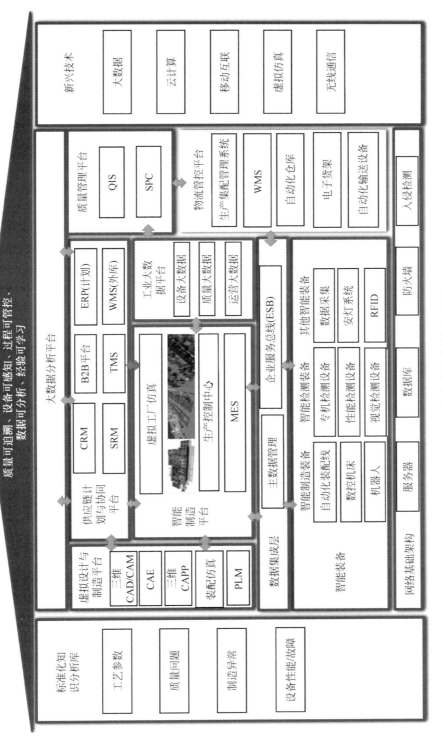

图 4-6 智能制造总体框架范例

图 4-7　爱立信工厂利用 AR 技术辅助进行电路板质量检测

4.3　不同行业推进智能制造的特点

制造业各行业具有比较强的行业特征,不同行业企业推进智能制造存在差异。表 4-1 总结了不同行业推进智能制造的特点。

表 4-1　不同行业推进智能制造的特点

行　业	推进智能制造的特点
电子	产品数字化创新 品质和良率管控 质量和物料追溯体系 柔性化生产 供应链协同
机械装备	智能化产品研发和生产 敏捷制造、柔性生产 产品远程运维、故障诊断和预测等 生产模式创新 商业模式创新
汽车整车	整车制造过程自动化、智能化 自动化柔性生产 研发设计创新、高效 整车产品智能化 采购与配送的供应链协同
汽车零部件	制造过程自动化、智能化 数字化设计和仿真软件应用 与整车厂设计、采购、供应链的协同 零部件产品智能化 产品全生命周期追溯

行　　业	推进智能制造的特点
食品饮料	个性化定制生产 基于消费数据进行新产品研发、生产预测 产品品质全程可追溯 配送环节供应链协同
钢铁冶金	关键工艺设备智能控制 生产过程多目标仿真、优化与预测 核心装备智能故障诊断 高效的能源管控 安全生产实时监控和预警
石油化工	关键工艺设备智能控制 制造流程多目标优化 核心装备智能故障诊断 生产环境实时监控和预警 半成品/产成品质量在线检测
医药	生产过程全自动化 质量和批次一致性管控 产品质量全生命周期追溯 满足合规性要求

　　流程生产行业主要是通过对原材料进行混合、分离、粉碎、加热等物理或化学方法,使原材料增值。典型的流程生产行业有医药、化工、钢铁、水泥、食品饮料等。流程型制造企业智能制造推进的主要特点与重点是通过持续改进,实现生产过程动态优化,制造和管理信息的全程可视化,企业在资源配置、工艺优化、过程控制、产业链管理、节能减排及安全生产等方面的智能化水平显著提升。

　　离散制造行业主要是通过对原材料物理性状的改变,将其组装成为产品,使其增值。典型的离散制造行业有机械、电子、电器、汽车、航空等。离散制造行业企业智能制造推进的主要特点与重点是通过持续改进,实现企业设计、工艺、制造、管理、物流等环节的集成优化,推进企业数字化设计、装备智能化升级、工艺流程优化、精益生产、可视化管理、质量控制与追溯、智能物流等方面的快速提升。

　　具体到流程生产和离散制造的细分行业,每个行业的智能制造建设特点仍然有所不同。

　　电子行业产品迭代快、技术发展快,行业企业需要不断开展新产品研发和创新;对产品一致性和可靠性要求高,注重产品质量异常检测和回溯分析;建立质量和物料追溯体系,实施对原料供应商、操作设备、工序、关键工艺参数、生产日期等过程信息追溯;推进企业内部供应链协同,实现精准配货、库存动态调整,推进上下游企业间协同,优化供应链资源配置。消费类电子产品会更加关注市场端需求变化,加强对需求的分析和预测,打造柔性生产模式,实现不同产品线快速切换。

机械装备行业企业注重将设计仿真工具、拓扑技术、增材制造等应用于产品自身的研发创新，加强高端化、智能化、轻量化等类型产品研制；对产线进行智能化改造，提高生产自动化、柔性化生产水平；加强注重产品体验，并从产品制造向服务升级转变，以拓展新的业务模式，探索新的商业模式。部分工程机械行业企业为适应全球市场多样化的客户群体，开展远程定制、异地设计、就地生产的新型生产模式。

汽车整车行业企业开展个性定制化车型的生产及开发，满足消费者多元化需求；自动化柔性生产线自行适应实时环境变化及客户个性化需求，实现多种车型混线生产；应用数控机床、工业机器人、自动装配线、自动驾驶小车等智能装备提升产品装配自动化、物流自动化水平；加速新型传感器、智能控制、无线通信技术、先进驾驶辅助技术等在整车中的应用，推动智能网联汽车的研发设计。

汽车零部件行业企业应用工业机器人、协作机器人、数控机床等智能装备提升产线自动化水平，提高生产线柔性化程度，提升产品质量；借助数字化建模、仿真软件和技术实现零部件、工装模具的原发性创新设计，缩短研发周期，降低研发成本，提高国内核心零部件产业链自主化程度；加强与汽车整车厂高效的业务协同、计划协同和物流协同，及时响应整车厂的采购及供应需求；推进以智能座舱为代表的智能化产品研发生产。

食品饮料行业的核心是满足用户体验和需求，为达到此目的，企业一方面通过实现从原料、生产、配送到货架的产品全程追踪追溯，满足严格的食品安全和质量的要求；另一方面，开展基于消费数据的产品研发和智能生产，通过对消费数据的分析和挖掘，加快新产品研发设计，结合柔性化生产、智能化物流配送，支持小批量大规模定制化生产模式，满足用户多元化、个性化需求。

钢铁冶金行业和石油化工行业均是连续性生产，对设备运行情况监控、质量管控以及生产安全要求比较高，因此行业企业在关键工艺环节普遍应用智能化装备，对生产过程进行智能控制；采集核心装备的关键数据，开展设备故障诊断分析、预测预警分析，保证生产的稳定性和连续性；开展关键工序环境监测、关键工艺参数监测，对隐患进行预警预测，保障生产的安全性；对生产过程中的半成品、产成品进行在线检测，通过质量分析结果，开展质量分析，并反馈到生产控制环节。钢铁冶金行业涉及高温高压等复杂化学反应，不确定性因素比较多，对生产过程满足多参数目标进行仿真、优化与预测需求比较强。化工行业企业根据多投入、多产出的生产特性，比较重视利用生产仿真进行制造流程多目标优化，提高产能利用率。

制药行业企业应用全过程的自动化生产线，提高生产设备的自动化水平，提高自动控制系统的应用水平，尽量减少和取代人工干预；针对生产过程管理、质量控制，对环境指标、质量指标进行实时在线监测和控制，保障药品生产质量和批次的一致性；开展全流程电子批次记录，以满足合规性要求。

4.4　智能制造推进策略的制定

智能制造推进策略是企业发展战略的重要组成部分,推进智能制造不是企业的"救命稻草",而是"锦上添花"。因此,制造企业首先要明确自身的发展战略,制造企业要在激烈的竞争中脱颖而出,还是需要有一个"好产品"。在此基础上,通过推进智能制造,能够进一步提升企业的市场占有率、缩短产品上市周期、降低成本、提高按期交付率。

推进智能制造的整体策略具体包括智能制造技术策略、组织策略、选型策略、实施策略、投资策略、人才策略及合作伙伴发展策略等(图 4-8)。制造企业应当结合自身实力,务实推进智能制造,千万不能把智能制造做成"面子工程"。

图 4-8　智能制造推进策略

技术策略:智能制造技术策略涉及若干技术平台的选择,需要制定相关标准规范。企业需要统一数据库平台、产品研发的工具软件、仿真软件平台、管理软件平台、工业自动化系统平台等,避免多种平台的"混搭",以避免不必要的接口和数据转换工作。例如,有些企业选择了西门子公司的 PLM 软件平台 Teamcenter,然而又选择了其他 PLM 软件公司的三维 CAD 软件,这样就需要更复杂的集成。企业在选择智能装备时,也需要统一数据采集的规范。企业应当建立统一的主数据管理平台,对物料、产品、设备、员工、客户、供应商等基础信息进行统一管理,作为各个应用系统的数据源。

组织策略:推进智能制造,需要多个部门的协作,核心是 IT、自动化、精益推进、工艺和企业的规划部门。推进智能制造应当建立由公司一把手担当的领导小组,形成至少半年一次的专题会议机制,对拟实施的智能制造项目的目标和执行情况进行审核。同时,企业应当组建负责智能制造推进的常设部门,引入外部专家或咨询公司,定期组织对智能制造新兴技术的学习研讨,对智能制造项目进行策划,对项目实施方案进行评估。在执行层面,可以按照研发与工艺、制造、采购与物流供应链、营销、财务与成本等业务板块设立数字化业务部负责人,以及负责自动化改造的负责人。例如,上海海立集团成立了智能制造办公室,下辖信息部和工艺部,工艺部包括推进工业自动化的职能,打通了 IT/OT。每个具体项目推进由发起项目需求的业务部门负责人担任项目经理。通过建立科学的组织机构,有力推进了企业的智能制造取得实效。大型集团企业也可以设立智能制造研究院,进行前瞻性的研究。最近几年,一些行业领军企业纷纷在旗下组建或投资孵化提供智能制造解决方案的子公司,将自身推进智能制造的成果推广到其他企业,例如美的集团旗下的美云智数、东风集团旗下的联友科技、徐工集团旗下的徐工信息、三一重工孵化的树根互联等。

投资策略:制造企业应当根据企业的战略发展目标、业务增长预期、盈利能力、融资能力、市场风险和智能制造基础等因素,综合考虑智能制造投资策略,既要避免投资力度太小,挤牙膏式的投资,又要规避投资风险,避免盲目追求"高大上",建设"工业 4.0"工厂或黑灯工厂。智能制造投资既要考虑根据业务拓展需要建设新的智能工厂和物流中心,也要考虑老工厂和产线的智能化改造。智能制造投资要综合考虑工业自动化系统、信息系统的持续改进和持续投资,尤其是工业软件的持续维护和改进。在智能制造投资预算中,应当注意增加对智能制造前沿技术的应用研究、智能制造内外部培训、国内外标杆企业考察,以及智能制造现状诊断、需求分析和整体规划等方面的咨询和投资。智能制造投资不仅要考虑单个项目的直接投资回报率(return of investment,ROI),也要考虑实施某个项目的整体拥有成本(TCO)及实施该项目能够为公司带来的企业品牌形象提升、促进销售、避免安全事故、降低污染排放、降低工人劳动强度,以及创造新的盈利模式等方面创造的价值。例如,合力叉车在实施了各类信息化项目的基础上,通过对叉车预装物联网设备,进而开展设备运行监控和故障预警等服务,促进了叉车的备品备件销售;同时,通过开展工业电商,降低采购成本,提高销售订单处理的效率,为企业创造了实实在在的价值。在推进智能制造项目时,企业应优先考虑对于影响环境、产生污染和危害员工健康和安全的工艺进行整改,推进工业机器人作业。例如,喷涂、焊接等工艺优先实现自动化。对于涉及搬运重物的环节,也应当优先使用助力设备。

人才策略:推进智能制造需要多种背景的复合型人才,而当前无论是甲方还是乙方,都非常缺乏高级人才。在企业高层中,最好能够有一位既熟悉企业业务和制造工艺,又对智能制造相关技术应用比较了解,并具备实践经验的领军人才。企业也应当引入一些有行业经验的智能制造专家,作为智能制造领域的顾问。同时,企业应当大力招聘和培养智能制造各领域的技术人才、管理人才和应用人才。而在车间,还需要大量培养能够熟练掌握智能装备和产线操作的技能型人才。

选型策略:智能制造涉及的技术领域众多,企业在推进智能制造的过程中涉及诸多解决方案的选型。整体而言,制造企业要注意选择长期的、能力和解决方案相对全面的合作伙伴,进行整体解决方案选型,而非进行单元产品选型;要选择拥有平台化、可配置、可扩展产品的厂商;需要更加注重价值,而非价格。招标选型必须提炼出功能点,要求候选厂商正面回复,是完全可以实现、变通实现,还是需要二次开发才能实现,避免厂商仅仅是提交一个通用的方案。e-works 曾帮助南京康尼机电进行总装车间智能工厂整体解决方案选型,涵盖了 MES、SCADA、APS 和数字化工厂仿真软件,由总包厂商确定集成方案,最终取得满意效果。

　　实施策略:智能制造系统要满足企业的个性化需求,实施服务至关重要,其中,项目经理是否有丰富的行业经验,是否善于沟通交流,是否善于带团队和项目管理,是项目实施的关键成功因素。在大型集团企业,对于新兴技术的应用,应当选择一个下属企业试点,成功之后再推广到其他企业。企业必须高度重视项目管理,必要时应当引入工程监理。软件项目实施要避免在实施阶段做过多的二次开发。自动化产线可以采用虚拟调试技术,缩短产线调试周期。系统数据的规范十分重要,如果涉及系统迁移,必须进行数据清洗,切勿直接把老系统数据导入新系统。

　　合作伙伴策略:制造企业需要建立生态系统的双赢理念,积极发展智能装备、产线集成、数据采集、工控系统、工业软件、精益生产、人才培训、IT 外包和实施服务等多种类型的紧密合作伙伴。

第5章

智能制造工程的规划与实施

制造企业推进智能制造工程首先要结合企业所在的行业和企业的产品特点、管理模式、工艺流程,对企业的数字化与工业自动化技术的应用现状和对业务的支撑状况进行评估,在此基础上进行业务流程的梳理和需求分析,然后制定顶层规划,确定智能制造系统的整体框架,明确各子系统的功能和集成方案,接下来制定智能制造实施方案,划分各个项目实施的优先级、关键 KPI 和责任人,确定具体的实施计划和投资计划。在智能制造规划通过评审之后,启动具体项目的详细需求分析和选型实施,实施完成后,进行上线验收和评测,实现 PDCA 循环。

对于智能制造应用的评估包括三个层面:应用效果(成熟度);对企业关键 KPI 指标的提升程度,即效能;为企业创造的直接和间接效益。因此,企业首先需要对智能制造应用的成熟度进行评估,即数字化和自动化系统应用的深度、广度、对业务的支撑程度,驱动企业进行业务创新的程度等。

本章首先介绍 e-works 在长期实践中建立的智能制造成熟度评估模型,以及企业可以应用的效能评估指标,然后再结合具体案例,介绍智能制造工程推进过程中的规划与实施方法论。

5.1 智能制造成熟度评估

5.1.1 构建智能制造能力成熟度模型

1. 模型的提出

作为制造业转型升级的重要手段,各级政府大力倡导企业推行智能制造,而制造企业自身也逐渐深刻认识到智能制造技术应用的价值,有着强烈的推行愿望。智能制造涉及工厂基础网络的建设、信息系统应用与集成、生产过程自动化、设备互联互通、物流环节与生产过程闭环集成、运营数据的采集与传递等方方面面。由于我国企业制造基础参差不齐,对智能制造的理解不统一,对自身智能工厂的建设现状和未来的发展路径不明确,难免要走弯路,因此,需要构建智能制造评估模型,评价企业智能制造成熟度,找出差距,补齐短板,并通过模型中所蕴含的标准引导企业科学制定智能制造实施路径。

2018 年,工业和信息化部、国家标准化管理委员会共同组织制定了《国家智能制造标准体系建设指南(2018 版)》,其中对智能制造特征给出了定义。为了保证评估模型的全面性与先进性,e-works 以国家智能制造标准体系为纲领,同时研究和吸收国内外相关评估体系中先进构建方法和理念,从制造、技术、资源、人员、管理等五个维度制定智能制造的核心评价因素以及细化的评价指标,形成符合《国家智能制造标准体系建设指南(2018 版)》框架下的、具有可操作性的评估模型。图 5-1 是智能制造成熟度评估模型设计思路。

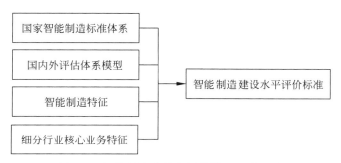

图 5-1　智能制造成熟度评估模型设计思路

2. 评估模型概况

"e-works 智能制造能力成熟度评估模型"(图 5-2)面向企业业务应用水平、智能制造基础、智能制造使能技术应用、效益与效能四个维度,立足数字化、网络化、智能化三大方向构建评估模型。其中,企业业务应用水平覆盖产品研发、生产、物流供应链、运营管理等核心业务的数字化,以及产品的智能化、产品的运维服务过程的数字化;智能制造基础涉及智能装备与产线的应用、工业互联的建设基础以及智能制造组织保障与管理基础;智能制造使能技术的应用覆盖信息与通信技术(ICT)、人工智能与大数据技术、先进制造技术的应用;效益与效能则注重对研发周期、生产效率、产品交付、质量提升、设备利用率、能源利用率以及所产生的经济价值等直接效率或间接效率的考察。此外,制造业行业不同,其产品与服务特点、生产特点各不相同,评估模型需与行业特点结合,形成相应的行业版本。目前,e-works 已建立了装备制造、汽车、电子、电器、纺织服装、食品饮料、化工、冶金等行业的智能制造评估体系,以及军工装备维修行业的智能制造评估体系,并在数百家企业得到了实际应用,效果良好。

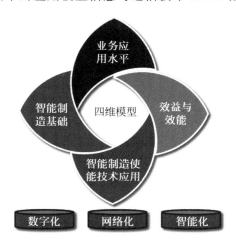

图 5-2　e-works 智能制造能力成熟度评估模型

3．评估模型的架构与指标

模型由指标体系、评价标准、成熟度等级构成。遵循《国家智能制造标准体系建设指南(2018版)》中对智能制造特征的定义，结合标准体系建设指南所提出的生命周期、系统层级和智能功能三个维度，将评估模型划分为11个一级指标、43个二级指标，多个行业定制版本，并针对每个二级指标给出了5个级别成熟度关键特征的描述。

为详细明确地评估企业智能制造成熟度，在11个一级指标的基础上，进一步分解形成组织战略、设计、生产、物流、销售和服务、装备、网络等43大类核心能力要素，并对每一大类核心要素进行分解。评估模型详细指标及关键特征示例见表5-1、表5-2。

表 5-1 智能制造能力成熟度评估指标

"e-works智能制造能力成熟度评估模型"指标结构											
一级指标	智能研发	智能生产	智能物流供应链	智能管理	工业互联	智能装备与产线	智能产品服务	商业模式创新	组织保障与管理基础	智能制造新兴使能技术应用	
二级指标	数字化设计／工程仿真／产线与工厂仿真／数字化工艺／产品数据管理／研发过程管理／试验管理	车间作业管控与反馈／生产计划与调度	采购与供应商管理／物料配送／仓储与库存管理／运输管理	客户关系管理／客户营销服务管理／人力资源管理／人才管理／劳动力管理／财务管理／数据驱动的决策／协同办公与项目管理／能源管理／环保与安全／质量管理／设备与资产管理	数据采集与应用／IT/OT网络／应用集成／工业安全	智能装备/产线／设备/产线智能化	智能产品创新／远程运维与服务	商业模式创新	组织保障／管理基础	ICT新技术／人工智能与大数据技术／先进制造技术	

表 5-2 智能制造成熟度评估三级指标及关键特征示例

二级指标	初始级	规范级	集成级	优化级	引领级
数字化设计	基于相关标准规范开展产品设计；全面普及二维CAD，出图符合国家标准；设计过程中注重产品的标准化、模块化和系列化；能够应用三维CAD完成零件设计和装配设计，实现三维CAD与二维CAD全相关设计	产品设计以三维设计为主；三维CAD能够生成符合国标的二维工程图；应用针对行业的CAD工具包，如标准件库、模具、管理、线缆、钣金、焊接等的专业设计；关键产品和核心零部件建立三维数字化模型，在部门内实现共享	企业建立统一的三维产品设计平台，实现总装、零部件的协同设计；三维模型集成了产品信息(尺寸、公差、工程说明、材料需求等)；三维数字化模型在部门间实现共享；建立产品设计知识库，实现设计知识和数据匹配	全国应用参数化三维设计系统，实现产品的全参数化设计；建立企业级三维产品设计协同平台，实现设计、工艺、仿真、制造和服务等的协同设计；实现产品设计知识库的集成与应用	应用了同步建模等先进的造型技术；在产品设计中，全面应用知识工程、人机工程和绿色制造，进行产品的智能设计；建立基于大数据、人工智能技术应用的网络化协同设计平台

续表

二级指标	初始级	规范级	集成级	优化级	引领级
生产过程管控	通过电子看板、安灯等进行采集、报警和展示；系统能够记录班次、产量、设备故障、关键工艺等信息	建立基本的生产数据采集机制；关键工艺、设备和质量数据采用在线检测和报警；通过系统实现了班次、产量、质量、设备故障和关键工艺等信息的采集、存储；实现批次追溯和关键制造环节质量追溯	通过二维码、RFID、设备联网等采集方式，实现制造过程的数据采集体系；实现订单、完工数量、设备动态、工艺状态的实时采集和记录；关键制造过程实现工序级或单件追溯；对发生设备异常停机、能源供应、停工待料、批次质量、安全事故等问题进行警示	实现产品制造过程数据的动态采集；能够对采集的信息进行分析并进行反馈；实现了生产任务与实时加工状态信息的完全集成；依据现场数据采集进行产能、质量等趋势分析；预估可能的质量或设备风险分析并提前警示，避免相关事故发生	融合边缘计算、工业大数据和人工智能技术；实现对制造过程所有关键数据的采集和实时分析；并对所产业影响的制造单元进行主动控制；根据产品要求、制造实时数据，实现对设备参数的自动调整和反馈

4. 成熟度等级的划分

等级定义了智能制造的成熟度水平，描述了一个组织逐步向智能制造最高阶段迈进的路径，代表了当前智能制造的成熟程度，同时也是智能制造成熟度评估活动的结果。智能制造成熟度模型共分为 5 个等级(图 5-3)：

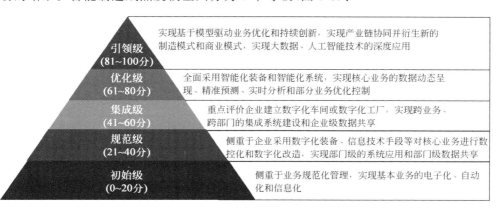

图 5-3　智能制造成熟度等级

5.1.2 评估方法及过程

1. 评估方法

智能制造成熟度评价是依据智能制造成熟度模型要求,与企业实际情况进行对比,通过评分加权计算,根据计算结果定位企业当前的智能制造成熟度等级,有利于企业发现差距,寻求改进方案,提升智能制造水平。智能制造成熟度模型与评估的关系示意如图 5-4 所示。

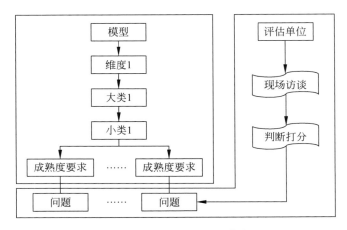

图 5-4 智能制造成熟度评估方法

2. 评估过程

通过以下步骤完成智能制造成熟度的评估(图 5-5)。

图 5-5 智能工厂建设水平评估流程

(1) 结合调研、摸清现状。

结合评估模型中每级指标或采用问卷调查方式,摸清企业智能制造各核心要素的建设现状。调研问卷设计采用选择性问题及开放性问题组合,对于关键问题宜采用现场调研取证方式,保证评价结果客观、公正。

（2）关键特征评判,指标量化打分。

依据调研结果评判企业当前建设现状是否满足每项指标对应的关键特征要求,并依据满足程度进行量化打分。

（3）加权计算,汇总得分。

根据评估模型中每级指标权重,加权汇总,二级指标得分为当前二级指标下所有三级指标得分的加权求和,按式（1）计算:

$$Y = \sum \gamma X \tag{1}$$

式中:

γ——三级指标权重;

X——三级指标得分;

Y——二级指标得分。

一级指标得分为当前一级指标下所有二级指标得分的加权求和,按式（2）计算:

$$C = \sum \beta Y \tag{2}$$

式中:

β——二级指标权重;

Y——二级指标得分;

C——一级指标得分。

总体得分为所有一级指标得分的加权求和,按式（3）计算:

$$D = \sum \alpha C \tag{3}$$

式中:

α——一级指标权重;

C——一级指标得分;

D——总体得分。

（4）定位成熟度等级。

根据加权计算结果,可以定位企业当前智能制造建设的整体成熟度、制造维度、智能维度以及单项能力级别,由此找出企业智能制造建设的差距和改进方向。

3. 评估案例

以下结合某机械装备企业的评估实例加以详细说明（表 5-3）。评估过程如下。

第一步:结合调研、摸清现状。通过企业自填问卷以及结合顾问对关键问题的现场访谈取证、记录,获得该企业智能制造建设情况。

表5-3　某机械装备企业智能设计部分二级指标要素评估实例

二级指标	初始级（0～20分）	规范级（21～40分）	集成级（41～60分）	优化级（61～80分）	引领级（81～100分）	企业现状	二级指标得分
数字化设计	全面普及二维CAD；应用三维CAD完成部分关键零件设计和装配设计，实现三维CAD与二维CAD全相关设计；……	产品和核心零部件二维设计与三维设计并存，三维设计模型可生成符合国家标准的二维工程图或输出通用格式文件(STEP或IGES)；……	产品和核心零部件设计以三维设计为主，可生成符合国家标准的二维工程图或生成通用格式文件，对于手机电软件、产品设计一体化产品设计，可形成电路板和器件的三维模型；……	建立了完整的数字化产品模型，三维模型集成了产品制造信息(尺寸、公差、工程说明、材料需求等)，建立了三维标准件库；……	在标准化、模块化设计基础上，产品模型及技术参数可依据客户需求自动生成，实现产品的个性化设计；……	产品研发过程已采用信息化工具，设计采用三维设计+专用设计工具，订单设计周期由原来的1个月降为2周	32
数字化工艺	实现计算机辅助工艺规划与设计；基于产品二维工程图开展工装的二维设计；建立工艺资源库，如典型工艺、工时定额、工艺装备、设备；……	建立工艺设计规范和标准，指导计算机辅助工艺规划及工艺设计；实现基于产品三维模型或三维工程图开展工艺设计；实现工艺夹具、模具等的数字化设计和管理；……	基于统一的产品数字化模型开展结构化工艺或三维结构化工艺设计；基于产品数字化模型开展工装的三维设计；实现工艺设计和制造过程间的信息交互；……	实现基于MBD的工艺设计；建立包含工装、装备的三维模型，以及材料和制造方法的工艺设计知识库；……	基于知识辅助工艺创新推理及工艺优化；在线自主优化，实现多区域、跨平台的协同设计和制造；基于工艺知识专家库、大数据动态分析，实时、自主优化；……	工艺设计采用CAPP工具，可基于设计信息进行工艺设计，并能实现工艺信息自动汇总；可基于产品三维模型开展工装的三维设计；已建立基础的工艺知识库，供查询填写	38.5

第二步：关键特征评判，指标量化打分。根据调研、取证及分析结论，对每个三级指标评分。表 5-3 中以设计要素为例，在第 8 列计算出三级指标得分所示。

第三步：加权计算，汇总得分。根据表 5-3 中的二级指标得分，按照计算公式逐级进行加权计算得到该企业智能制造成熟度等级。表 5-4 是某机械装备企业部分一级指标要素评估实例。表 5-5 是该企业智能制造建设水平评分结果。图 5-6 是该企业智能制造现状评估的一级指标评分雷达图。

表 5-4　某机械装备企业部分一级指标要素评估实例

一级指标	一级指标得分	二级指标	二级指标权重	二级指标得分
智能研发	31	数字化设计	15%	32
		工程仿真	15%	20
		数字化工艺	15%	38.5
		……		

表 5-5　某机械装备企业智能制造建设水平评分结果

项　目	评分	初始级	规范级	集成级	优化级	引领级
智能研发	34	0～20	21～40	41～60	61～80	81～100
智能生产	36	0～20	21～40	41～60	61～80	81～100
智能物流供应链	38	0～20	21～40	41～60	61～80	81～100
智能管理	60	0～20	21～40	41～60	61～80	81～100
工业互联	45	0～20	21～40	41～60	61～80	81～100
智能装备与产线	28	0～20	21～40	41～60	61～80	81～100
智能产品	0	0～20	21～40	41～60	61～80	81～100
智能服务	0	0～20	21～40	41～60	61～80	81～100
商业模式创新	10	0～20	21～40	41～60	61～80	81～100
组织保障与管理基础	59	0～20	21～40	41～60	61～80	81～100
智能制造新兴全能技术应用	17	0～20	21～40	41～60	61～80	81～100

注：表中灰色部分为该企业评估得分。

基于上述一级指标，对被评估企业进行了智能制造成熟度分析评估，该企业综合得分为 35.45 分，处于规范级。评估结果显示：该企业具有较好的管理基础，在核心业务如研发、财务、销售、生产等环节应用了信息系统，实现了销售、采购、仓库、生产、财务的一体化管控；但由于生产设备较为老旧，设备之间尚未实现全部联网，仅实现了部分生产设备的状态数据采集；生产过程数据尚未实现实时采集

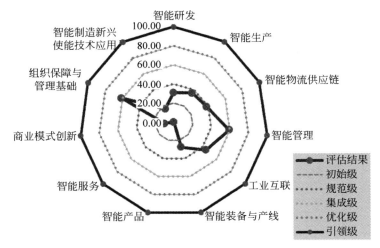

图 5-6　智能制造现状评估的一级指标评分雷达图

与管控,不能实现透明化生产;部门间计划协同性较差,物流、信息流较难统一,导致生产效率低,影响交付能力;工业软件应用深度不够,对于管理的支撑力不足,数据未起到分析及决策作用。

5.1.3　智能制造效能指标的选择

对于智能制造推进为企业带来的实效,可以通过对企业的关键绩效指标进行定量评估。效能评估指标和侧重点根据行业和企业特点有所不同。共性的效能指标包括以下 10 项。

(1) 产品研发管理:全新产品上市周期、变型产品上市周期、新产品销售收入占比、零部件重用率、BOM 准确率、仿真技术应用率等。

(2) 制造能力:设备平均 OEE、车间设备联网率、数控化率、设备数据自动采集率等。

(3) 质量水平:产品一次合格率、质量缺陷率(PPM[①])、质量损失率,产品平均无故障工作时间等。

(4) 设备与产线:平均无故障工作时间、平均故障修复时间、设备和各类工艺的产线自动化率等。

(5) 营销与服务管理:客户满意度、客户投诉率、产品返修率、销售电商占比。

(6) 供应链管理:订单准时交付率、采购电商占比。

(7) 财务与成本指标:全员劳动生产率、库存周转率、平均月结时间、产品毛利率等。

---

① PPM:parts per million,用作每 100 万个产品中的不良率的统计标准。

（8）节能减排指标：单位产值能耗、清洁能源使用占比、三废综合利用率。

（9）劳动力指标：整体劳动力效能等。

（10）环境、健康、安全（HSE）指标：员工职业病发生率、员工伤害事故率等。

在选择效能指标时需要注意，要评估出智能制造推进是否取得实效，需要连续测量这些指标，才能进行智能制造项目实施前和实施后的对比。一些直接反映企业盈利能力的指标由于受行业整体水平、宏观经济走势、原材料价格等多种外部因素影响，不宜作为评估智能制造效能的指标。同样道理，由于智能制造相关技术本质上属于"使能"技术，为企业提供数字化和自动化的工具与手段，因此，也不宜将企业的专利申请、知识产权等反映企业创新能力的指标直接与智能制造工程的实施挂钩。一些与企业运营和管理水平直接相关的指标，如员工离职率、薪酬增长率等，也不适合作为评估智能制造工程实施效能的指标。此外，智能制造整体效能的评估也不同于具体的智能制造项目的评估，对于具体的智能制造项目，可以评估 ROI。

5.2　智能制造规划方法论

智能制造涵盖的领域很多，需要基于企业的发展战略，根据当前的管理基础和智能制造技术应用基础和智能制造人才结构，结合智能制造技术的最新发展，制定智能制造顶层规划，明确实施路径，务实推进，量力而行，才能使智能制造建设切实有效。

对于实力强劲的行业龙头企业，可以自主进行智能制造规划。而对于大多数企业而言，应当选择外部合作伙伴，共同开展智能制造规划。由于智能制造涉及数字化和自动化等多个领域，实践性很强，应当优先选择具有实战经验的第三方咨询机构合作。所谓第三方，是指自身不从事智能制造相关软硬件产品的销售和实施，"只当医生，不卖药"，这样可以真正站在为甲方负责的立场上，诊断问题，提出可行的方案，避免"搭售产品"。

在智能制造规划过程中，制造企业高层应充分参与，仅仅 IT 部门参与组织难以达到立项效果。而在解决方案选型过程中，制造企业既要有前瞻性，更要考虑实用性，应致力于选择长期的合作伙伴和集成的解决方案，而非仅仅进行单元系统的选型。当前，无论是甲方还是乙方，都非常缺乏合格的智能制造专业人才，因此，企业一方面要积极引进专业人才，另一方面要走出去、请进来，积极组织多层次的智能制造考察与培训。

e-works 在多年的智能制造规划实践中，总结出智能制造规划"四部曲"（图 5-7），将整个规划过程划分为 4 个阶段推进。

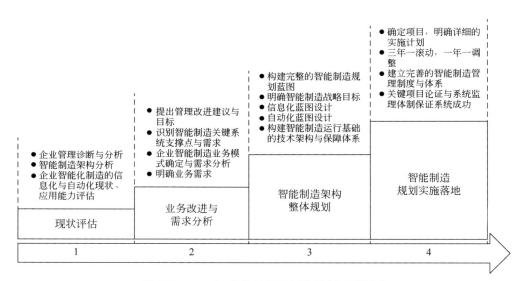

图 5-7　e-works 咨询的智能制造规划"四部曲"

5.2.1　现状评估阶段

本阶段从专业的角度,对业务、系统与集成方面进行全面调研与评估,同时结合行业特点,建立符合企业所属行业特点以及产品与服务特点的智能制造评估指标体系,并对企业进行定量/半定量评估,此外,还可结合智能制造成熟度模型进行水平评估和短板分析,成为需求分析和智能制造整体规划的重要依据。

现状调研通过问卷调查、现场调研、现场访谈等多种调研方式相结合,对企业的产品研发、生产计划到执行、采购供应、物流配送、在制品管理、工艺管理、质量管理、设备管理、作业人员管理、生产作业效率、数据采集、设备联网、能耗、产品运维服务等方面的现状进行摸底,对关键绩效指标进行评判,评估企业的智能制造现状和水平,诊断需要整改的问题。5.1 节已经介绍了具体的评估方法和案例。

除了评估制造企业推进智能制造的成熟度水平之外,本阶段更重要的任务是诊断企业在信息系统和自动化系统应用方面存在哪些疑难杂症,例如信息孤岛、基础数据不准确、一物多码、零部件的重用率低、存在流程断点、自动化产线缺乏柔性、产线换型次数过多和换型时间过长、车间未进行联网、设备数据没有自动采集、难以实现物料的准确追溯、信息系统应用效果不理想、多个系统之间需要手工转换数据或手工录入数据、智能制造推进的组织不健全、企业的信息系统无法实现决策支持等。本阶段也要收集业务部门对信息系统和自动化系统的满意度、对业务的支撑程度等信息,从而为下一阶段的需求分析打下良好的基础。在实践中,往往会出现企业的业务部门和 IT 及自动化部门对于所实施的系统评估迥异的情况,所以,掌握业务部门对智能制造系统的真实反馈至关重要。

图 5-8 显示出某集团企业存在的信息孤岛问题。

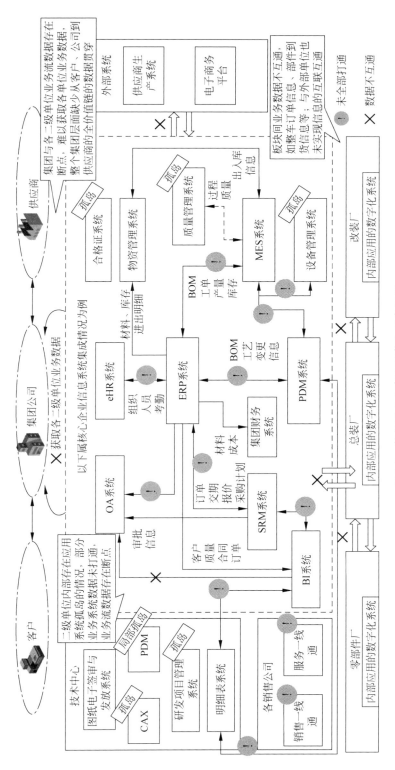

图 5-8　某集团企业存在的信息孤岛问题

离散制造业在智能制造推进中存在的常见问题包括以下三个。

1）数字化技术应用

（1）三维 CAD 与二维 CAD 混用，但仍然以二维工程图作为表述产品信息的核心，三维 CAD 应用价值未充分体现；

（2）未建立企业内部的通用件库，设计过程中，零部件的重用率不高；

（3）没有全面推进标准化、系列化、模块化设计；

（4）对于系列化产品中常用的零件，没有推进参数化设计；

（5）工程仿真技术还停留在实验验证阶段，没有应用系统仿真软件，没有实现多学科仿真和优化，尚未实现仿真驱动设计；

（6）虽然开展了仿真应用，但没有组建仿真技术应用的组织；

（7）尚未建立仿真标准和仿真规范；

（8）PDM/PLM 系统应用仅停留在图文档的归档，没有实现通过 PDM/PLM 系统的应用，大幅度提升产品研发效率；

（9）工艺设计、工艺仿真和工艺管理尚未纳入 PDM/PLM 系统统一管理；

（10）研发过程尚未实现有效的变更控制和配置管理；

（11）尚未实现工艺文件无纸化下车间；

（12）ERP 系统只实现了财务加进销存管理，MRP 没有运行起来；

（13）项目型制造即 ETO 模式的企业，ERP 应用没有实现按照项目进行资源管理；

（14）PLM 与 ERP 系统之间的 BOM 接口不完备，需要手工转换；

（15）物料申请没有有效控制，造成物料增长失控；

（16）依然存在多物一码和一物多码的问题；

（17）企业的静态主数据分散在多个系统管理，不利于统一管理；

（18）主要信息系统之间的边界不清晰；

（19）信息系统功能相对固化，难以适应企业业务流程和组织的变革；

（20）过度迷信二次开发，形成大量"外挂系统"，造成系统升级困难；

（21）尚未建立统一的物料追溯体系，无法准确及时地进行物料追踪；

（22）MES 与 AGV 和自动化立库之间的信息传递不及时；

（23）未实现与上下游企业之间的供应链信息协同，经常导致缺料；

（24）不能及时洞察企业的关键绩效指标，无法有效支撑决策；

（25）集团企业无法有效对下属企业实施管控。

2）生产制造与工业自动化技术应用

（1）车间布局不合理，存在大量无效搬运；

（2）车间物流配送效率低，制约产能提升；

（3）物料齐套性差，按期交货率低；

（4）车间未联网，设备数据不能自动采集，导致车间仍然是"黑箱"；

（5）自动化产线只能适应单一品种产品制造与组装，常常导致产线闲置；

（6）自动化产线的节拍不能达到预期目标；

（7）工业机器人的应用绩效低；

（8）没有合理使用坐标式机器人、SCARA 机器人、协作机器人和桁架式机械手；

（9）尚未实现边加工、边检测；

（10）设备 OEE 低；

（11）工时定额不准确，车间排产效率低；

（12）能源管控粗放，能耗过高。

3）IT 治理与信息安全

（1）信息系统的数据没有定期清洗，形成大量垃圾数据，妨碍系统正常运行；

（2）信息系统没有及时运维，造成"年久失修"，人员培训也未跟上；

（3）尚未建立云平台，仿真等大型软件仍然是单机应用，不能满足计算需求；

（4）PDM/PLM 和 ERP 等系统运行效率低；

（5）数据备份机制不完备；

（6）尚未对 IT 资产进行有效管理；

（7）尚未建立灾备中心；

（8）没有建立文档加密机制；

（9）信息系统和工控网络存在安全隐患。

流程行业企业在建厂时，一般都根据制造工艺，配备了全套的自动化生产线和 DCS/PLC 等自动化控制系统。但存在的典型问题包括以下 14 点。

（1）IT 系统与自动化系统之间存在断层；

（2）自动化控制系统比较封闭和固化，升级改造较为困难；

（3）各个工艺的自动化控制系统之间存在孤岛；

（4）自动化生产线只能适应单一产品的生产；

（5）产品质量不达标；

（6）高耗能企业对能源管控还不够精细；

（7）尚未应用数字化和自动化手段监控和控制三废排放和治理；

（8）尚未实现水资源的循环利用；

（9）尚未有效利用工业物联网实时采集环境数据，实现安全生产；

（10）设备维护成本高，尚未实现预测性维护；

（11）产品研发部门对工艺和配方管理的方式比较传统，尚未应用 PLM 系统；

（12）尚未实现基于三维模型的数字化工厂监控和数字孪生应用；

（13）工控系统存在安全隐患；

（14）尚未实现决策支持。

5.2.2　业务改进与需求分析

基于企业的发展战略，对标杆企业的对标，依据前期的调研和评估结论，本阶段将对企业的业务流程进行梳理、优化和建模。可以借鉴企业架构（EA）的方法进行业务流程建模。在咨询实践中，e-works 咨询团队应用了集成信息系统架构（the Architecture of Integrated Information Systems，ARIS）方法，也曾使用过功能建模（IDEFO）方法帮助企业描述详细的工艺流程。

ARIS 模型是德国奥古斯特-威廉·舍尔（August-Wilhelm Scheer）教授提出的一种面向过程的、集成化的信息系统模型框架，能够将企业的组织架构、产品/服务、信息系统功能、数据与业务流程进行关联，从多个视角对流程进行查看，还可以进行流程执行的仿真。通过对业务流程进行多层次的梳理和建模，实现流程可视化，可以发现流程执行过程中，在多个部门之间反复流转的不合理现象，甚至有些岗位根本没有流程经过的问题。图 5-9 显示的是著名的 ARIS 房结构。

传统的信息化建设方式注重的是信息系统的功能，选购了诸多信息系统。这种方式一方面造成多个信息系统功能的重叠，另一方面产生了诸多"竖井"。因此，对企业的业务流程进行梳理十分重要，可以引导企业从以信息系统功能为核心转向以构建高效的业务流程为核心。在流程梳理清楚之后，再将具体功能划分给各个应用系统，明确系统的疆界和集成方式。

图 5-10 显示的是基于 ARIS 方法实现的从决策层、管理层到执行层三个层次，帮助企业构建卓越业务流程的思想。

舍尔教授对智能工厂的架构也给出了清晰的解读，见图 5-11。

业务流程的梳理需要咨询公司与制造企业各业务负责人进行反复梳理。业务流程也需要根据企业的发展不断调整，因此，将业务流程通过类似 ARIS 这类流程建模软件进行管理是十分必要的。图 5-12 是某电动汽车企业的总体流程框架。

在对企业业务流程和工艺流程进行梳理的基础上，可以推动企业对研发模式、制造模式、运营模式、决策模式的思考与创新，全面优化与提升企业的研发设计、生产管理、供应链、终端营销与服务、决策水平，进而推导出企业对智能制造工程实施的具体需求。

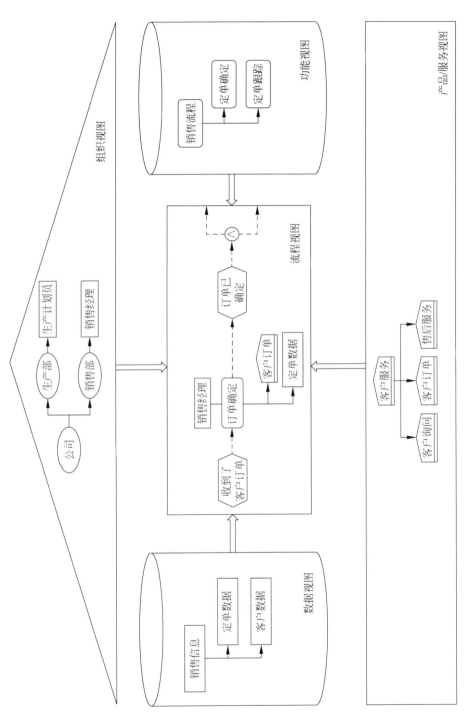

图 5-9　ARIS 房结构

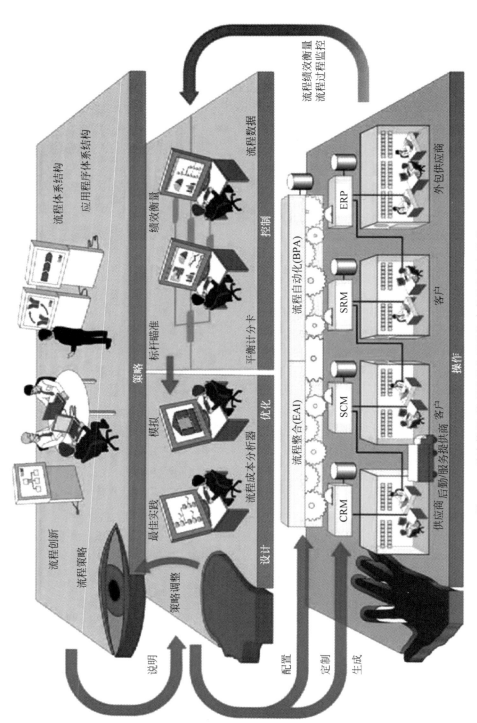

图 5-10　从决策层、管理层到执行层构建卓越的业务流程

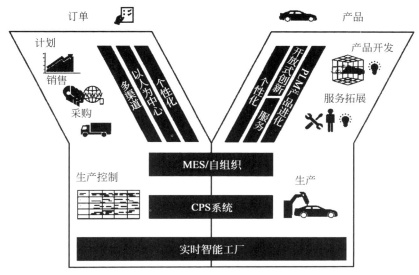

图 5-11　舍尔教授对智能工厂架构的解读

　　总体而言,企业的战略目标、经营策略、管理问题、系统应用问题、管理特色、集团管控模式、行业标准和法规、精益改善,以及新兴技术应用等方面都会产生需求,需求分析是一个逐渐细化的过程,也需要多方的头脑风暴,同时需要通过结构化的语言进行清晰、无二义性的描述。

　　企业需要研究新的信息技术、制造技术对企业智能制造建设的驱动力与应用基础,结合研发、制造与服务特点,进行新一代信息技术、智能化技术应用的可行性分析,梳理和系统地提出智能制造发展的建设需求。例如 VR/AR 交互技术在设计仿真、客户前期个性化体验,数字孪生技术在产品和工厂的应用场景,RFID 在物料识别的具体应用场景,大数据在研发、质量分析、管理决策的具体应用场景。将相关业务模式的变革与技术应用结合转换为具体的数字化、自动化、精益化、绿色化和智能化的需求,才能形成规划方案。同时,企业也应对现状和未来的改善方案进行对比分析。图 5-13 是能源管理优化应用场景实例,图 5-14 是自动化与新技术应用改进实例,图 5-15 是对设备维护采用主动式及预测性维护的需求论证过程。

5.2.3　智能制造架构整体规划

　　基于对现状的评估诊断、流程梳理、需求分析及新兴技术应用可行性分析的结果,结合企业的发展战略,可以提出企业智能制造推进的短期、中期和长期目标,并对智能制造系统的整体架构、核心应用以及智能制造支撑体系进行全面、系统的规划。在此基础上,进行智能研发、智能制造、智能管理等各板块的核心应用设计,并构建智能制造运行的基础技术架构(图 5-16),为智能制造建设指明方向。

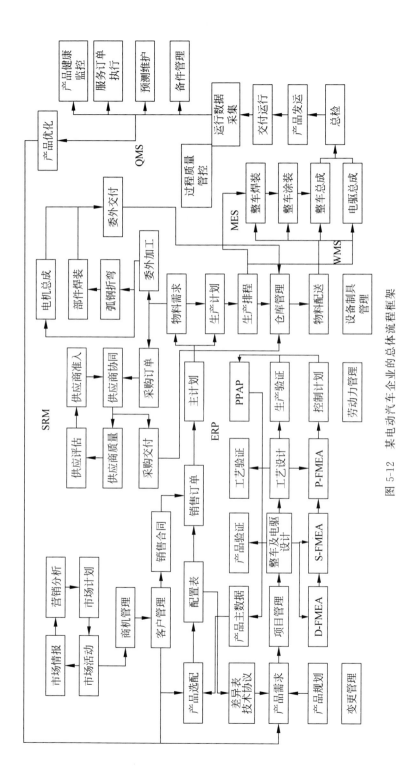

图 5-12 某电动汽车企业的总体流程框架

EMS 是企业数字化系统的一个重要组成部分，可在企业信息化系统的架构中，把能源管理作为 MES 中的一个基本应用构件，作为企业 IoT 的重要组成部分。建议在集团层面集中统一建设能源管理系统，覆盖各二级生产单位的能源管理。

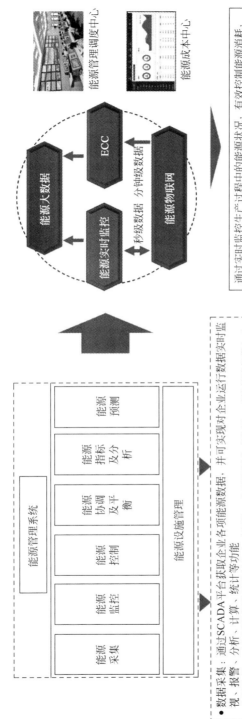

- 数据采集：通过 SCADA 平台获取企业各项能源数据，并可实现对企业运行数据实时监视、报警、分析、计算、统计等功能
- 能源监控：对能源数据进行监控和实时调整。实现能源生产监视、系统故障报警与分析及系统优化调度，确保能源供应的安全稳定
- 能源指标及分析：将采集的数据进行归纳、分析和整理、管理，包括能源实绩分析管理、能源质量管理、能源平衡管理、能源预测分析、能源系统运行支持管理

图 5-13　技术应用场景实例——能源管理优化

通过实时监控生产过程中的能源状况，有效控制能源消耗，便于及时发现耗能症结，及时采取节能措施，及时调整生产成本挥，达到最大限度地减少生产消耗，降低生产成本

能源管理调度中心

能源成本中心

数据

√ 产品数据：材料、精度、性能、加工工艺……
√ 生产数据：制造工况（刀磨具寿命）、设备性能、工件质量……
√ 运维数据：装备运行、维修维护、运行环境/工况……
√ 价值数据：客户体验、竞争产品、新工艺/新技术……

互联

√ 装备与装备：DNC、现场总线、RFID、WiFi、5G……
√ 性能与装备：产品质量与装备性能、装备性能与装备寿命……
√ 虚拟与现实："虚"预测"实"、"实"精化"虚"（数字孪生）……
√ 产品与装备：产品被谁制造、产品用何参数制造、产品在何处工作……

服务

√ 连接设施：现场总线、物联网、互联网……
√ 数据设施：GPU集群、数据存储传输、云平台……标准安全……
√ 制造设施：传感器、车间有线组网/无线组网、传感网关……
√ 计算方法：大数据分析计算（边缘计算、云计算）、数据、数据挖掘……

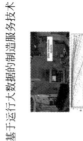

产线智能化技术布局与研发

实时感知/采集存储
（物联技术：感知采集、车间组网、数据中心）设备运行工作质量刀模具数据

实时全检质量检测
（模式识别：实时机器视觉技术）几何精度、表面缺陷、工作性能（耐压）

实时刀模具监测与补偿
（边缘计算：工况适应性控制技术）刀具磨损在线实时识别与补偿刀模具失效在线实时监测与预警技术

数字化样机技术
（虚拟现实：基于数字驱动的产线功能模型）基于PLC输出数据驱动的数字化功能/性能样机

基于运行大数据的制造服务技术
（云计算：机器学习技术）基于运行大数据的产线性能劣化预测技术以及加工工艺分析与优化技术

图 5-14 自动化与新技术应用改进实例

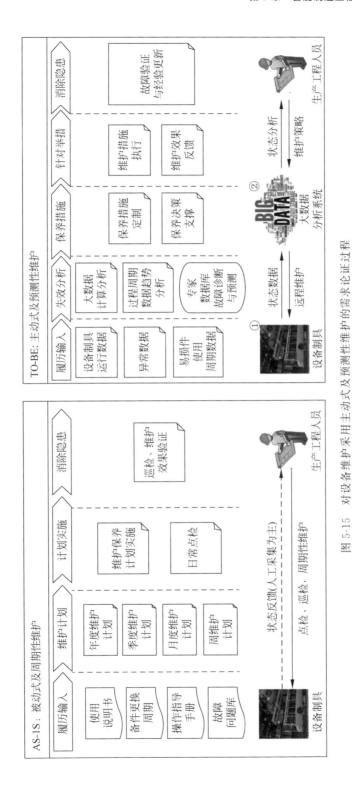

图 5-15　对设备维护采用主动式及预测性维护的需求论证过程

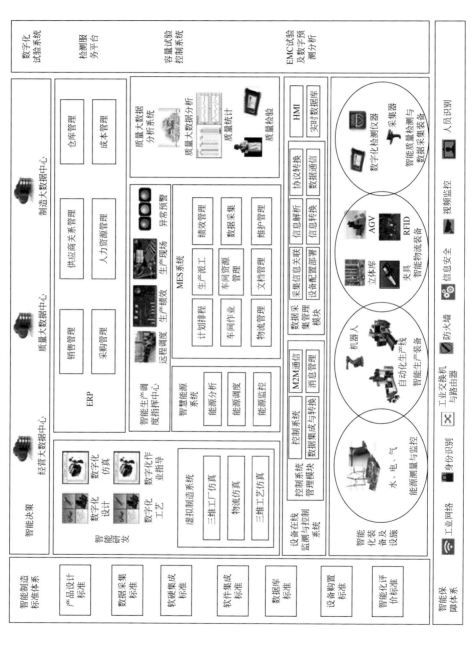

图 5-16　智能制造架构范例

整体规划需要注意从中立、第三方的角度出发,结合大量智能工厂规划与建设经验和行业最佳实践,提出切实可行的适中目标,既要具备前瞻性,又要具备可落地性。在制定整体规划时,应当提出一些量化的 KPI 目标。图 5-17 是某企业提出的智能工厂建设目标。

1　关键工序自动化率达到80%以上

2　推进"少人化",每条产线直接生产工人维持在8人以内,在基本不改变现有人员数量及生产面积的基础上将产能增加3倍,产品达到20万套/年

3　每100万件产品残次品率不高于10件(含零部件),质量水平达到99.98%以上(5西格玛)

4　生产线可靠性达到99%

5　可追溯性达到100%

2025年愿景

图 5-17　某企业提出的智能工厂建设目标

智能制造架构的整体规划中,应当对核心系统的主要功能和应用场景进行具体规划,对核心系统的功能划分和集成方案进行设计,同时,应建立智能制造领域的标准体系。图 5-18 是某企业的关键业务主题域看板示例,图 5-19 是某企业的营销管理平台建设蓝图,图 5-20 是某企业的服务管理系统建设蓝图,图 5-21 是某企业 CRM 系统与其他系统的集成方案,图 5-22 展示了某企业的 MES 应用场景,图 5-23 展示了某企业生产调度指挥中心的设计方案,图 5-24 是某企业的主数据管理系统设计方案。

5.2.4　智能制造规划实施落地

在智能制造架构整体规划确定后,应制定具体的实施方案。具体工作内容是:确定未来三年每个年度的工作重点,再将未来需要实施的项目根据紧迫程度、重要程度、项目所需资源与能力、项目资金投入、项目收益、项目风险等方面综合分析,确定项目优先级;明确企业推进智能制造的组织架构,包括领导小组和实施小组;确定未来若干年度(一般建议三年)的实施路线图和经费预算;进行风险分析,并提出风险规避的策略;制定智能制造人才培养的具体方案;确定智能制造产品和解决方案选型的基本原则。

图 5-25 是某企业制定的智能制造三年行动计划,图 5-26 是智能制造实施计划范例。

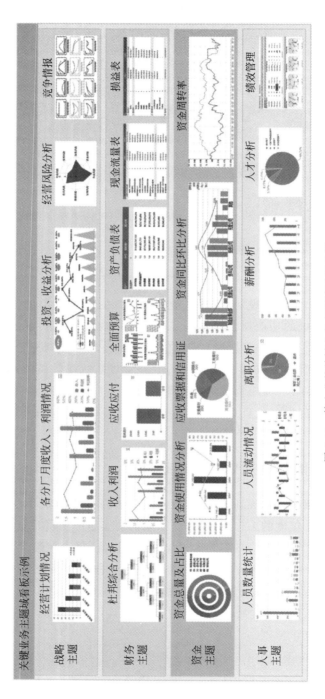

图 5-18　某企业的关键业务主题域看板示例

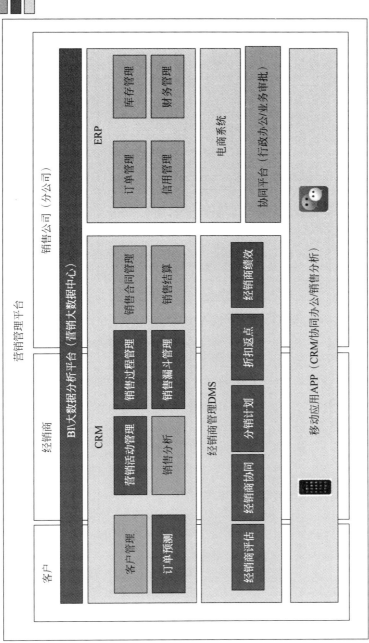

图 5-19　某企业的营销管理平台建设蓝图

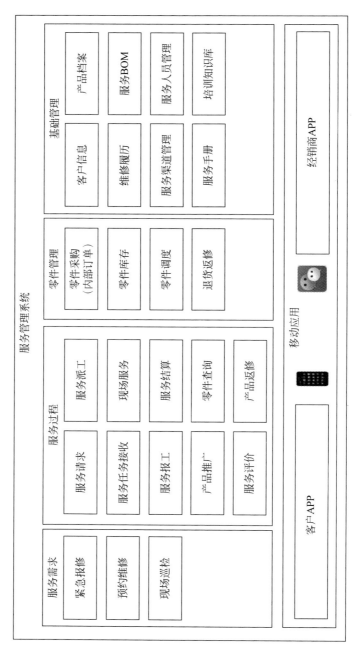

图 5-20 某企业的服务管理系统建设蓝图

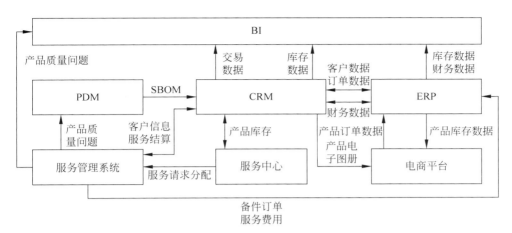

图 5-21　某企业的 CRM 系统与其他系统的集成方案

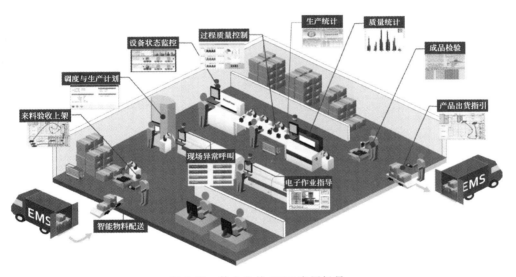

图 5-22　某企业的 MES 应用场景

同时,在智能制造整体架构规划的基础上,根据企业的实际需求,可以制定一系列专项的实施方案。例如,制定智能制造标准体系框架、智能车间设备布局与物流规划、智能产线设计、工业互联网应用方案、数字孪生技术应用方案、工业大数据与人工智能技术应用方案、数据治理方案、智能产品与智能服务实施方案和信息安全与工控安全推进方案等。

图 5-27 展示了某企业的智能制造标准体系框架;图 5-28 展示了某条产线的瓶颈工位进行自动化改造之后,提高产线效率的对比分析;图 5-29 是进行产线智能化改造的流程;图 5-30 展示了制造企业信息安全体系设计。

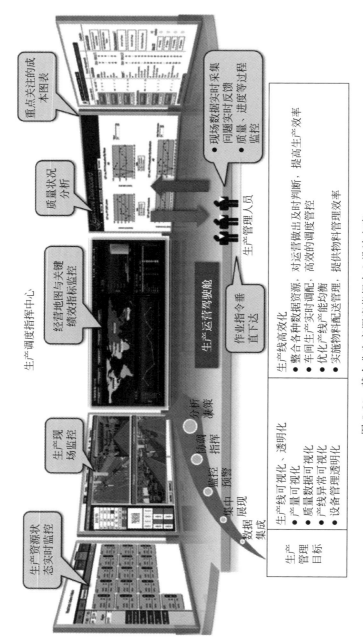

图 5-23 某企业生产调度指挥中心设计方案

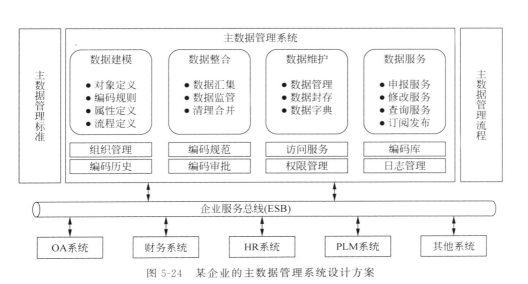

图 5-24 某企业的主数据管理系统设计方案

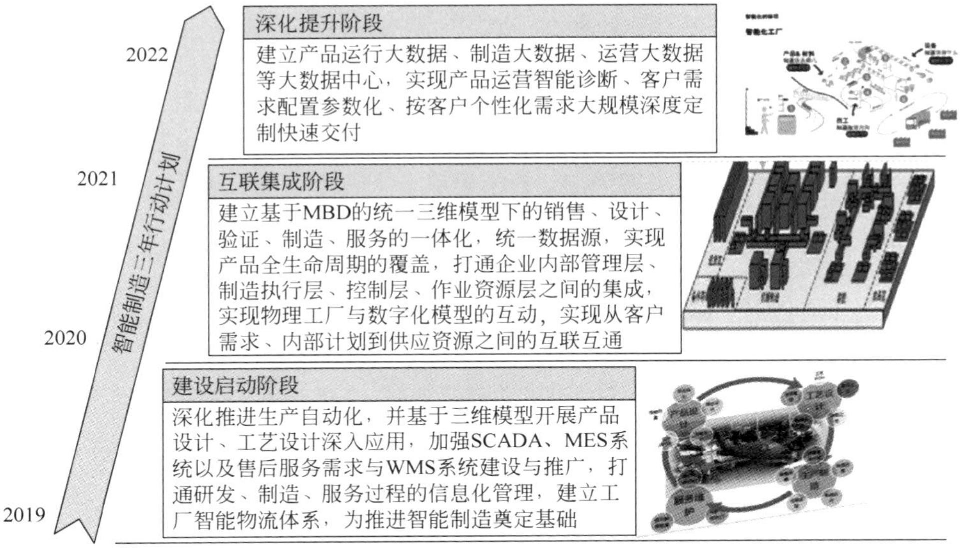

图 5-25 某企业制定的智能制造三年行动计划

序号	实施系统	单位	备注	预计费用/万元	2016年	2017年	2018年	2019年	2020年
一	MES		含未来深化应用		系统实施	深化应用	深化应用	深化应用	深化应用
二	虚拟工厂系统		MES已实施，深化应用		系统实施	系统实施	深化应用	深化应用	深化应用
三	高级计划排程-APS		虚拟建模与MES和SCADA系统实施同步，实时数据联动需MES与SCADA上线			系统实施	深化应用	深化应用	深化应用
四	SCADA系统		SMT设备接口价格昂贵，建议推后应用		系统实施 基础准备	系统实施	系统实施	系统实施	
五	智能能源系统		新厂区已有试点应用		基础准备 小范围应用	小范围应用 全面应用	全面应用		
六	制造大数据系统		预算在智能管理中规划			系统实施	基础准备 基础准备	基础准备	系统实施 系统实施
七	生产指挥控制中心		电子生产智慧控制中心已在实施		系统实施	系统实施	系统实施	深化应用	深化应用
八	集团云制造平台 车间云		主要是系统集成		系统实施	系统实施	深化应用	深化应用	深化应用
九	增材制造		集团技术中心		系统实施	系统实施	深化应用	深化应用	深化应用
十	VR＆AR		虚拟工厂系统是其基础						深化应用

图 5-26　智能制造实施计划范例

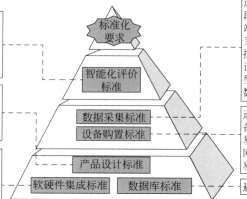

达成智能化产品与服务、智能装备、智能产线、智能车间、智能工厂、智能研发、智能管理、智能供应链、智能决策

建立产品设计标准,核心包括零部件名称、零部件结构、零部件整体的标准化和通用化等

通过标准明确集成方面坚持开放的协议和标准。确保集成商提供所有源代码和密码

通用标准明确数据采集手段,包括各类智能触发终端、专用工业自动化数据采集仪、各类传感器、触摸或非触摸式的PC终端、设备端工控机界面、各类型号的PLC、系统中实时数据录入

通过标准明确所采购的设备具备灵活性和可扩展性、易用性、易编程性。拥有网络安全模块。应用程序易于开发

避免多套不同类型数据库

图 5-27　某企业的智能制造标准体系框架

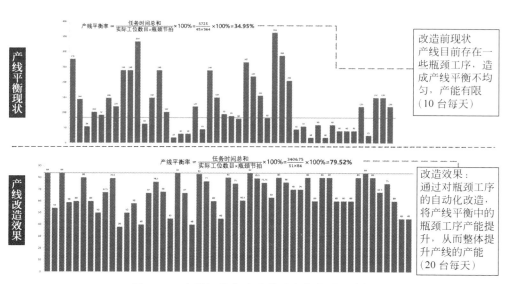

产线平衡率 = $\dfrac{\text{任务时间总和}}{\text{实际工位数目} \times \text{瓶颈节拍}} \times 100\% = \dfrac{5725}{45 \times 364} \times 100\% = 34.95\%$

改造前现状
产线目前存在一些瓶颈工序,造成产线平衡不均匀,产能有限(10 台每天)

产线平衡率 = $\dfrac{\text{任务时间总和}}{\text{实际工位数目} \times \text{瓶颈节拍}} \times 100\% = \dfrac{3406.75}{51 \times 84} \times 100\% = 79.52\%$

改造效果:
通过对瓶颈工序的自动化改造,将产线平衡中的瓶颈工序产能提升,从而整体提升产线的产能(20 台每天)

图 5-28　产线智能化改造前后产能的对比分析

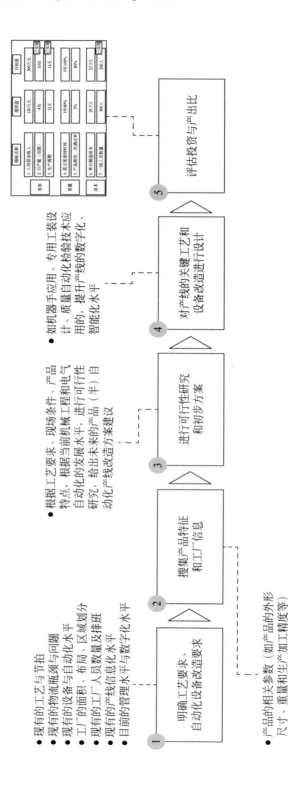

图 5-29 产线智能化改造流程

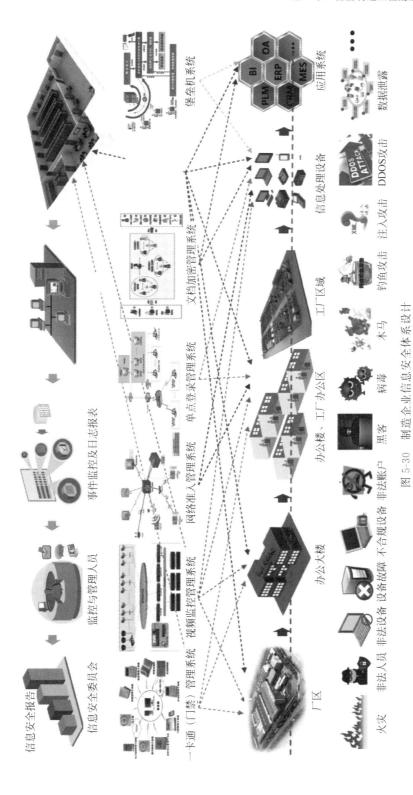

图 5-30　制造企业信息安全体系设计

5.3　智能制造规划的十项基本原则

智能制造规划是制造企业推进智能制造的路线图,非常关键,需要遵循以下原则。

(1)中立客观:智能制造规划团队必须本着中立客观的态度来进行规划,不能有任何预设的规划结论或软、硬件或自动化系统选型倾向。如果规划团队的"动机不纯"或者"心存杂念",是做不好规划的。智能制造规划最好还是由不卖产品、不做系统实施的第三方咨询服务机构与企业组成联合团队,共同完成。企业方面需要IT、自动化、精益、工艺和企业的战略规划部门共同参与。参与智能制造规划的咨询顾问需要有很强的沟通能力、语言与书面表达能力和行业经验。规划团队需要由不同背景的成员协同配合。

(2)上天入地:智能制造规划既要结合相关技术的最新发展,又要充分结合企业的实际,注重可操作性。智能制造规划要有一定的前瞻性,在规划过程中,应认真探讨各类新兴技术在企业中应用的可能性及可行性,把握合理的应用时机,充分考虑IT/OT系统架构的先进性、开放性和可扩展性;另外,智能制造规划要充分结合企业的智能制造现状、人才状况和能力、企业的经营状况和投资能力来进行规划。智能制造规划的目标不能脱离实际,不能务虚,要现实可行。

(3)严谨推理:智能制造规划是一个严谨的推理过程,规划团队应当在客观评估企业智能制造现状的基础上,结合企业的发展战略,企业的管理现状、存在问题和改进思路,企业领导和业务部门提出的管理改善需求,业务流程优化的需求,工艺改善的需求,提高生产节拍和物流效率的需求,降低能耗的需求,减轻工人劳动强度的需求,企业上级部门的要求,企业对客户、供应商及合作伙伴进行管控的需求等方面,考虑各方面需求的轻重缓急,进行归纳、综合与推理,得出合理的规划结论。应当对现有信息系统的处置方式进行深入的分析,提出明确意见。

(4)整体覆盖:智能制造规划要强调整体,必须从企业发展的全局,充分结合行业的特点、企业的组织架构、管控模式和端到端的业务流程进行整体规划。信息化整体规划必须覆盖企业的所有核心业务,不能出现核心业务没有信息系统覆盖的问题。例如,一些企业已经开展了金融服务、租赁服务、维修维护服务,上市公司要考虑企业内控,出口企业要考虑国外的法律法规的要求,很多企业要开展各种类型的电子商务,那么,信息系统应结合企业的业务需求,规划相应的信息系统。对于集团企业而言,管控模式的不同(业务管控型、战略管控型和财务管控型)会直接影响信息化系统的架构和部署方式。

(5)业务视角:智能制造规划的核心读者是企业的各级业务领导,因此,应当从支撑企业的业务和战略出发,根据企业的业务需求进行推导和表述;而不能从

IT 技术尤其是软件的角度,用深奥的 IT 和自动化术语来表述规划。智能制造规划要深入浅出,通俗易懂,不要搞得太玄乎。对规划中涉及的 IT 和自动化术语,应有章节集中进行介绍。

(6)合理构架:在智能制造规划过程中,讨论和绘制合理的智能制造整体框图,确定企业的智能制造整体架构至关重要。对于集团企业,应当考虑集团级和下属核心企业的信息系统构架,以及相互之间的集成关系,要考虑集团管控是业务管控、战略管控还是财务管控。智能制造架构应当清晰地表述信息系统之间、信息系统和自动化系统之间的集成关系,智能工厂和智能物流的推进策略。对于科研院所和项目型制造企业,多项目管理至关重要。在制造企业之中,建立统一的主数据管理系统是一个趋势,业务流程引擎、统一的企业门户,这些内容应当在智能制造框图中体现出来。信息集成的方式也应当表述清楚,建立企业服务总线是当前的主流方式。

(7)自顶向下:智能制造规划报告逻辑要清晰,要从宏观到微观,从战略到战术,从 IT 到 OT,从整体架构到应用系统,再到实施方案、保障体系。规划的结构、实施的计划与智能制造现状与需求不能脱节。一定要保证智能制造规划内容逻辑清晰,可读性强。对于最终的规划结论,可以编一本言简意赅的口袋书,让企业的各级领导阅读。

(8)注重落地:智能制造规划的目的是要指导实际行动,因此,智能制造规划要落实到年度计划、智能制造项目和责任人。责任人应当是业务部门的负责人或副总,智能制造项目的实施应与责任人绩效考核相结合。为了保障智能制造规划得到切实实施,企业应当建立由高层、内部智能制造负责人和咨询服务机构智能制造专家共同组成的智能制造推进委员会。企业的智能制造推进预算应当纳入企业的整体预算之中,在得到智能制造推进委员会批准之后有序实施。智能制造推进委员会应建立半年一次的会议机制,在每次会议上,对智能制造项目的实际实施情况进行评审,对未来半年的智能制造项目实施计划进行适当调整。

(9)明确绩效:对于智能制造项目涉及的绩效指标(如 BOM 的准确率、及时交货率、质量损失率、变型设计周期、新产品上市周期、库存周转率、劳动生产率等),应在项目实施前进行测度,并明确智能制造项目实施之后,可以在多大程度上改善这些绩效指标。只有建立了明确的目标和绩效指标,才能判定智能制造项目是否成功。智能制造项目成功的三要素是项目实施周期、实施效果和项目成本。

(10)动态更新:由于企业的内外部环境变化很快,因此,智能制造规划周期不宜过长,建议是三年。三年一规划,一年一滚动。每年企业应当聘请咨询服务机构进行一次评估,对企业的智能制造状况进行"体检",并与前一年的情况进行对比,在此基础上对智能制造规划进行修订。这样才能使规划真正成为制造企业推进智能制造的行动指南。

5.4　智能制造解决方案的选型与实施

　　智能制造的推进过程,企业不仅需要通过顶层规划正确把握建设投资的方向,在落地层面,也需要有效选择与行业、生产特点匹配的解决方案和供应商,需要严格把控实施过程和阶段交付质量。智能制造推进失败的案例往往与解决方案的选型和项目实施过程控制有关:企业对智能制造相关技术的认识不足;建设需求不准确、不具体、不明晰;多涉及企业核心业务,个性化极强;市场上供应商众多,选型困难;实施的解决方案不能匹配企业需求;供应商项目实施缺乏科学的方法,导致项目延期、需求不能满足;等等。

　　以下将针对智能制造解决方案的选型及实施的过程和要点进行梳理、分析与总结。

5.4.1　智能制造解决方案选型过程与要点

　　在坚持"整体规划、分步实施"的原则下,企业需要按照既定的实施路径,务实推进每一个智能制造项目。每一个具体项目的开展,选型过程通常会涉及项目需求分析、可行性研究、系统或方案规划、解决方案及供应商选择、招投标、合同签订等环节。

1.项目需求分析与可行性研究

　　智能制造项目,无论是工业软件实施还是智能化改造项目,都非常耗费人力,且在资金上动辄投入数百万甚至上千万元,因此,在项目启动选型之前,需要厘清项目的目标,解决哪些是当前存在的短板,提升哪些方面的能力,需要优先解决的问题是什么。以 MES 建设为例,可以对制造部门、运营部门进行需求调研,获取业务瓶颈和需求,调研梳理当前企业内已存在的信息系统、设备联网、数据采集现状,获得当前的信息化和工厂 IT 现状。由于 MES 在智能工厂中起承上启下的作用,系统实施复杂,企业需要综合考量已形成的基础,明确提出对于 MES 的需求。

2.可行性分析

　　需求分析之后,还需要对项目进一步做可行性分析,对技术可行性、投入产出比、可能的风险等方面进行评估,例如对于自动化升级改造项目,还可评估与现有设备的衔接性、产品工艺匹配度、可靠性、维修维护便捷性、备件供应、法规符合性、能耗等。

3.系统或方案规划

　　明确了项目需求,下一步需要进行系统规划,包括建设目标、应用范围和需要实施的主要功能、产生的价值。例如某企业 MES 的目标是在集成的前提下实现制造过程可视化,在可视化的基础上实现管控精细化,在精细化的前提下实现均衡化,其主要的功能需要实现制造信息的实时采集,物料消耗、生产负荷、生产计划的均衡、作业排程、混流排序优化以及实现制造数据的集成贯通,如图 5-31 所示。

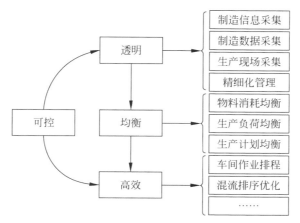

图 5-31　MES 功能规划范例

4. 解决方案与供应商选择

无论是实施工业软件还是自动化升级改造,在解决方案和供方选择时,都需要从技术方案合理性、对企业需求功能点的满足程度、行业匹配度、实施团队经验、售后服务、市场口碑等方面综合权衡。例如对于工业软件的选型,可以选择少量供应商进行系统的演示,通过各种渠道或 e-works 智能制造网上博览会等选型平台了解供应商的实力、发展前景、解决方案的行业匹配度、技术实现能力、项目实施管理能力、售后的服务能力、咨询团队的实施能力,对典型客户的实施过程及应用效果等各方面进行综合考察。

5. 招投标

招标文件的拟定要基于公正、公平、公开的原则,除了招标文件中通用的规定内容和技术需求外,还需要明确评标过程分哪些阶段、工作要点有哪些。

评标过程中,需要特别注意以下几点。

(1)业务部门的人员必须参与,尤其是业务部门的领导,他们既是需求的提出者、选型的参与者、实施及应用的实践者,也是最终价值的受益者,是保证项目顺利进行的关键因素之一。

(2)可以采用综合评标法进行评标。可以将涉及投标人的资格资质、技术、商务以及服务的条款折算成一定的权重,用于评标时综合打分。

(3)对于工业软件的招标,可根据企业业务关注的重点,要求投标人采用实例进行系统的现场演示。

6. 合同签订

在与选定的供方签订合同时,除商务合同外,还需签订技术合同。技术合同的目的是让供方将需求、验收条款以合同的形式固定下来,承诺可实现的需求、必须达到的参数要求和交付要求,对于信息系统,还需要明确系统的实现模式,以及与其他系统之间的集成需求、被集成系统的接口功能界定。

除按上述过程组织选型工作之外,选型启动前建立项目组非常必要。对于工业软件项目,可以由 IT 部门牵头,业务部门领导和关键用户参与组成选型项目组;对于自动化项目,可以由工艺部门、IT 部门、设备部门、精益推进部门和采购部门组成联合项目组。

图 5-32 显示了智能制造项目招标流程。

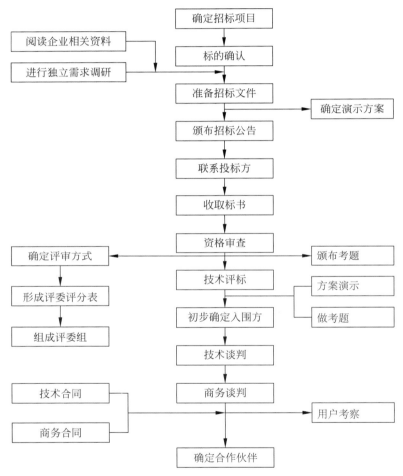

图 5-32 智能制造解决方案的选型流程范例

5.4.2 实施过程与要点

智能制造项目选型结束,确立了与供方的正式合作,也表示项目落地的进程刚刚启动。然而,项目成功与否,不仅与方案本身的能力有关,"三分技术、七分管理、十二分实施",项目实施成功的重中之重在于有科学的实施方法论指导。

项目实施过程不仅需要供应商发挥其专业经验,主导项目按既定目标顺利交付,也需要企业自身积极的配合和在关键节点把好质量关,双方密切配合方能促进项目走向成功。

从供应商角度,项目实施需要采用规范的项目管理过程,对质量、成本、进度严格控制。项目正式启动前,需要制定完整的项目计划,包括项目范围的界定、项目团队的组建、项目详细执行的计划与里程碑、项目沟通计划的明确、项目风险识别。项目执行过程中,应严格执行项目沟通计划,向双方项目负责人定期汇报项目进展和发现的问题,以便及时纠偏。

下面以管理软件为例,介绍项目实施的大致过程。

(1)需求调研:对于工业软件项目,供应商需要对企业的业务流程、上下游业务的信息交互,以及企业对于信息系统的特殊需求进行详细调研。

(2)解决方案设计:在企业智能制造发展的总体框架之下,结合需求调研的结果和企业提出的业务需求,实施方对系统进行框架蓝图设计、详细功能设计、集成方案设计,以及对业务流程的优化。

(3)软件实施与系统配置:供应商应严格按照项目计划执行开发和实施工作,开发应遵循软件工程的规范要求,并需要准备基础数据、搭建网络环境、服务器环境、硬件环境等系统运行的基础环境,做好各类测试。企业级软件发展的趋势是通过可视化方式进行配置或低代码的方式开发,尽量避免做大量语言级的二次开发。管理软件实施要避免实施周期过长或过短,一般对于大型企业,ERP、MES、PLM等大型系统的实施尽量在 6~12 个月之间。

(4)基础数据准备和数据迁移:实施过程前,实施团队需要指导企业做好业务流程和基础数据的准备,或对于系统升级项目,做好数据迁移的准备和系统验证工作,对系统运维流程进行定义和规范化,包括系统运行监控,定义系统运营问题的级别、升级处理机制、相关人员职责,以及系统所需的相关硬件信息。

(5)试运行:宜选取一个实际项目进行试运行,以少量的业务数据验证系统的功能和性能。试运行期间,应安排企业相关业务人员进行操作培训和系统管理员的运维培训。

(6)上线:系统上线时需要制定系统切换方案,需要设计上线切换的流程、数据处理以及相关人员和职能,预估切换的风险加以规避。切换过程要注意平稳性,在系统切换过程中,需要多次模拟,以确保数据的准确性和安全,保证上线后企业业务能够在系统中顺利开展,不影响企业一线员工的正常工作。

(7)项目验收:项目验收前,需要充分做好验收计划,结合需求制定"功能验收清单"、"文档验收清单"、"流程、数据及报表验收清单"(信息系统)、"二次开发及接口验收清单"、"其他验收单"等。验收后,还需记录验收发现的遗留问题以及与企业沟通达成一致的处理意见后,形成"遗留问题备忘录"。供应商还应整理好系统设计文档、操作指南、管理员手册以及各类培训文档，在验收环节向企业"交钥匙"。

在项目实施过程中，企业项目组应深度参与项目的全过程，而非全权委托给供应商。例如在解决方案阶段，企业应结合自身的业务需求，参与供应商的方案设计中，以保证实施团队能够在业务理解的基础上进行方案设计。在实施过程中，需要企业密切配合，在实施团队的引导下，梳理业务流程、基础数据，协助实施团队做好测试、试运行和上线的准备。在项目的各个里程碑，企业应安排业务部门领导和关键用户参加评审和测试，严把各阶段质量关，防止项目返工和延期。

智能制造项目，不管是数字化项目还是智能化改造项目，不仅复杂、周期长，还涉及专业的技术，对于企业来说，大多缺乏专业的智能制造人才，很难做到严格驾驭项目需求的满足程度和质量，因此，引入专业中立的第三方对项目前、实施中和实施后进行全程监理不失为一种好的选择。

第三方咨询服务机构一般采用咨询式监理的方式，站在企业的角度，结合企业的实际建设需求，充当企业的"外脑"，在智能制造方案实施前协助企业进行需求分析，制定总体规划、实施方案；在实施过程中进行全面监理，从而降低企业进行智能制造建设的规划风险、选型风险、实施风险和应用风险，降低智能制造建设的成本，帮助企业提高智能制造投资的回报率和成功率。在项目实施过程中，上线是一个最关键的环节，成功上线并不等于上线成功。因此，对项目实施是否具备上线条件，监理方也可根据相关指标给出专业意见。

当前，智能制造高级人才短缺，乙方也常常缺乏合格的项目经理，往往容易出现项目经理和实施团队懂系统，但却不懂客户的行业和业务及工艺流程的问题，常常出现沟通障碍。因此，监理方可以从甲乙双方的沟通、实施进度的把控、实施文档的完备和基础数据梳理等多方面配合甲乙双方，使项目能够达到预期目标，尽量减少拖期的情况发生。

第6章

国内外智能制造优秀实践案例

智能制造建设没有统一的路径,制造企业推动智能制造需要有开阔的视野,开放包容的心态,他山之石可以攻玉。本章结合 e-works 历届国际、国内智能制造考察的所见所闻,以及标杆智能工厂优秀实践,呈现了国内外十家有代表性的企业智能制造建设详情,旨在归纳总结值得我国制造企业在推进智能制造,实现转型升级过程中借鉴的发展策略与成功经验。

6.1 小松:智能施工

株式会社小松制作所(以下简称"小松")是全球最大的工程机械及矿山机械制造企业之一,成立于 1921 年,迄今已有百年历史。小松总部位于日本东京,在中国、美国、欧洲设有地区总部,集团子公司 143 家。小松主要产品有挖掘机、推土机、装载机、自卸卡车等工程机械,各种大型压力机、切割机等产业机械,叉车等物流机械,TBM、盾构机等地下工程机械,以及柴油发电设备等。

很早之前,小松就已经提出了智能施工(smart construction)项目,将智能化技术应用于挖掘机、推土机等产品,以"未来型施工现场"为最终目标。该项目自 2015 年 2 月开始在日本投入使用,已经在超过 1000 个工程现场进行了应用。小松的智能施工技术是将建设工地现场的所有工程信息全部通过全新的 ICT 技术采集,然后由后台自动生成和分析数据,通过算法制定合理的工程方案,以辅助甚至无人控制工程机械(图 6-1)。

(1)施工前期测量。工程人员可以通过无人机进行航空测绘,生成高精度的施工现场三维数据模型,并根据模型智能精准匹配相应数量和种类的小松工程机械。

(2)可视化施工方案设计。不管是无人机还是机器测量获得的数据,最终都要形成可视化的 2D 和 3D 数据图(图 6-2)。智能施工的云端服务器——小松云(KomConnect)将现场实际数据与施工图数据进行对比,自动计算出施工土方量。

(3)施工计划制定。通过对工期、成本的对比,能够对施工计划进行模拟推演(图 6-3)。用户可自行基于土方量编制出合理的施工计划,每个工种的工序表都自动生成。

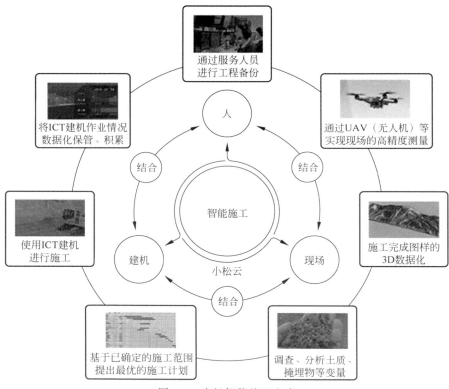

图 6-1　小松智能施工方案

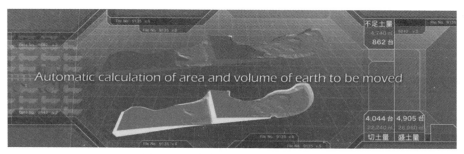

图 6-2　可视化的 2D 和 3D 数据图

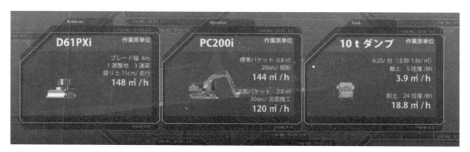

图 6-3　施工计划的模拟推演

（4）施工过程。小松的工程机械不再是传统机械，而是搭载有先进 ICT 技术及人工智能技术的物联网装备。通过安装在驾驶室的视觉传感器（小松眼 KomatsEye），可以实现施工现场三维数据的实时更新，这些数据会被传送到小松云，用于现场进度把控。小松人工智能技术的应用是通过和英伟达 NVIDIA 的合作完成，现场监工只需要通过手机 APP 查看完工情况。

（5）检查和变更。小松公司建立了强大的服务中心，以各种方式为现场提供远程支持，不仅可以提供各类数据查看，还能教授操作方法；如果设计图纸有变更，服务中心会及时对图纸进行修正，修正后的数据也会及时传给 ICT 建机，这也从某种程度上避免了停工。

小松智能施工技术的应用能够让整个施工作业更加高效安全。无人机数据采集以及分析的应用省去了传统施工测量方式中烦琐的过程，解决了传统测量数据的误差以及速度慢的难题。智能施工不仅使整个测量分析过程加快，测量的效率更高，数据也更加精确。未来可能出现工地空无一人，无人机就能轻松完成施工测量工作。

小松智能施工具有以下优点。

（1）整个施工的数据被记录存储，方便管理者对于整个施工项目的管理。

（2）智能化制定最佳施工方案，为驾驶人操作提供了便利，让新手也能快速获取切土、盛土的数量，了解当天的施工进度。

（3）无人机智能测量和精准的数据方案分析，小松智能施工技术不再需要专门安排监督的工作人员，不仅大大节省了人员成本和测量的时间成本，还降低了安全事故发生的概率。

6.2　罗克韦尔 Twinsburg 工厂：互联工厂实践

罗克韦尔 Twinsburg 工厂于 1979 年建成，2009 年开始打造互联工厂，有 7 条印制电路板装配线及总装线。现有 250 多名员工，年产值 15 亿美元，主要生产多品种小批量的元器件、PLC、传感器开关、小型控制器、变频驱动器、HMI 等电子产品，也生产部分根据客户需求定制的产品。该工厂平均每天更换订单 60 次，生产小批量多品种的高附加值产品。以前，罗克韦尔的很多制造工厂都用不同异构系统进行生产管理，很多统计数据还使用不同标准的 Excel 表格进行记录，数据交互十分混乱。自 2009 年开始起，罗克韦尔 Twinsburg 工厂开始持续推进数字化技术的深度应用，工厂产量逐年递增而人力却削减了一半以上，品质稳固提升。

目前，Twinsburg 工厂的所有制程都实施了罗克韦尔 MES 的 Factory talk，成为集团样板工厂，并开始广泛在集团内的其他工厂进行克隆式推广。在整个 MES 中，制造过程使用的数据包括制造工程、过程监控、作业指导、产品控制、质量数据等。主要报表包括产量报表、质量报表、停机时间报表、历史工单、生产单元历史（生产过程）、收益率报表、周期时间报表等。进入工厂前，所有操作员在考勤的同时进行静电检测,通过后才能有权限进入 MES 开始工作。另外,只有员工获得该工位的培训认证后才有进入该系统的权限。

在电路板表面贴装线,产线管理人员通过 MES 可以清晰地看到 SMT 设备的工作状态、订单执行情况、对应作业人员的工作时间和停机时间及准确的设备综合效率。还可以对人员、生产效率进行产线平衡分析,根据实时情况调整瓶颈工位,提升生产效率。通过查看一个工单信息,可以看到所有与之相关的报表信息,全面了解工单的执行情况和遇到的问题。在物料管控方面,生产线对贴片元件进行了精细化管控,订单执行完成,会利用 X 光零件计数器自动对电子元件 Feeder 上的余料进行数量统计,并将数据反馈给 MES;生产质量可以在 MES 中进行实时监控,质量检测的数据(如 AOI 视觉检测数据)能够实时反馈给 MES 进行分析处理,可以及时了解贴片生产质量,提前诊断出设备的问题,及时做出处理(图 6-4);对于贴片机的吸嘴,如果经过质量数据检测发现有问题,也会及时报警。

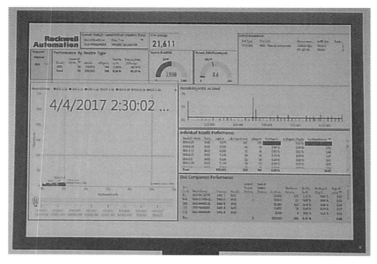

图 6-4　AOI 视觉检测数据实时分析界面

在产品总装工位,设置有视觉指引系统,引导并监控人员操作,同时还监测拧紧枪的扭矩并反馈给 MES,最终确认员工操作完成情况。结合 MES 通过工单控制、操作员控制、制程控制三个途径,全流程阻隔任何异常状况对品质带来的影响。图 6-5 是 MES 与 ERP 系统之间的工序流程分析。

该工厂所有生产设备、检测设备都实现了联网,Factory talk 系统与 SAP ERP、贴片机编程系统、商业智能系统、考勤系统实现了无缝集成,订单执行情况能够准确反馈给 SAP ERP 系统,是一个名副其实的互联工厂,PPM 稳步下降,可以准确计算出工人的绩效,真正实现了对"人、机、料、法、测、环、能"的集中管控。该工厂并没有盲目追求全自动化和无人化,而是在生产过程中突出信息流的高度自动化、可视化和实时性,形成闭环反馈,从而有效管控生产效率和产品质量。工厂将采集的数据变

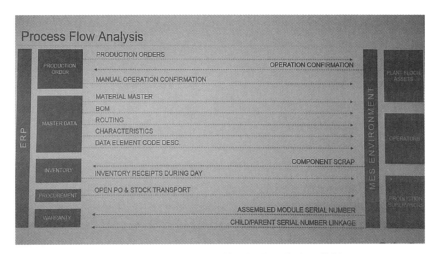

图 6-5 MES 与 ERP 系统之间的工序流程分析

成信息,再将信息变为知识,通过分析辅助工具使工厂的各项数据都能够透明地呈现出来,并做出决策。

Twinsburg 工厂通过工单的控制、操作人员的控制、制程的控制来进行严格的管控,包括一些自动测试的环节也接入 MES 中,确保产品通过测试后才能执行下一步操作,迫使操作员按照规范逐步完成每一项工作。在这种严格的管控模式下,MES 绝对不会允许操作员跳过任何一个环节,从根本上确保发货前产品完成了各项严格的检测,最终只有合格的产品才会交付给客户,这也是 Twinsburg 工厂一直以来产品质量稳固提升的奥秘所在。

6.3 博世：数字化技术的应用与实践

博世集团是全球第一大汽车技术供应商、德国百年名企。博世以其创新尖端的产品及系统解决方案闻名于世,业务范围涵盖了汽油系统、柴油系统、汽车底盘控制系统、汽车电子驱动、起动机与发电机、电动工具、家用电器、传动与控制技术、热力技术和安防系统等。博世 Feuerbach 工厂是全球最大的单体生产工厂,也是博世最古老的工厂之一,1 万多名员工在此进行柴油机共轨系统零部件生产及总装、汽油机系统零部件生产、非标自动化设备生产等工作。

Feuerbach 工厂的高压共轨油泵 CP4 生产车间和装配车间,拥有 CP4 壳体的 5 条自动化生产线和装配线,数字化技术在其设备在线监测和预测性维护、能源监测和节能、智能物料超市、生产数据可视化、协作机器人等方面都有广泛的应用。

1)设备在线监测和预测性维护

为了对 CP4 壳体生产线加工机床主轴的生产状况进行有效监测,实现主轴的预测性维护，博世对机床设备实施了数字化管理，在每一个主轴上安装了 4 个传感器，采集主轴运行的参数，对机床运行状态和效率进行实时监控，并基于大数据分析进行机床故障诊断，包括机床是否在加工、主轴是否有异常、主轴是否需要更换等。博世以前对机床的主轴采取的是预防性维修方式，3 个月定期更换一次，现在通过加装传感器，大大提高了主轴的使用寿命，减少了机床停机时间，降低了备品备件数量，博世主轴库存减少了 25%，生产效率提升了 5%。另外，Feuerbach 工厂还可以实时监测到捷克油泵工厂的生产情况。

2）能源监测和节能

博世通过自动化采集能耗监测点的能耗和运行数据，实现了对全厂能耗的统一管理和监控。基于能源监测系统，博世可以全方位查看每一个点的能耗情况，包括每一台设备、每一个工位、每一天的能耗；可以通过对一段时间的能耗大数据分析，获取每一个部位在某一个时间段的能耗特征和参考值，当某个能源点能耗异常增高时，说明该能耗点所对应的设备出现了问题，即进行相应的诊断和排查；通过对同一产品在不同产线上加工时能源使用情况的分析与对比，寻找生产环节中的节能潜力，实现产线能耗优化；可以实时计算每个能源点的价格，将能耗降低指标折算到每一台设备，进而完成年度节能目标。

3）智能物料超市

该工厂在装配车间应用了智能物料超市（图 6-6）。基于 RFID，设备能够自动识别超市物料架上的商品型号、数量等信息，并能通过操作台上显示器显示的红、绿颜色，帮助工人准确地将物料放到正确的位置，一旦出现错误还可以给予提示和预警，大大提高了工人的工作效率，确保了线边物料的高效和准确。

4）生产数据可视化

Feuerbach 工厂通过 ActiveCockpit 实现生产数据可视化的应用。ActiveCockpit 是博世力士乐开发的一套生产管理系统，它将生产过程数据，包括生产计划、质量数据管理等信息，实时处理并显示，如自动生成报表、自定义生产数据汇总视图等（图 6-7）。相比传统的手动调取生产数据、打印出来并粘贴在看板上，这种方式更快捷、更清晰，实时数据还可以让企业即时优化生产流程，使生产管理变得更高效。另外，在检测生产线，工人通过佩戴集成多功能扫描仪的工作手套（支持 1D/2D 条形码、RFID 等数据的读取）完成重要的检测工序。通过这种手套代替传统的枪式扫描仪，改善了检测人员的工作环境，能更好地发挥工人的能动性。

5）协作机器人 APAS

该工厂还应用了协作机器人 APAS。APAS 是在发那科机器人基础上增加了一件黑色的"衣服"（图 6-8），这件外衣是触觉检测装置，当触碰到人时能够自动停止。另外，APAS 有一个电子围栏，当人靠近时，机器臂会自动减速，甚至停止运作，当人离开时又立刻自动恢复高速运作，确保安全协作。

图 6-6 博世 Feuerbach 工厂智能物料超市

图 6-7 博世通过 ActiveCockpit 实现生产数据可视化

图 6-8 协作机器人 APAS

6.4 三菱电机：从自动化到智能化产线

三菱电机创建于 1921 年，是引领全球市场的工业自动化（FA）产品供应商，拥有 10 万多名雇员，是世界 500 强企业，业务范围涵盖能源、电力设备、电子元器件、家电、信息通信系统及工业自动化系统。

三菱电机名古屋制作所作为三菱的通用电机大规模生产工厂，被誉为"母亲工厂"，成立于 1924 年。目前，名古屋制作所本部有 2500 名员工，提供工业自动化产品和解决方案。除名古屋总部工厂之外，下辖还包括新城工厂、可儿工厂，以及提供设计、开发、服务的相关公司。此外，三菱电机名古屋制作所在中国大连、常熟以及泰国曼谷和印度古尔冈还建立了生产和服务基地。从 2003 年起，名古屋制作所的各个工厂开始应用 e-F@ctory 进行智能化改造，不断提高生产率、产品质量，并降低能耗。

名古屋制作所为整个三菱电机的发展做出了巨大贡献，是 FA 产品的顶级工厂。在车间里，各个产线都有先进的生产管理系统协调，实现整体控制。车间安装了 80 多台 MES 接口，可收集生产设备的信息再传输到信息系统中；仅在伺服电机组装工序，每台电机就有超过 180 个历史数据通过该系统予以存储和分析。同时，该工厂实现了各工序的生产可视化，并收集历史数据，实现产品追溯、能源管理，达到应对需求变化，多品种变量生产，提高设备生产效率和质量的目的。

此外，在自动化方面，三菱电机也做了很多优化工作。伺服电机的装配生产线采用人机结合的模式进行装配。通常情况下，电机里定子绕线较难实现自动化，三菱电机发明了定子绕线自动化生产的专利技术。三菱电机将定子设计成可以打开的结构，当需要绕线时，每一段定子可像活页的形式展开，单独完成绕线。三菱电机通过产品结构的优化，在不影响产品性能的情况下，很好地满足自动化生产的需求，提高了生产效率。

为了减少部件安装错误、稳定设备的运转率、缩短故障因素的分析时间、减轻熟练工的指导负担、确保装卸工人的安全，该大楼引入了 e-F@ctory 的表面贴装运行管理系统、人员作业支援系统、空调及照明管理系统、垂直搬运系统，成为 e-F@ctory 应用实践的样板工厂。各系统成功应用后，该工厂的能源成本降低 30%，质量损失降低 50%，生产效率提高 30%，新员工培训的时间降低 65%。

在 FA 生产大楼中，通过中央监控系统，可以把加工生产线、设备运转情况、质量情况、报错情况以及产品生产进度等信息从现场收集起来，集中分析处理并可视化（图 6-9）。通过中央监控系统，显示大楼内六层表面贴装生产车间的设备运转情况、设备产品报错情况、生产进度情况等。

中央监控系统还可以对整栋大楼的空调、照明进行统一集中的远程可视化管理。利用楼内各处传感器监视室内的温度和湿度，然后将信息汇集到可编程控制

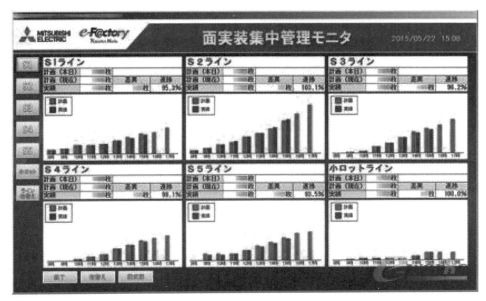

图 6-9　FA 生产大楼数据实时收集画面
(来源：三菱电机)

器中,可编程控制器控制室外机,调整进气风量,使室内的进气温度和湿度保持适
当的状态;同时,还可通过监视台的触摸屏开启或关闭楼内照明设备。

　　在 FA 生产大楼 6 楼的可编程控制器车间,共有 16 条通用 SMT 生产线,自动
化率达到 90% 以上。

　　贴片自动加工流程的第一步是在电路板上印刷用于追溯的 QR 码,然后在其
表面刷锡膏,机器可以自动检测锡膏薄厚是否均匀,每一道工序都设置了检测设
备,虽然投入较大,但可以保证产品合格率。第二步将电子元件贴到电路板锡膏的
位置。这条生产线的贴片机上使用的是三菱的线型伺服电机,每小时可贴装
72 000 个电子元件。下一步使用回流焊固定元件,在回流炉中逐步加温使元件固
定在锡膏上再冷却。最后对电路板进行机器和人工双重检测。

　　在"e-F@ctory 解决方案"的应用中,利用 MES 接口组件实现了从各种贴装设
备收集运行数据,生产线的数据在管理员的终端上自动显示,实现生产信息、运转
信息、质量信息和错误信息的可视化,利用标准上下限对比方式迅速发现质量问
题,可以加快问题的分析与处理,防止质量问题扩散,明显改善质量。

　　由于可编程控制器的生产特点是批量小、品种多,每天需要换产,最多时达
10 次。为了缩短换产时间,FA 生产大楼专门设立了中央筹备区,换产最快可以在
10 分钟内完成,减小停工造成的影响,提高了生产效率。

　　在大楼两边有无人垂直搬运机用于运送组装的零部件和测试完成的产品,
6 楼贴装完毕后再运送到 5 楼进行组装到显示器或可编程控制器中。

由于可编程控制器和显示器的品种众多,组装步骤和使用的零部件也各不相同,因此在插件加工车间里采用的是人机协作的单元化生产方式。可以根据生产指示灵活调整,但这种生产线模式因为有一线操作员的参与,因操作失误对产品质量的影响难以避免,因此,需要想办法减少人为错误造成的损失。在这方面,可编程控制器工厂采用了很多方法进行改善。

例如,在车间生产线上,每个操作员接收各种工序指令,因机型不同,组装 1 台可编程控制器需要使用多种螺丝钉,而这些螺丝钉必须用不同的螺丝刀进行紧固。由于程序复杂,所以会发生新手误用螺丝刀的情况,而新人培养也需要一定时间。为了提高组装质量,减少人为操作失误、缩短新员工培训时间,车间引入了作业支援系统,它有两个关键点:"使用正确的零部件"和"用正确的方法安装零部件"。以拧螺丝钉为例,利用由生产指示书、显示器和开关螺丝钉存放箱盖的防错终端等构成的系统,帮助正确取出零部件。操作员只需读取由生产管理系统提供的作业指示书条形码,就会在其前方的显示器画面上显示出要锁定的位置。之后会从多个螺丝钉箱中打开需要使用的螺丝钉的箱盖,让作业员从中取出指定颗数的螺丝钉。这样一来,不熟练的作业员也能够正确地取出螺丝钉,如图 6-10 所示。

图 6-10　根据步骤点亮螺丝刀上方的指示灯,并指示螺丝钉固定部位及顺序
（来源：三菱电机）

操作员取出正确颗数的螺丝钉后,在前方的显示器上显示步骤,同时点亮内置在需要使用的螺丝刀中的指示灯。操作员使用该螺丝刀完成安装作业后,下一个要使用的螺丝刀的指示灯就会点亮,这样一来作业员就能够正确掌握每个零部件的安装顺序并区分使用螺丝刀,如图 6-11 所示。

可儿工厂是名古屋制作所的分工厂,成立于 1979 年,占地 65 000m²,主要生产的产品是电磁开关、生产盘柜和热继电器。可儿工厂主要生产电磁开关,包括三个核心零件的自制与装配——接触片、线圈和铁心。在生产布局上,工厂的一层完成零件自制,二层完成部装与总装。自制件完成后送入 JIT 中心,再由高架运输机将物料配送至二层供装配。电磁开关的生产特点是种类特别多,多达 1.3 万种以上,同时产量大。因此,可儿工厂在生产中引入了"机器人组装单元化生产模式",巧妙结合适用于多品种生产的人工单元化生产模式和可实现大批量生产的机器人生产

图 6-11　点亮灯光指导作业员取出螺丝钉

(来源：三菱电机)

模式,并应用 e-F@ctory,通过 FA 与 IT 融合,让作业人员和机器人合理分工、各展所长,不仅实现了高速自动作业,还显著提高了作业精度,带来了效率和价值的提升。

可儿工厂的组装生产线可生产约 25 000 种产品,依据每月产量不同,分别采用全自动生产线、机器＋人工(low cost automation,LCA)生产线、纯手工组装多种模式的生产线,每个月产量 50 000 以上的产品采用全自动生产线,产量 10 000～50 000 的产品采用 LCA 生产线,产量 10 000 以下的产品采用人工组装,产线的选择从经济性角度出发,并非完全追求全自动生产。图 6-12 是可儿工厂产品组装的柔性自动化单元。

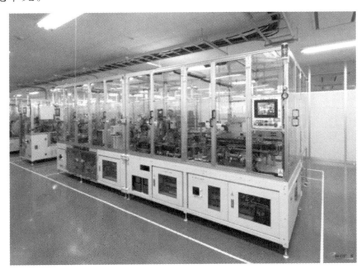

图 6-12　可儿工厂产品组装的柔性自动化单元

电磁开关的组装过程划分为不同的单元生产线,同一条生产线可以组装 20 种以上的不同产品。一个生产单元是一个单件流,配备一名操作工人,在单元生产线中执行局部组装和外观检测。这种产线模式可缩短工人的移动距离,提升效率的同时,降低了劳动强度。

装配过程中,可儿工厂关注细微处的改善,充分利用机器视觉、力觉传感器等技术不断提升制造效率。例如:在工件上用激光打印二维码,给产品一个身份标识,杜绝铭牌和型号错误,实现追溯;电磁开关的零部件尺寸都很小,为了提高传送效率,工厂对单元生产线上的送料装备做了优化,缩短传送距离,方便工人投料;工人投料时,通过机器视觉识别二维码,防止错料;装配中有很多拧螺丝钉的动作,设备上加装了力觉传感器,控制拧紧程度,以及通过优化螺钉拧紧的操作,杜绝螺丝钉锁死的缺陷。

可儿工厂基于产线布局优化、工艺优化及与 e-F@ctory 解决方案的融合,实现了生产过程和质量的可视化,生产效率提升了 30％,运转率提高 60％,工序数量下降 55％,每 15 秒加工一个产品,单位面积产出提升 85％。

6.5　约翰·迪尔：工业物联网应用

约翰·迪尔是一家提供先进产品和优质服务的全球领先企业。经过 180 多年的发展,约翰·迪尔不断壮大,全球雇员达 47 000 人,在 11 个国家设有工业基地,产品行销 160 多个国家和地区,成为全球最大的农业机械制造商和第二大工程机械制造商,位列世界 500 强。约翰·迪尔的主要产品有农业机械、高尔夫和运动场机械、发动机与传动系统、车辆和多功能系统、工程机械,其产品被誉为农机产品中的"奔驰"。美国是世界上农业最发达、技术最先进的国家之一,20 世纪 40 年代就领先全球实现了粮食生产机械化,且逐步将农业机械化拓展到棉花、甜菜等经济作物的种植与收割,约翰·迪尔及其业界同行对此功不可没。

约翰·迪尔位于美国伊利诺伊州莫林市的两家工厂都是总装厂,制造工艺涉及钣金、焊接、喷涂、装配。

钣金车间新老设备并用,新设备有激光切割机,配合机器人上下料以及自动送入下道工序,形成了切割工序的自动化生产单元。由于存在老设备,钣金车间一直持续优化,对布局和设备进行调整。

焊接车间的规划布局以及装备能力明显优于钣金车间,基本实现了单件流,部分工序采用 U 形线,60 多台焊接机器人用于焊接三种不同的产品。物料的搬运则通过自动化助力设备吊装到工位上,在这里,焊接工序并非完全自动化,部分工序仍然依靠人工完成,其目的是可基于焊工的经验选择焊接材料,通过人的干预保证质量,具有一定的灵活性。

喷涂车间完全实现了自动化且具有一定的智能化水平,整个车间只有少量的工作人员实施监控。喷涂流程大致包括前处理、底漆和面漆,前处理和底漆两大工序在几个特大的池子里完成,池子里盛满了不同成分的酸性液体以及油漆,6 个跨越池子的天车将巨型的零部件根据工艺时间要求放入或吊出水池。完成前处理和底漆后,零部件被悬挂式输送链送入面漆喷涂环节。面漆喷涂由 4 个机器人从不同的角度组合完成。喷漆之前,机器人通过扫码获得零部件信息,自动调用相应的喷漆程序进行作业。喷涂工艺已完全由生产系统控制,实现 24 小时连续工作。

装配过程完全采用单件流的形式,经过喷涂的零部件通过悬挂式输送链送到装配工位,完成最终的安装。每台农机产品正式诞生前,在工厂内要走完 11 英里(1 英里≈1.61 千米)的路程。

随着物联网技术、IT 技术与控制技术的发展与融合,使得传统产品转型智能产品成为可能。在约翰·迪尔,产品就是"轮子上的电脑",看似简单的农业机械实际涉及的技术非常复杂。例如,在播种时要保持种子的方向,而且从播种喷口出来的种子在落地前需要停止转动,每粒种子的高度要保持一致,才能保证种子发芽率处在高水平,这些听起来感觉几乎不可能做到的事,实际上已经通过农机的控制软件实现。为保证农机具备精准控制的能力,约翰·迪尔近一半的工程师负责软件开发。不仅如此,早在 1993 年,约翰·迪尔公司就率先进入精准农业的领域。在拖拉机上使用 GPS,实现了可视的自动导航系统,通过农机设备与设备、设备与控制系统、设备与操作者的互联,通过物联网实时采集作业数据,通过远程信息管理平台管理与监控作业过程,提供动态产量、温度等现场数据,通过对数据的可视化分析,向农场主、操作人员、农业专家开放数据和分析,不同的角色根据各自的需求利用数据精准决策,形成约翰·迪尔的精准农业解决方案。

约翰·迪尔通过农机设备上的传感器收集数据,将收集到的设备数据和气象、土壤、种子等数据结合在一起,利用分析技术帮助农场主做出更为科学的农耕决策。约翰·迪尔整合了来自不同产业领域的数据和知识,同时 myJohn Deer 平台(图 6-13)还提供了 API 接口,便于外部的开发者更好地利用这些数据。

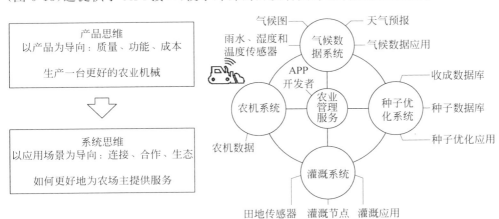

图 6-13　约翰·迪尔的工业互联网应用

这家经历了 180 多年风雨历程的农机公司，一步一步发展为全球农机巨头，同样与创新特质分不开。约翰·迪尔公司在创新上投入了大笔资金，约占年收入的 4％，而同行大多在 2％～3％。约翰·迪尔跟随新兴技术发展的步伐，在产品中引入 IoT 技术、信息化技术，打破原有单一产品的边界和原有价值链，从纯设备生产演变为精准农业的整体解决方案供应商，在所专注的领域实现商业模式的转型。

6.6 广汽埃安：简单化、轻量化、小型化智能工厂建设

广汽埃安公司成立于 2017 年 7 月 28 日，承载着广汽集团智能网联新能源汽车事业的发展使命，2018 年 12 月建成全国首个专注于生产纯电专属平台汽车的智能生态标杆工厂。2019 年广汽埃安累计销售 4.2 万辆新能源汽车，同比增长 110.6％。广汽埃安智能工厂作为广汽智联新能源汽车产业园的首个项目，也是带动产业集聚的龙头项目，是广汽埃安开放合作的智能制造平台。工厂于 2018 年 12 月建成，主导产品为纯电专属平台新能源汽车，现有员工总数 2800 人。

广汽埃安智能工厂以打造智能、开放、创新、绿色的生态工厂为总体目标，建设智能工厂六大核心能力，即感知能力、预测能力、分析优化能力、协同能力、数字化支持能力、先进装备建设能力。工厂以智能化应用为主线，通过六大核心能力的建设，实现智能化制造、智能化服务、智能化决策、智能化办公、智能化厂区等 5 个核心的智能化场景应用（图 6-14）。

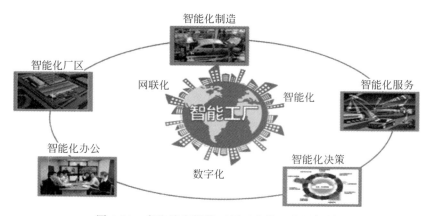

图 6-14 广汽埃安智能工厂五大核心应用场景

1. 智能化制造

1）工业设备智能化

广汽埃安工厂在规划阶段，对标国际先进企业，广泛应用先进的智能化设备，打造高质量、高可靠性、高耐久的产线，节约人力成本，提升产品质量。

（1）冲压车间基于"轻量化、智能化、定制化"发展的目标进行产线规划建设。

联合厂家全新开发机器人连续高速冲压生产线(图 6-15),首次应用国产化钢铝共线拆垛装备,集成气刀、预分张、搓板等功能,降低后期运营成本。整线配套关键装备应用行业领先技术,如数控液压垫、直线七轴机器人、视觉对中、在线清洗机等。智能化提升方面先期规划实现关键数据的自动化采集,逐步推进分析、决策端升级。

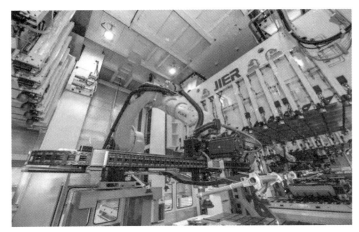

图 6-15　冲压车间生产线

(2) 焊装车间(图 6-16)运用了全数字化模拟仿真技术,实现虚拟现实的应用,构建了车间的数字孪生,全工序所有生产线搭建 3D 数字化模型,对焊枪可达性、线体节拍进行可行性验证,进行机器人离线编程及电气程序虚拟调试,现场调试周期削减 35%;应用了钢铝柔性总拼技术,国内首次采用下铝上钢的车身结构,在保证车身品质的同时减重 25%,达到与全铝车身相同的减重效果;应用了 3D 视觉引导技术、激光在线测量技术、钢铝混合柔性总拼技术、铝点焊压力自适应技术、自冲铆接技术(SPR)、热熔自攻丝螺接技术(FDS)等;采用全球云数据分析管理平台,实现了全厂核心设备互联、实时自诊断、快速智能决策。

图 6-16　焊装车间生产线

（3）涂装车间（图 6-17）采用先进的绿色薄膜工艺（锆化），实现有害物质零排放，提升了钢铝混合车身处理效果与工艺绿色化水平。电泳系统采用双对向流技术与多段整流控制系统，配套超高泳透力电泳材料，实现膜厚均一化，整车防腐能力提升 20％。运用长臂机器人进行精准涂胶和自动化喷涂。涂胶自动化方面，采用视觉识别系统与定量控制技术，实现精准定位与精准定量。喷涂自动化方面，内外板采用 7 轴壁挂式机器人实现无人化喷涂，保障员工职业健康，提高涂装效率70％。绿色环保方面，继续沿用国际先进的沸石浓缩转轮技术 VOC 排放削减超过50％，浓缩效率≥90％，其 RTO 最终处理效率≥98％，并且采用能源智能管理系统，综合管理能耗信息，有利于能源的充分利用，从而达到节能减排的目标。

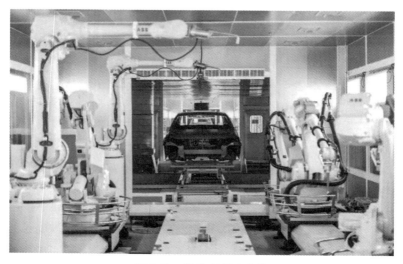

图 6-17 涂装车间生产线

（4）总装车间（图 6-18）采用智能模块化装配设计，涉及整车、电池工艺中的重点关键工序，导入机器人进行精准装配，保证产品质量可靠性、安全性。如轮胎自动安装岗位，机器人自动识别车型数据，轮胎紧固件全自动供给，3D 视觉引导轮胎自动定位，拧紧系统与装配机器人高度智能协同，实现精准拧紧；座椅自动安装岗位采用立体式作业空间设计，机器人配置 3D 视觉跟踪系统，可多角度调整座椅姿态进行快速、精准的孔位定位；挡风玻璃安装岗位运用 3D 视觉技术，多角度实时监控胶型、轨迹，实现精准的定位装配，确保 100％密封合格；前端模块安装工位配送机器人与装配机器人实时数据交互，实现工件精准抓取、定位及拧紧全过程智能协同作业，高效打造优质产品。车门涂胶工位机器人与生产线智能交互，同步随行，实时采集分析作业轨迹，实现高精度涂布，实现零不良。

为应对汽车产品小批量、定制化生产趋势，新能源智能工厂应用柔性制造单元/柔性制造系统。

（1）冲压领域采用机器人连续生产线，不仅能够适应小批量多批次的切换需

图 6-18　总装车间生产线

求,同时更能适应复杂零件模具生产供件;整线匹配高速自动换模技术,实现 180 秒内换模完成,极大降低了切换损失。

(2) 焊装车间通过白车身柔性定位系统,模块化定位系统,车型派生识别与防错装置等先进的自动化生产技术,结合库外工装自动切换系统的研究与应用,解决了新增车型的线体通过性、车型派生识别及库外工装夹具切换问题,实现 6 车型钢/铝车身生产工艺 1 分钟快速切换。

(3) 涂装对于小批量多品种的生产模式从源头到端均已实现自动化生产:如在源头 MES 端,同一车型的任何派生均可由"车型代码＋特征码"进行区别和自动识别;到车间机器人端均可利用 VMT 视觉系统及 ID 系统进行识别并自动实现喷涂;而涂料供应端,不同颜色均可通过 CCV 阀进行颜色快速切换,而新颜色的涂料系统则可以通过"双走珠涂料快速切换系统"进行自动(提前读取 ID 里的颜色信息)和快速(30 分钟内)切换;电泳入口则设置了光电型及顶部距离检测组合车型自动识别系统,不同车型给予不同电压,充分实现多品种生产。

(4) 总装底盘合车是整车领域最关键的质量要点,基于新能源汽车与传统能源汽车的差异,总装采用了"全自动、一体式"合车技术,先进的自主追踪定位系统,误差自我补偿,实现高精度柔性自动定位,保证前、后悬架及电池共 54 个拧紧点位的精准对位。除此之外,合装托盘采用切换式支撑及定位,可实现不增加托盘满足 6 车型共线生产。在输送设备柔性化方面,输送线体配置 RFID 芯片,智能识别车辆定制生产参数,自主联络关联设备配合生产,按定制工艺自我调整升降条件适应装配,降低员工作业负荷。

2) 制造执行——人、物、设备、系统互联互通

公司所有网络互联,形成设备之间、设备与系统之间互联,系统与人、公司与供

应商之间,公司与经销商、公司与车主之间形成互联的生态圈(图6-19)。

(1)系统互联:DMS、BOM、ERP、智能物流管理系统(i-LMS)、MES等系统之间和线体之间无缝对接,实现自动排产、物流指示、生产过程控制。

(2)设备互联:生产过程通过传感器、无线射频识别技术、二维码及无线局域网等实现信息的采集,通过工业以太网与设备PLC集成实现设备作业自动化。

(3)人机互联:现场作业者和管理者通过大屏、手机、移动平板、手环等可穿戴设备接收物流发运、质量检测、系统告警等业务活动。

(4)车主互联:通过DMS、CRM、APP等系统平台创新三角营销服务模式,打造差异化定制购车体验,线上线下打通服务体验以及直接连接的客户关系实现经销商、车主的黏性。

(5)供应商互联:通过i-LMS、SRM系统,实现和供应商在采购订单、物流发运、来料检查等业务活动在线协同。

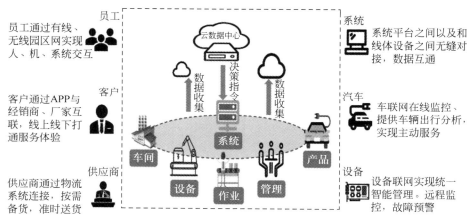

图6-19　人、物、设备、系统互联互通

3)生产过程无纸化

操作现场利用遍布生产工位的终端设备接受各种工作指令,管理者高效、便捷地通过移动终端查询各种工厂信息,快速反馈,快速处理业务流程。

(1)冲压车间零件、材料出入库管理无纸化:通过在仓库现场、台车、台垛上部署RFID,实现零件、板件自动出入库,库存自动盘点,削减人员盘点工时,减少因盘点造成设备停机。

(2)VQ检测无纸化:布置在检查线和返修场的无线AP连接各工位的移动iPad终端,通过RFID车辆自动识别,管理车辆信息,相互之间通过服务器群建立实时、准确、高效的整车检查无纸化。

4)全面质量管理

全面质量管理系统深化运用,从新车型到售后,定义和收集来自于各领域的过程质量数据,提供事前预防、事中控制、事后分析的全面质量管理机制。通过系统集成,采集质量数据,同步 BOM 信息、整车开发计划,建立电子履历,实现质量追溯,进行质量分析,提供事前预防、事中监控、事后分析机制,实现研发质量基准、供应商零件质量管控、制造过程质量检测、售后质量的全生命周期质量追溯管理。

（1）质量管理全生命周期数字化：从新车型研发到售后,定义和收集来自各领域的过程数据,提供事前预防、事中控制、事后分析的全面质量管理机制。

（2）标准化统一管理：从新车型研发到售后,实现全业务、全过程的标准化管理,从而防止人员带来的偏差,以及促进持续改善。

（3）质量问题闭环管理：完整的闭环管理系统,促进质量问题早期发现和遏制。

5）物流智能化

运用 i-LMS,实现物流业务一体化、物流过程可视化、物流交易电子化、物流资源集成化、物流运作标准化。在满足年产 20 万台的产能需求下,将智慧物流和精益生产的理念贯穿于智慧物流管理信息平台的规划和运营,不断缩短物流供应周期、提高物流效率、降低物流成本,实现从零部件采购、生产供应,到整车销售整个供应链的效益最大化。

（1）厂外同步：i-LMS 接收车辆生产在 MES 的涂装过点车序队列,根据车序队列和属地信息进行同步计算,生成同步指示票发送到供应商出货系统,让供应商按同步指示票备货,物流商按取货计划取货,零件到厂后卸货验收,按进度指示送到线边。

（2）厂外拉动：i-LMS 根据车辆生产在 MES 的焊装上线过点队列,生成拉动看板发送供应商备货,物流商按取货计划取货；零件到厂后卸货验收,先进入分割链,再按进度指示送到线边。

（3）订单取货：MES 通过接口把锁定计划发给 i-LMS,i-LMS 根据锁定计划和 BOM 进行订单计算,生成订单,供应商下载并打印订单备货,物流商按取货计划取货；零件到厂后卸货验收,先进入分割链,再按进度指示送到线边。

（4）厂内 SPS 分拣：根据车辆生产在 MES 的涂装下线过点扫描,i-LMS 进行 SPS 分拣计算,生成拣货指示；拣货员按分拣指示分拣零件放到 AGV 小车,AGV 按进度指示出发,按规定路线和生产节拍运送到装配点。

运用 i-TMS,外物流管控的目的是应用最新的智能网联技术,实现更高精度、更高时效的以准时化和"止呼待"为核心的 GPS,实现以"安全、品质、效率、共享"为目标的更高水平的物流体验和互动,顺应"无人化工厂""智慧工厂"的趋势,搭建适应未来发展的云数据平台,主要包括：

（1）在订单交付层面,打造完整供应数字链,实现出货异常预警并向前工程延展,面向供应商更多的物流体验和互动。

（2）在物流在途管理层面,利用车联网技术实现更高效的物流异常预警,面向物流司机构筑更安全的驾驶环境。

（3）在厂内管理层面,通过智能厂内管理系统实现站台卸货进度可视化,实现更安全可控的厂内作业环境。

2．智能服务

1）全程生产监控与指挥

（1）全厂级生产过程中央监控。

通过已经构建的车间工业互联网来采集生产过程中的实时数据,并按权限进行数据共享与可视化显示。全厂级的 PMC 生产监控可以对车间的生产设备情况进行实时监控,使管理者能及时地掌握生产第一线的情况,以便尽快响应和决策。

（2）大数据驱动的生产设备过程管控与动态优化。

生产管理人员能及时掌控生产设备的运行状况和能力,保障生产设备处于最佳状态。

① 基于互联网的设备台账管理与监控。系统对新能源车辆生产过程中用到的备品、备件的出入库记录管理,可以详细记录到备品、备件使用情况,最大限度地保证现场生产。对备件、备品的领用、借还等记录及备件的库存进行管理并预警,实现设备的台账、维修、点检、保养等生命周期管理。

② 基于大数据的设备远程故障诊断与维修维护。系统对设备 PLC 的数据采集,获取大量的原始数据,对设备运行的状态进行收集、清洗、提取等环节,为设备的分析预测提供基础。和供应商建立远程连接,及时获取设备异常事件及其原因,并建立异常解决办法,通过互联网络发送到维修中心进行维修维护安排。同时,根据自动化设备的运行状态,实时采集设备的启/停及故障信息,生成设备故障维护请求,根据故障原因、停机时间进行统计分析,并生成维修经验库,指导设备的维护工作,实现设备的闭环管理。

（3）基于物联网的能源精细化管控。

MES 提供对冲压、焊装、涂装、总装车间自动线、手工线设备的实时能耗信息进行采集和记录,能源管理人员可以通过系统获取车间运行的设备能耗情况,通过系统导出能源监控相应报表,如图 6-20 所示。

① 能源数据采集/监控。系统对冲压、焊装、涂装、总装车间的所有生产线的各个智能电表进行电能采集,实时查看变压器稳定运行的各项参数（变压器温度、电流、相间电压等）。远程监控蒸汽管网压力、温度、流量情况,连续监视电能波动,故障发生瞬间启动录波记录、开关状态变位记录、故障后长时间包络线记录、继电保护动作时间和顺序记录,为科学指挥、调度管网设备启停、保障管网压力平衡、流量稳定,掌握用电负荷规律,及时发现和预测故障等提供实时监控数据依据。

② 能源数据分析。MES 提供能源数据进行各种能耗分析,相关人员查看各种能耗报表和分析报表,经过大量能耗数据的分析工作,计划下一步节能降耗的方案,按照能源分析的结果,调整生产模式,改造设备。

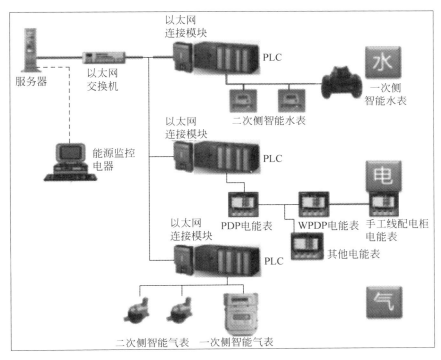

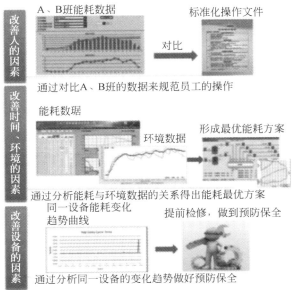

图 6-20　能源管理监控示意图

2）顾客个性化定制生产

采用全球领先的 C2B 业务模式,提供海量定制方案(A26 一万多种组合)。通过高度柔性、智能的制造过程打造专属座驾,用户深度参与互动,享受个性化体验。

（1）可配置 BOM 管理实现汽车模块化组合选配：通过 G-BOM 系统和研究院 PLM 系统的协同，打造可配置 BOM 管理，并根据订单选配解析生成一台车一个订单一个专属 BOM，指导后续生产、物流。

（2）车主 APP 建立高度用户黏性的销售生态圈的 C2B 平台：以客户对汽车产品个性化需求提取和定制化服务体验为目标，构建以客户为核心的客户入口管理、电商服务、个性化需求管理、车型配置和智能服务等 C2B 平台系统，实现客户个性化定制的需求接入和智能服务。

（3）基于复杂装配约束条件的计划高级排产、基于 JIT、JIS 的物流协同：MES 根据前端传送的一车一订单一 BOM，识别车辆具体车型、派生、颜色等配置，结合车间设备开动率等排产条件进行自动智能排序，生成生产排序订单，并展开至各车间、各线体的生产计划，将单车特征信息准确下发个性化定制车辆设备生产指令，并指示现场操作人员识别个性化定制信息，准确装配，精确适应定制化生产。

3）APP 平台助力价值营销

以 APP 为平台创新三角营销服务模式，打造差异化定制购车体验，线上线下打通服务体验以及直接连接的客户关系。

3. 智能决策

1）车联网智能服务

通过广新车辆远程监控平台进行新能源车辆在线监控、车辆出行分析、电池数据分析、报警数据分析工作，实现故障前、故障时、故障后的预警、报警与主动服务（图 6-21）。

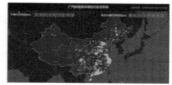

联网车辆分布

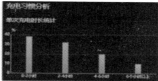

充电统计

车辆在线情况　　　　　　　　　　　　车辆出行情况统计

图 6-21　车联网监控

（1）基于国标＋企标监控，实时掌握车辆运行情况，提前进行车辆故障风险判定，达到提前预警，提高客服部门的主动服务能力。

（2）车辆发生故障，质量技术员远程获取车辆故障信息，精确判断故障原因，为客服提供准确售后方案。

（3）故障发生后，通过智能客服联络车主，提供保养维修、故障指南、事后救援等服务。

2）大数据助力分析与决策

通过大数据助力分析与决策，实现公司制造、采购、质量、销售、财务、物流、生产管理、车联网及人力资源等九大领域的全价值链数据可视化，通过手机端、大屏端等设备随时随地掌控公司生产过程、经营结果等，通过数据倒逼业务流程、管理改善，推动数据创新。

（1）销售领域：多个维度对订单、发车、提车、区域等数据进行分析，对未达标指标进行数据预警。

（2）生产领域：实时监控车间生产情况，自动生成不同车间、时间维度的计划、产量与返修情况。

（3）质量领域：对整车品质、市场品质、零件品质三大模块进行统计分析，实时反映产品质量情况。

（4）财务领域：对损益、成本、存货、资金模块进行指标结果展示与推移分析，掌握企业经营状况。

（5）车联网领域：对车联网数据进行车辆、车主、运行状况监控等维度的分析，进行多方面用户服务。

（6）数据分析报告：舆情分析。融合互联网数据及企业运营数据，通过数据分析报告形式，直观剖析现象及问题，透视相关影响因素，深入挖掘数据价值。

4．智能办公

结合办公及业务实际需求，通过构建智能化无线网络、移动化办公平台，可视化会议系统等智能基础设施，实现全面移动化、无纸化协同智能办公。全厂无线网络全覆盖，员工随时随地接入无线网络，实现人、机、系统深度交互。智能办公主要包括：

（1）在会议协同方面，通过多方协同，多屏互动等技术手段，实现随时随地接入会议，提高协作效率；

（2）在质量检测方面，打造移动化、无纸化质检，检测结果实时提交，全面提升质检效率；

（3）在安全巡查方面，利用移动终端实时查看重点工位、重点场所的安全情况，安全生产一键掌握。

通过无纸化审批、报告、会议管理，实现企业各部门间协同办公，显著减少纸质办公场景，基本实现办公"无纸化""可视化"，有效降低企业运营成本，规范企业管理，提高办公效率。

5．智能化厂区

1）可视、可管、安全的智能化厂区

通过建设智能安防设备（图 6-22），运用高清、热成像、人脸识别等技术，部署人工智能深度学习的分析服务器，实现可视化的集中管理综合平台。做到事前及时预防、事中及时响应，打造安全、智慧、绿色平安园区。

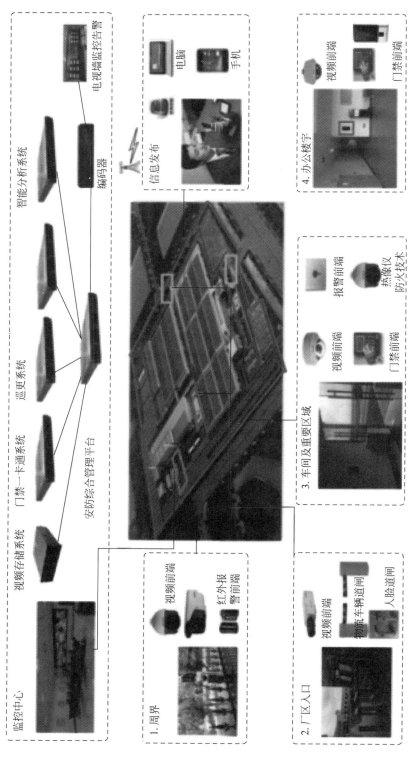

图 6-22　智能安防设备

（1）在重点 A 防爆区域部署具备热成像温度感应功能的摄像枪，运用先进数字视频分析技术，革命性地实现防火预警功能。其温度检测设置阈值低至 60℃，一般可燃物表面燃点 200～295℃，响应速度比常规烟雾感应快 3 倍以上。

（2）在厂区东、南、北侧围墙，以及重要防护区域设置具有入侵报警功能的视频监控，当有人员或可疑物品翻越，监控中心将自动弹出报警信息，便于值班人员迅速发现及时应对，构筑稳固的 7×24×365 可视周界（图 6-23）。

图 6-23　视频监控运用

（3）导入厂区地图实现监控点位全方面平面化可视管理，随时监控安全设备状态，以及迅捷地调取实时监控录像和回放。

2）5G 应用规划与实施

广汽埃安与中国移动、中国电信、中国联通三大运营商合作建设 5G 示范工业园区，实现园区 5G 信号全覆盖。通过引入 5G 技术，实现前沿技术研究及创新，主要场景如下。

（1）基于 5G 的远程驾驶：基于 5G 及边缘计算技术，构建 5G 自动驾驶远程控制平台，打造极低时延的试验环境，实现 5G 自动驾驶远程控制技术的开发和示范。

（2）基于 V2X 的人、车、路协同：以新能源汽车自动驾驶体验为核心，构建工厂内部智驾体验系统，在园区道路建设智能交通系统，人、车、路协同，开展 L3、L4 级自动驾驶展示及体验。

（3）基于 5G 的智能安防：基于 5G 的高带宽和低时延，实现高清监控视频回传，实现厂区油化库、危化品仓库等场所的无人巡查，实现无人化、自动化安全巡查。

3）能源综合利用工厂

广汽埃安智能工厂作为全球首个能源综合利用工厂，具备太阳能发电、风能发电并储能功能,打造智能微电网生态系统,与环境和谐共生,实现可持续发展(图6-24)。

图 6-24　广汽埃安智能工厂能源综合利用分布

(1)光伏系统:广汽埃安智能工厂打造包含光/充/储系统的智能微电网,在屋面和车棚建设容量为 17.1MWp 的光伏系统,预计年发电量 1.6×10^{7} kW·h。实现厂区"多能供给,多能互补",降低园区能耗水平,打造绿色电网、生态工厂。

(2)充电桩系统:广汽埃安智能工厂充电桩系统一期共配置 115 台充电桩,提供 226 个充电车位,其中慢充车位 196 个,快充车位 30 个,总功率约 2.5MW;远期建成 866 台充电桩,共计 13.2MW。

(3)储能系统:为削峰填谷,提高电网系统稳定性,实现差价收益,降低用电成本,同时做好应对未来电池退役潮,广汽埃安担起企业责任,积极推进资源综合利用,在广汽埃安智能工厂分别建设了储能站及梯次利用储能站,在停车场建设 1MW·h/2MW 储能站,谷充峰放,以及在厂区建设一个 0.3MW·h/0.5MW 梯次利用储能站,实现电池梯级利用。

广汽埃安智能工厂主导产品为纯电专属平台新能源汽车。作为广东省一号工程,工厂定位于极具代表性的世界级数字化智慧工厂、能源综合利用生态工厂。工厂通过全面感知、基于模型的预测与优化、全生命周期的协同、先进设备与智能化技术的应用,形成了个性化定制、智能物流、全面质量管理与追溯、全程生产过程管控与指挥能力,订单交付周期缩短至两周。作为全球首个能源综合利用工厂,通过"多能供给,多能互补""削峰填谷""梯次利用"打造智能微电网生态系统,能源利用率达到 95% 以上,成为与环境和谐共生的绿色生态工厂。

6.7　天远科技:工程机械远程监控系统

石家庄天远科技集团有限公司成立于1992年,是中国第一家将互联网技术引入工程机械行业并获得巨大成功的企业,其自主研发的"工程机械远程监控系统"

是中国工程机械行业最早的工业互联网平台,通过 15 年的发展,陆续成为多家世界 500 强企业互联网平台及智能解决方案的提供商。2003 年,天远科技作为全球首家在挖掘机预装 GPS 模块实现远程监控的企业,打开了国内银行和保险公司对整个工程机械产品提供销售按揭的大门;2011 年,天远科技与世界顶级发动机制造商康明斯联手成立康明斯天远,创新研发 C-LINK 远程监控系统,目前部署在全国各地超过 6 万台车辆上;2016—2018 年,天远科技连续三年入选中国大数据创新企业 TOP100 榜;截至 2017 年,天远科技服务的工程机械运营设备超过 25 万台(托管运营资产达 2000 亿元人民币);2018 年,天远科技与清华大学合作建立了智能装备大数据技术联合研究中心,投资超过 5000 万元。

依托清华大学—天远科技智能装备大数据技术联合研究中心,通过产学研结合的方式,将大数据系统软件国家工程实验室在清华的数据模型定制框架(DWF)、实时流分析计算开发工具(RStream)、大数据分析开发工具(Flok)、物联网数据库(IoTDB)、数据质量分析工具(Quality)、视频数据采集分析工具、3D 图像数字建模工具等方面的研究成果集成应用到项目的开发和建设中,并结合天远科技在工程应用和技术推广方面的优势,在工程机械、农用机械和交通运输等行业开展智能装备大数据平台的建设与应用。

在发展历程的第二个 10 年间,天远科技不断拓展和覆盖工程机械的互联应用,拓展到研发设计、库存物流、市场营销、售后服务等流程。基于对工程机械行业的深刻理解,通过不断探索,天远科技在行业中率先推出先进的"机号管理"模式,建立了八级故障警报和呼叫中心服务模式,对重型设备进行全生命周期管控,并提供液压系统控制和发动机系统的远程控制。在天远智能装备工业互联网平台的基础上,建立智能装备大数据平台,支持制造商、维修商、销售商和最终用户数据共享和增值服务,围绕设备运行维护、远程施工监管、设备远程诊断、设备预测性维护、产品生命周期管理等工程机械设备核心业务流程,设计开发解决方案并进行应用推广。开展设备规模接入、共性机理模型与微服务、工业 APP 开发。在工程机械、农用机械、交通运输等行业进行产业化和推广应用,促进我国智能装备制造业的转型升级。图 6-25 是工作人员演示远程操控挖掘机。

天远智能装备大数据平台是在 PaaS 上的一系列复杂的通用应用,包括数据收集、传输、存储、分析等;需要结合业务采集的结构化数据、终端采集的非结构化数据以及边缘计算的时序数据等,完成数据梳理、清洗、查找规律并形成行业特有知识,经过大量实践验证形成智能分析结果;再应用在开发平台微服务和工业应用 APP 体系中。

(1)平台微服务。

挖掘机司机行为分析服务:根据挖掘机关键动作数据与发动机数据,通过聚类分析标准模型进行行为识别。

设备故障识别和预测服务:根据工况履历数据、故障代码数据、历史维修保养

图 6-25　工作人员演示远程操控挖掘机

数据分析,得到故障等级判定模型,主动进行服务,减少设备停机事故。

经销商经营决策支持服务:汇总工程机械经销商的各项经营数据及设备资产数据,从多角度统计、分析企业的经营情况,帮助企业做出合理的经营决策。

挖掘机施工进度服务:基于图像识别技术进行挖掘机工作量分析,通过安装在挖掘机上的图像采集设备,将机器工作时铲斗工作过程图像传回数据中心,使用机器学习的图像识别技术建立相应的工作模型,利用每日真实的工作量作为样本对模型进行反复训练,分析得出每日相应的工作量数据。

施工现场 3D 场景重建服务:通过施工现场 3D 建模,视频采集数据与设备工况数据,进行特征提取匹配与重建后,展示工作现场情况。

智能终端:针对工程设备状态监测时序数据具有值域和取值分布具有很强的领域特征,基于现行压缩计算,深入研究工程设备状态监测时序数据的领域特点,设计专用于工程机械状态监测时序数据的高压缩率的无损压缩算法。

图像识别:通过识别特定参照物进行竞品分析、工作情况分析和施工进度情况分析。

声学振动分析:通过高频率的声音波形分析,结合行业经验,轻松定位设备问题,减少维修成本。

(2)平台工业应用 APP。

港口用叉车管理 APP:通过 GPRS 网络传输给数据中心,对采集数据进行实时分析和决策,对叉车进行智能调度,提高工作和使用效率,增加企业收入。系统包含实时位置监控、实时调度分析、历史行驶轨迹、工作报表分析和智能调度算法管理等。

隐藏式智能终端管理 APP:隐藏式智能终端可以实现隐蔽安装,难于发现和拆除。系统还能实现大范围位移报警、工作量不足报警、风险系数分析等功能,提高了设备销量并有效降低了违约风险。

矿山智能施工管理 APP:通过大数据平台分析工程作业进度、安全操作风险、设备投放量及配比、能源消耗及排放等多个专项和综合分析报告。主要功能有实时采集、存储、分析设备施工过程的数据,实现施工工艺透明化、可视化管理;统计进场设备的型号、时间、位置、施工类型等多个维度作业数据,提供完整的现场施工状态报告;保障施工人员资质、针对非规范操作给出警示提醒;利用大数据分析,建立各类设备协同施工模型,提高整体施工效率。

设备大修管理 APP:通过对大修过程中的各个工序的数据进行采集、分析和存储,进行可量化的标准化操作指导,对大修设备进行故障原因分析,促进产品的改善性设计与制造。主要功能有:对静态状况、动态状况、外观状况等指标进行评估,判断设备的主要故障部位及配件;收集每个工序的作业数据,控制作业质量与效率;评估大修作业效果;根据大修全过程的数据,对不同品牌、种类、型号、批次的设备进行故障产生因素分析,预测设备故障发生概率及配件消耗量。

设备循环再制造管理 APP:根据历史工作数据、保养维修数据、操作使用数据,结合市场情况、工程情况、国家行业政策等因素进行残值评估、整备成本评估,管理、规范促进二手设备的循环再制造过程。主要功能有:综合利用设备的全生命周期的各项数据,给出二手设备的残值评估建议;结合大修管理系统,得到整备成本评估建议;结合残值评估建议和整备成本评估建议,从经济性、环保性、可持续性等角度给出设备的最佳循环再制造方案。

经销商经营决策支持 APP:汇总工程机械经销商的各项经营数据及设备资产数据,从多角度统计、分析企业的经营情况,帮助企业做出合理的经营决策。主要功能有:企业债权综合情况,总债权台量、金额,一般逾期及严重逾期的台量、金额;企业市场情况,市场占用率、设备开工量、设备配件消耗量;员工业绩指标情况、个人业绩达成、客户接触次数、单位时间的成交量等。

挖掘机施工进度 APP:通过对挖掘机的行为分析和工作量统计,进行设备使用情况分析与施工进度预测。

对于工程机械行业而言,天远科技思考的是如何借助工业互联网实现智能服务,通过对挖掘机等智能装备的数据采集、分析,改变之前以销售设备获利为主的单一商务模式,逐步转向后市场拓展的复合商务模式。在服务模式上,改变之前被动的、单向的售后服务模式,逐步转变为一体化、主动的、智能化的售后服务新模式。

基于此,体现工业互联网应用的价值可分为以下三个层次。

(1) 最显著的价值在于通过工业互联网实时获取设备运营情况,通过累计工作时间、土方量、油耗等信息的统计和分析,结合设备累计工作时间、油耗、利用率、移动频次及距离、故障频次等信息,实现设备的可视化监控与管理,进行智能装备的预测性维护。

（2）通过对数据的分析和反馈，指导制造厂商改善装备质量，提升装备智能化水平。制造厂商早期在产品设计阶段的通常做法是一个个拜访客户，进行问卷调研以及客户回访，需要耗费较长的周期与成本。如今，通过数据分析报表支撑产品研发，以分析数据支持产品功能改进和创新，将有更多的、更有竞争力的产品问世。

（3）通过数据及时有效地反映整体设备运营情况，预测宏观应用，向市场部、服务部提供设备和配件的实时库存信息，快速发现利用情况比较好的地区及其关联客户，进行重点跟踪，结合客户按揭回款情况及成套设备施工配比模型，实现精准营销。

通过深耕行业，在以价值为导向的基础上，天远已经形成了完整的"大数据地图"，可以实时、清晰地看到28万台工程机械装备的运行地点和时间、油耗情况、作业时长、报警信息等，通过对数据的存储、分析、展示，可以及时发现运行异常情况，降低运行故障率。通过数据回传给数据中心，可以分析计算出不同智能装备的时间、地域、作业量以及施工项目大小、项目周期。

目前，天远已成功构建了工程机械生态全生产要素、全价值链整合的新型工业生产制造和服务体系。

6.8 恒顺醋业：传统行业的智能化建设标杆

江苏恒顺醋业股份有限公司始建于1840年，是一家拥有180年历史的"中华老字号企业"，是中国酱醋业首家上市公司、中国规模最大的食醋生产企业、国家级农业产业化重点龙头企业、国家高新技术企业。公司每年保持较高的研发投入，目前拥有国家级企业技术中心、国家级博士后流动工作站、江苏省农产品生物加工与分离工程技术研究中心。公司顺应时代要求，以最新技术引领企业发展，先后被认定为工业和信息化部智能制造（工业物联网）试点示范企业、江苏省供应链管理示范企业、江苏省两化深度融合创新试点企业、江苏省示范智能车间、镇江市两化融合示范企业、镇江市示范智能车间，并成功通过工业和信息化部两化融合管理体系评定。

1. 循序渐进，打造行业转型标杆

食醋等酿造行业作为传统产业，虽历经多年探索，但除包装环节外，总体上在机械化、自动化方面程度不高，更别说智能化、信息化等。目前行业内普遍存在酿造工人整体年龄偏大，年轻人不愿意下车间等现状，同时传统工艺严重依赖工人的经验，不符合如今标准化、精益化生产的需求。因此，传统的食品酿造产业走向现代生物产业，由重体力、高耗能、一定程度的资源浪费型的传统工业，走向智能制造、以人为本、资源集约、环境友好的新型工业。

恒顺醋业在全面调研国内外发展现状和企业自身发展需求的基础上，积极摸索行业发展趋势,紧跟世界发展潮流,全面启动了基于工业互联网的食醋酿造智能工厂项目,利用智能制造打通各个环节的数据壁垒,实现全流程的实时准确管控,以大数据驱动生产经营管理,提供产品安全生产"全流程"数据溯源服务,为提高企业和同行业的"智能酿造"水平和食品质量安全保障能力提供强有力的支持,实现传统生产型企业两化融合应用模式的突破升级。着力打造国内酿造行业第一流的智能示范工厂,探索出一条传统酿造企业实施智能制造的可行性道路,形成一套成熟的酿造智能工厂建设方案,对中国传统调味品行业智能制造实践提供借鉴示范作用。

基于工业互联网的食醋酿造智能工厂项目主要分为智能设备应用及生产线智能管控系统、建立综合信息智能管理平台、行业标准推广三个阶段,通过自身智能制造水平的提升带动行业的发展。

第一阶段:利用信息化系统和先进生产设备共同组成酿造生产线智能管控系统。

利用信息化系统和先进生产设备共同组建酿造生产线智能管控系统,确保关键工艺环节的稳定运转。通过生产管理 MES 对生产线的工艺参数、能耗参数进行监测、记录和分析,实现生产过程监控、质量分析和设备性能分析的功能。

第二阶段:集成 BOM、MES、ERP、TMS 等各个系统,搭建恒顺综合信息管理平台。

将集成 BOM、MES、ERP、TMS 等各个系统,搭建恒顺综合信息智能管理平台,实现数据共享——生产管理层可以了解目前的原料来源、库存状态和订单状态;公司管理层可以掌握新品开发、物料供应、生产、库存数、物流、销售等数据。打通各个环节的数据壁垒,实现全流程的实时准确管控。

第三阶段:编制酿造行业智能化规范标准,向全行业推广。

通过与政府主管机关、相关专业机构和科研院所合作,整理和归纳"食醋酿造智能工厂"项目经验,结合工业和信息化部两化融合管理体系,加快酿造行业智能制造相关标准体系的建设,向全行业推广。

2．全面部署,推进传统制造智能升级

恒顺醋业通过基于工业互联网的食醋酿造智能工厂建设组建了基于工业互联网的智能工厂管控体系。主要建设成果包括以下 13 条。

1) 企业内部数字化中台

通过商业智能系统数据建模实现跨域数据整合和知识沉淀,通过标准化数据交换平台实现对于数据的封装和开放,快速、灵活地满足 ERP、WMS 和 TMS 等上层应用的要求,通过 SFA 系统移动化展示满足互联网化个性化数据和应用的需要,强化公司内部技术承接,业务引领,规范定义构建和全域可连接萃取的数字化处理能力。

2) 工业互联网数据平台

通过物联网边缘化智能计算网关对生产关键控制点的数据采集,充分利用历

史与实时数据,实现生产数据集中管理并深入挖掘数据价值,从而最终有效管理和
利用企业的数据资产,实现智能生产。图 6-26、图 6-27 分别是恒顺酱油和熟醋车
间的实时监控画面。

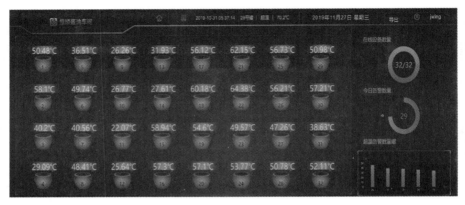

图 6-26　恒顺酱油车间实时监控

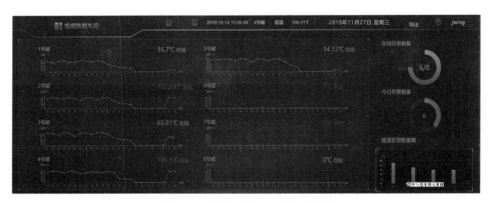

图 6-27　恒顺熟醋车间实时监控

3）物流信息管理系统

物流信息管理系统在获取订单数据后,针对整车、单柜、零担等不同运输方式,
根据承运商运力情况,自动优化运输线路和配载方式,客户确认收货后,系统自动
结算运费。在此全过程中,从销售下订单至货到客户,实现了无人值守操作。系统
运行以来,订单处理时间从 5 天缩减为 2 天,结账周期从 15 天缩减为 7 天,物流运
载能力成倍提升。

4）智能移动营销系统

在营销终端应用了 SFA 系统,通过基于 SaaS 云计算平台的部署,既实现了市
场端陈列信息、促销活动、竞品信息和业务员的监管,也强化了与客户的沟通。目
前系统已覆盖公司 25 个办事处,600 余名业务员和 10 万余家终端。图 6-28、图 6-29

是恒顺全智能检核及商品清点的智能化应用。

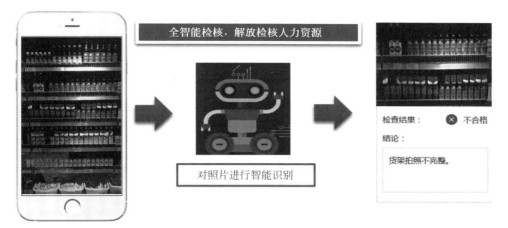

图 6-28　恒顺全智能检核的智能化应用

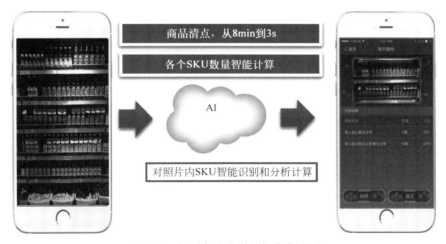

图 6-29　恒顺商品清点的智能化应用

5）自动化立体坛库

恒顺于 2019 年 5 月投资近 5000 万元（含基建）动工新建 2000m² 自动化立体坛库（图 6-30）。坛库由立体货架、子母车系统、输送机系统和 WCS 控制系统组成。仓库共计 10 659 个托盘位，最多存储近 5500t 高端年份醋，每天最大出入库 200 坛，比现有人工出入库效率提高近 10 倍。

6）智能翻醅机

智能翻醅机（图 6-31）采取自动测温功能、料堆断面多点测温策略，并使用无线通信方式将所测参数信息发送给智能翻醅机控制台，控制台根据温度分布模型，调整翻醅工艺参数，并自动启动翻醅机工作，使整个醋醅发酵处于合理化。

图 6-30　自动化立体坛库

图 6-31　智能翻醅机

7）智能酿醋一体机

将食醋酿造全过程进行智能化改进，自动进出料，以发酵罐转动代替翻醅，对醋醅的理化指标进行监测，自动采集发酵过程理化指标，依据发酵模型智能分析，深度学习，智能控制。大大降低劳动强度，提高生产效率，保证产品品质稳定。

8）工业智能机器人

与库卡、ABB、发那科等国际著名公司深度合作，在生产流水线上应用工业智能机器人 10 余台（图 6-32），加上对原有设备的自动化改造，目前车间自动化控制程度大幅上升，车间生产工艺数据自动数采率、自控投用率均达到 95％以上。

9）机器视觉检测系统

与海富、康耐视和得利捷等国际著名公司合作，全面应用机器视觉检测系统

图 6-32　工业机器人的应用

（图 6-33），对瓶体、商标、液位、条码等品控要素进行安全识别，显著提升了生产流水线的检测速度和精度，通过与自动剔除系统的联动，杜绝了人工出错的可能，使不良品率由 0.02％ 下降至 0.001％。

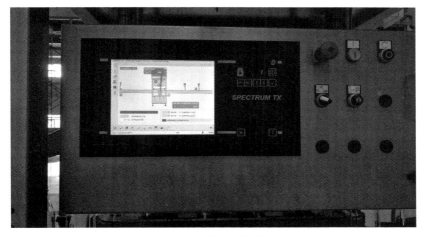

图 6-33　机器视觉检测系统

10）智能立体仓

与国内厂商合作，新建 3000m² 智能立体仓（图 6-34），包含 5 个巷道 10 排货架、5 台堆垛机，出入库量 55 000 箱/d，效率提高 100％。

11）全生命周期产品溯源系统

应用了全生命周期产品溯源系统和智能化视觉识别系统、对每一个产品赋予一组唯一的按国际编码规则编制的溯源监控码，通过喷印和贴标的方式将数码和

图 6-34　智能立体仓

条码赋在产品上(图 6-35),通过视觉识别采集关联信息并联网存储,实现了产品流通、物流信息的精细化管控。

图 6-35　通过喷印和贴标的方式将数码和条码赋在产品上

12) 智能微电网

新建 300kW 智能储能系统由电池储能系统、控制系统、监控系统以及能量管理系统构成。其中控制系统可实现对分布式电源、负载装置和储能装置的远程控制,监控系统对分布式电源实时运行信息、报警信息进行全面的监视并进行多方面的统计和分析,实现对分布式电源的全方面掌控,能量管理系统(图 6-36)可控制分布式电源平滑出力与能量经济调度。

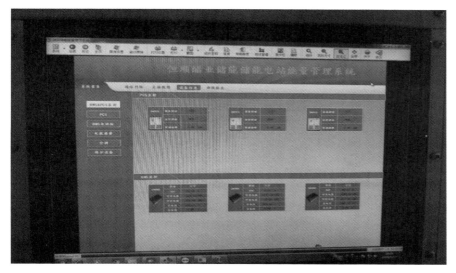

图 6-36　储级电站能量管理系统

13）智能光伏电站

恒顺实施"金屋顶"工程项目，公司利用闲置屋顶资源实施分布式光伏发电，推进节能减排，利用屋顶面积 $56\,000\mathrm{m}^2$，开展 4.5MW 光伏电站建设。光伏电站 2016 年 8 月已并网发电，年均发电量大约 212 万 kW·h，每年可节约标准煤 765t，减少 CO_2 排放 2117t，通过"自发自用，余电上网"的模式，使公司电价在国家电网的基础上下浮 15%，每年可节约电费 25 万元。图 6-37 为光伏电站的电量与电费分析。

图 6-37　光伏电站的电量与电费分析

总体而言,恒顺醋业基于工业互联网的食醋酿造智能工厂以大数据驱动生产经营管理,打通各个环节的数据壁垒,打造了企业内部数字化中台、工业互联网数据平台,应用了智能设备(智能酿醋一体机、智能翻醅机等)、移动营销、工业机器人、立体仓库、机器视觉检查、智能微电网、智能光伏电站等,实现了生产过程运行监控、数据采集、过程管理、设备维护、单元调度、产品跟踪的集成一体化管理。企业生产效率大幅提高,A 类产品产量提升 22%,单位综合成本下降 2%,同时实现了实时监测各种数据动态,为决策层提供准确的数据分析,极大提高了公司管理水平。

6.9 佛吉亚(无锡)座椅部件有限公司：全面走向数字化工厂

佛吉亚(无锡)座椅部件有限公司(以下简称"佛吉亚座椅无锡工厂")是佛吉亚座椅核心零部件的亚太区生产基地,也是佛吉亚集团在中国的标杆企业。佛吉亚座椅无锡工厂作为佛吉亚全球唯一的电动调高器生产基地,产品包括电动调高器、电动靠背、靠背角度调节器等。服务于主要的德系、日系、美系和国内主机厂等家户。

佛吉亚座椅无锡工厂建有碰撞实验室,是佛吉亚全球第三间碰撞实验室。这里配备了目前最先进的台车碰撞设备,其载荷、推力、速度等性能均达到国际最高水准,能够完成绝大多数座椅动态实验,大幅缩短了研发时间,提高了效率。不仅硬件设备"强悍无敌",碰撞实验室的软实力也同样出色。佛吉亚座椅无锡工厂已培育出一批优秀的本土测试工程师,他们的研发测试实力与佛吉亚(欧洲)不分伯仲,为卓越的本土碰撞测试能力打下了基础。

基于佛吉亚全球及中国区数字化转型战略,自 2016 年以来,佛吉亚座椅无锡工厂积极实施了很多数字化转型项目,推动数字化工厂的建设。在装备与产线方面,不断实施自动化升级改造、应用 Cobot/Robot 机器人,大幅提高生产自动化水平,同时对设备实施数据采集与监控;在物流方面,应用 AGV 以及智能物流系统拉动生产;在质量控制方面利用人工智能技术提高质量检测的效率,同时还积极探索 3D 打印等新技术的应用。

佛吉亚座椅无锡工厂的智能化建设重点内容总结如下。

1) 生产自动化

佛吉亚座椅无锡工厂调角器智能制造车间包括多条自动化产线,生产不同系列的产品。另外,工厂其他生产线也先后部署了多台自动化机器人,分别用于上料、自动分拣和打包等,工厂的自动化率已经达到 70% 以上,其中多条生产线已经实现了完全自动化的 U 形无人生产。

2）设备、产线状态可视化

佛吉亚座椅无锡工厂实施了数字化管理控制（digital management control），每条生产线都配有触摸屏，用来实时监控设备的运行状态、关键工艺参数，如产品的扭矩值、震动等，带有报警功能，系统可自我诊断。所有的产线均配有 TRS 系统，实现产线状态跟踪，可实时显示产线的整体状态，结合异常停机分类规则，连接车间报警系统自动执行报警，当产线出现异常时，相应部门可快速响应（图 6-38）。

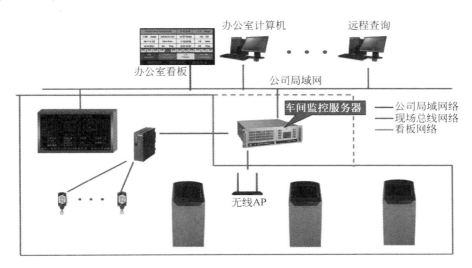

图 6-38 安东系统示意图

3）智能物流助力仓储管理

生产部门扫描主计划下发的成品电子看板，发送物料需求信息给仓库，通过 e-Levelling 系统拉动生产。在物料收发料环节，佛吉亚座椅无锡工厂已借助 RFID 进行入库和发货信息的传送，实现了原材料和半成品的厂内移库、总成报交以及发运，通过扫描成品包装的条形码或 RFID 码实现自动入库和发货跟踪。仓库人员每天可以通过 iPad 进行仓库的循环盘点，同时，通过电子库存显示板，可以展示工厂的实时库存，并通过警报系统执行库存预警。

4）利用 AI 实现在线质量检测

产线上凡涉及质量工艺的站点均配置自动在线检测功能，能对 7 种失效模式进行自我识别，自动筛选不良品，并判断是否需要返工。

例如，佛吉亚座椅无锡工厂利用在线检测来代替静音房检测，利用基于 AI 技术的噪声检测系统，对声音信息进行采集，通过数据存储、数据分析到自我学习，实现噪声自动检测。这一新技术的应用,不仅显著提升质量控制能力,而且可减少静音房的建设投资和检测人力,大大提高了检测效率和检测准确率。图 6-39 是工厂 AI 人工智能异音检测项目实施路线。

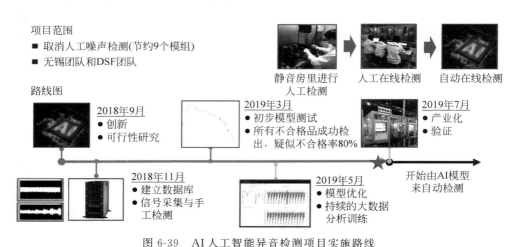

图 6-39　AI 人工智能异音检测项目实施路线

5）应用工厂巡检系统实现闭环管控

佛吉亚座椅无锡工厂利用 APP 工具实现工厂巡检、报警以及问题的闭环管理。不同级别的管理人员使用 APP 对工厂各个关键质量控制点进行巡检,实现巡检过程、巡检结果、问题反馈、问题处理、处理结果反馈等信息化,巡检过程中的报警信息按照级别在系统中进行相应的闭环管理。

6）应用 3D 打印技术

佛吉亚座椅无锡工厂是佛吉亚中国区第一家使用 3D 打印技术的工厂,通过 3D 打印机为工厂打印备品备件、样件以及保护装置。同时,为了解决 3D 打印建模的局限,采用视觉扫描的方式进行自动建模,形成了自身应用 3D 打印的完整解决方案,有效解决了产品服务和生产过程的实际问题。图 6-40 是 3D 打印模型及打印机图例。

总体而言,佛吉亚座椅无锡工厂通过自动化升级改造,Cobot/Robot 机器人应用,AGV/RFID 等物流系统的投入,TRS、DMC 等数字系统以及相关工具和技术的应用,获得了巨大的投资回报。未来,佛吉亚座椅无锡工厂还将更大规模地使用 AGV、Cobot/Robot,实现更多的产线的自动化,通过 ERP、MES、EMS 等以及 DMC、PLC 系统的互联,并延伸至云端,实现 IT 与 OT 深度融合,最终实现全面的智能化发展。

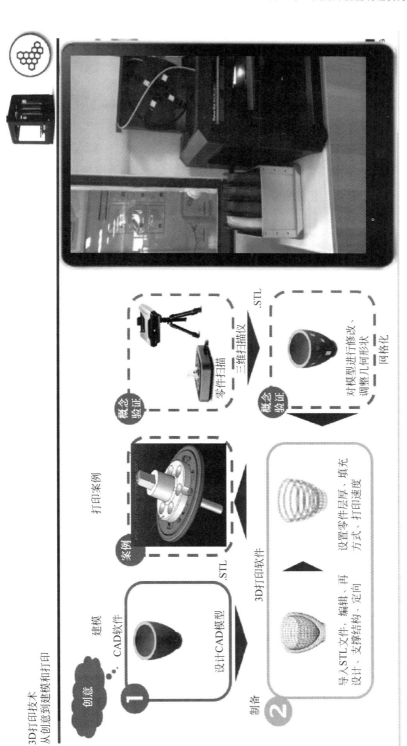

图 6-40　3D 打印模型及打印机图例

6.10 华菱湘钢：谱写5G智慧工厂进化论

华菱湘钢始建于 1958 年,是国内大型钢铁联合企业和宽厚板、线材、棒材的重要生产企业,已形成年产钢 1300 万 t 的综合生产能力。成立至今 60 余年来,华菱湘钢产品结构经历多次调整,从"江南一枝花"线材产品到拥有线、棒、板三大类 400 多个品种,在造船、桥梁、工程机械、海工、高建、压力容器、清洁能源、汽车用钢等领域独具优势,已成为多个钢材细分领域的"隐形冠军"。

近年来,华菱湘钢认真贯彻落实国家战略部署和湖南省制造强省五年规划,紧跟钢铁产业智能制造发展方向,瞄准"让设备开口说话、让机器自主运行、让职工尊严工作、让企业高效发展"的目标,围绕"建设具有国际竞争力、受人尊敬的现代化钢铁企业"的企业愿景,推进 5G、人工智能、工业互联网等新一代信息技术与生产现场深度融合。特别是在华菱湘钢棒材制造加工方面,相较于宽厚板等产品,线棒材的产能和品质距离行业顶尖水平仍存在一定差距。在华菱湘钢推进"黑灯工厂""5G 智慧工厂"示范项目过程中,湘钢棒材厂加速技术升级,从德国和奥地利引进精密设备,实现了对精品中小棒特钢生产线的提质改造。

一场突如其来的新冠肺炎疫情打乱了华菱湘钢的发展节奏。由于国外疫情的持续发酵带来的差旅限制,德国和奥地利技术人员无法赶赴湘潭现场配合设备安装,这无疑给精品中小棒特钢生产线设备的安装调试带来了影响,虽然华菱湘钢技术人员尝试了电话、微信视频等诸多方式,却始终无法实时解决装配调试过程中遇到的技术难题。

在这种情况下,华菱湘钢最终决定借助 5G 技术高速率、低时延、大带宽的特性,和增强现实应用相结合,解决装配调试过程中遇到的高速稳定数据传输和装配指导实时体验这两大难题。

1. 5G＋AR,助力国外工程师"身临其境"

早在 2019 年,华菱湘钢就已开始瞄准 5G 技术,部署 5G 基站。此次在全力复工复产和加速提质改造的使命要求下,华菱湘钢又与湖南移动、华为强强联手,利用前期已经部署好的 5G 网络,快速开通一条跨国专线,搭建了湘钢现场工程师和国外技术人员之间的高速率、低时延通信网络,通过增强现实技术和高清全景摄像头实现远程协作装配(图 6-41)。

由于产线装配精密度要求较高,细到需要确定每一颗螺钉的松紧程度,进而确保生产线装配运转精准无误。因此,在远程协助装配的过程中,基于视频及增强现实的应用都需要实时传输高清画面,并且要求画面清晰、稳定,达到"身临其境"的指导和诊断效果。对此,在本次远程协作装配中首次使用了集成 5G 工业模组的华为 5G 球形摄像机,通过 5G 网络与 5G 摄像机的协同,以及多项创新技术,有效解决视频传送峰值速率要求高、无线网络上行通道受限的问题,同时保障了视频的画质与流畅度。

图 6-41　华菱湘钢棒材厂 5G+AR 跨国远程装配

　　利用这套 5G+AR 的远程协作装配解决方案,位于湘潭的工程师将现场环境视频和第一视角画面通过 5G 网络实时推送给位于德国和奥地利的工程师,国外工程师依托实时标注、冻屏标注、音视频通信、桌面共享等增强现实技术,远程协助现场工程师实现了产线装配(图 6-42)。

图 6-42　工程师戴着 AR 眼镜与德国、奥地利技术专家实时交流装配调试细节

　　本次在工业建设现场创新使用的 5G+AR 解决方案也具有广泛的借鉴作用,这种非接触协作方式不仅可应用于远程协同装配,还可应用于远程协同设计、远程设备维护、远程医疗诊断等多种场景,让更多受到疫情影响的企业快速复工复产。

2. 提前布局,多场景落地打造 5G 应用最佳实践

　　对于华菱湘钢而言,5G 不仅仅是解决本次远程协作装配调试的应急方案,更

是智慧工厂建设的核心引擎。面对"新基建"带来的战略发展机遇,华菱湘钢正着力利用 5G、人工智能、大数据、云计算等 ICT 技术进行全业务、全流程的数字化升级,打造钢铁行业的智能工业互联网平台。

特别是在 5G 应用场景落地方面,华菱湘钢早已开始布局,这也是本次基于 5G＋AR 的远程装备调试能够得以快速部署的原因之一。从 2019 年开始,华菱湘钢就携手湖南移动、华为三方战略合作,在 5G 工业互联网领域先行试水,实现了天车远程控制、天车无人驾驶和机械臂远程控制等诸多应用场景。

(1)天车远程控制。

在推进智能制造、实现精益生产的过程中,"以人为本"一直是华菱湘钢的核心价值观之一。而作为钢铁行业的重要装备,部分天车岗位存在高温、噪声等环境影响,还易因连续作业引发人为操作失误,有可能导致安全或生产事故。此外,天车岗位分散且难以维护,也给组织管理带来不小的挑战。

为应对上述挑战,华菱湘钢联合湖南移动、华为打造了基于 5G 的天车远程控制解决方案。整个系统由远程操控系统(含视频监控、控制摇杆等)＋5G 网络＋天车(含 5G 客户终端、PLC、高清摄像头等)三部分组成。通过在天车端进行机电技术升级改造、部署 5G CPE 等设备,华菱湘钢利用 5G 网络打通了天车和远程操控系统之间的通信链路,让操作人员在舒适的办公室内就能完成对天车的各项操控,实现从"蓝领"工人到"白领"工人的转变。而天车上配备的多个高清摄像头为操作员提供了全方位视角,保障了远程操控的精准性和实时性。华菱湘钢在天车端和远程操控端通过 5G 网络搭建通信系统,上行速率达到 200Mb/s,下行速率达到 1.2Gb/s,通信时延为 20ms,完全满足 PLC 控制指令实时下发、高清视频实时回传和视频实时监控的诉求。远程操控系统满足人机协同下的实时操控和定位操作的需要,同时充分考虑操作人员的视觉舒适性和操作舒适性。

(2)天车无人驾驶。

华菱湘钢在天车远程控制的基础上,结合自身多年的实践经验,总结出天车操控的一般性规律,探索操作相对固定的天车无人驾驶模式。

与远程操控天车不同,天车无人驾驶系统需要不断实时采集天车水平方向、垂直方向的距离信息,同时获取周边物料、坑料、车辆、车斗高度及装卸位置信息和画面,以此构成无人驾驶系统自主决策的基础。因此,华菱湘钢使用了采集器(3D 扫描仪、激光测距仪、高清摄像头)＋5G 网络＋PLC 控制器的模式,实现天车端数据和周边环境数据的实时采集。通过 5G 网络将数据传输至服务器端进行处理分析,建立现场三维数据模型,结合人工智能算法输出动作指令集,下发给天车执行,从而实现天车无人化自主生产,如自动上料、自动吊装、自动卸料等。

对于华菱湘钢而言,天车无人驾驶除了将员工彻底从天车操控室中解脱出来外,无人天车还与华菱湘钢 MES 集成起来,天车依据订单需求自主实现钢板调运、按需出库,效率及出库准确率明显提升。无人天车真正实现了"让设备自主运行"

的目标,在减人增效方面也带来了新进展,为"5G 智慧工厂"建设奠定了扎实的技术基础。

(3)机械臂远程控制。

华菱湘钢在运用机械臂加渣的基础上,通过 5G 网络实现加渣机械臂和控制系统的互联互通。通过 5G 手机,操作人员可随时随地一键启动加渣程序,控制高温转炉旁边的机械臂实现加渣、吹渣动作的自动运行,高温转炉现场不再需要工人,降低工人车间高危作业的风险。此外,减少人为干预后,加渣机械臂(图 6-43)能更均匀地喷洒到炼钢转炉,大幅提升钢铁生产质量。

图 6-43　加渣机械臂远程控制

目前,华菱湘钢厂内已部署了 76 个 5G 基站,这些新的应用场景彻底改变了钢铁行业过去"傻大黑粗"的刻板印象,在提高生产效率、提升产品质量、改善员工工作环境、防范安全事故等方面发挥了积极作用。在 5G 等数字化手段赋能下,2019 年湘钢的钢、材产量分别提高了 1.92%、3.58%,劳动生产率提高了 8.79%,资产负债率降低了 3.14%,吨钢综合能耗降低了 3.61%,产品质量损失降低了 16.07%。

3. 持续创新,谱写 5G 智能工厂进化论

作为"十三五"规划的收官之年,2020 年初的新冠肺炎疫情给钢铁行业带来了不小的影响,主要体现在建筑、汽车等下游行业对钢材的需求延迟。然而在华菱湘钢看来,以推进智能制造为主线,提高钢铁行业绿色化、智能化水平,提质增效,推动钢铁行业高质量发展的基调不会改变。

在具体推进 5G 智能工厂的建设过程中,人员、机器、物料、工艺、环境(人、机、料、法、环)的实时数据采集是企业智能化发展的基础。在构建数据驱动的企业过程中,从数据中分析、挖掘价值,建立广泛的数据连接成为华菱湘钢转型升级的关键,而 5G 成为满足数据互联需求的重要手段。

因此,除了现有基于 5G 的高清视频采集、AR 远程维护和设备远程控制之外,

华菱湘钢将继续携手湖南移动和华为搭建一套专有网络、建设三个管理中心、覆盖十大应用场景,实现从设计、生产到销售各个环节的数据互联互通和资源整合优化。在目前已经取得的成果和经验基础上,2020年华菱湘钢与湖南移动、华为三方一起扩大天车远程控制、天车无人驾驶、高清视频监控的应用范围,加速工厂数字化、智慧化进程,实现无人库房、空车识别、电子围栏、钢材表面质量检测、铁水运输车无人驾驶等重要应用场景。

当这一个个应用场景落地后,还需要由点及面实现5G智慧工厂的全局智能优化。这时候,仅仅依靠5G技术是不够的,作为使能技术,5G还需要与相关的技术实现深度融合,包括云计算、边缘计算、人工智能、物联网、大数据等,通过"5G＋云""5G＋AI"等才能带来裂变式发展。

对此,华菱湘钢将和湖南移动、华为合作利用云端的超强计算能力和人工智能技术对海量数据进行分析和学习,打造云端的工业大脑。工业大脑掌握整个企业的历史运行状况、实时生产状态、设备健康状况、原材料状况、产品状况和人员状况,据此进行生产排程、工艺优化、预测性设备维护和智能决策等,使得各种各样的设备和产品变得更加智能,带来华菱湘钢整体智能化水平的跃迁。

中国标杆智能工厂百强榜

2020 年,e-works 开启了"中国标杆智能工厂"的评选活动,旨在发现更多中国本土智能工厂的标杆,寻找细分行业智能工厂的领先企业,探索智能工厂建设重点、关键技术和实践经验。目前,e-works 已累计评选出 100 家标杆智能工厂,这100 家标杆智能工厂分布在中国的 22 个省、自治区、直辖市的 18 个制造行业,其中,江苏、山东、浙江、广东 4 省最集中,汽车整车及零部件、机械装备、电子通信 3 个行业的智能化水平领先。100 家标杆智能工厂的详细名单见附表 1(排名不分先后)。

附表 1 100 家标杆智能工厂的详细名单

序号	工 厂 名 称	细分行业	地区	城市
1	中国第一汽车股份有限公司红旗数字化工厂	汽车整车	吉林	长春
2	青岛海尔洗涤电器有限公司	家电	山东	青岛
3	深圳市华星光电半导体显示技术有限公司	LED 面板	广东	深圳
4	潍柴动力股份有限公司一号工厂	汽车发动机	山东	潍坊
5	宁德新能源科技有限公司	新能源	福建	宁德
6	内蒙古金海伊利乳业有限责任公司	食品饮料	内蒙古	呼和浩特
7	富士康工业互联网股份有限公司精密工具智能制造工厂	精密工具制造	广东	深圳
8	南京爱立信熊猫通信有限公司	通信设备	江苏	南京
9	佛山市顺德区美的洗涤电器制造有限公司	家电	广东	佛山
10	广汽埃安新能源汽车有限公司	汽车整车	广东	广州
11	奇瑞捷豹路虎汽车有限公司(常熟工厂)	汽车整车	江苏	常熟
12	菲尼克斯电气南京第二基地智能工厂	电气设备	江苏	南京
13	徐工铲运装载机智能工厂	工程机械	江苏	徐州
14	合肥美的洗衣机有限公司	家电	安徽	合肥
15	华润三九医药股份有限公司 观澜基地	医药	广东	深圳
16	联宝(合肥)电子科技有限公司	IT 制造	安徽	合肥
17	正泰低压电器数字化工厂	低压电器	浙江	乐清
18	佛山维尚家具制造有限公司工业 4.0 制造基地	家具	广东	佛山

序号	工 厂 名 称	细分行业	地区	城市
19	德龙钢铁有限公司	钢铁	河北	邢台
20	一汽解放汽车有限公司无锡柴油机惠山工厂	汽车发动机	江苏	无锡
21	英业达集团服务器事业群 上海智能制造中心	电子组装	上海	上海
22	余姚领克汽车部件有限公司	汽车整车	浙江	余姚
23	中达电子(江苏)有限公司吴江三厂	IT 制造	江苏	吴江
24	佛吉亚(盐城)汽车部件系统有限公司	汽车座椅	江苏	盐城
25	株洲中车时代电气制造中心轨道交通牵引变流核心零部件工厂	轨道交通	湖南	株洲
26	惠阳联想电子工业有限公司	IT 制造	广东	惠阳
27	飞鹤(泰来)乳品有限公司	食品饮料	黑龙江	齐齐哈尔
28	广汽乘用车有限公司宜昌分公司	汽车整车	湖北	宜昌
29	武汉光迅科技股份有限公司	光通信	湖北	武汉
30	博世华域转向系统有限公司上海工厂	汽车转向器	上海	上海
31	中国电子科技集团公司第十四研究所复杂电子装备智能工厂	电子	江苏	南京
32	江苏上上电缆集团有限公司超高压智能工厂	电缆	江苏	常州
33	青岛森麒麟轮胎股份有限公司青岛工厂	轮胎	山东	青岛
34	江苏恒顺醋业股份有限公司	食品饮料	江苏	镇江
35	国能太仓发电有限公司	电力	江苏	太仓
36	正泰新能源光伏组件智能工厂	新能源	浙江	杭州
37	天津市新天钢冷轧薄板有限公司	钢铁	天津	天津
38	上海纳铁福传动系统有限公司康桥分公司	汽车传动系统	上海	上海
39	友达光电(苏州)有限公司液晶显示模组智能制造工厂	光电子	江苏	苏州
40	吴忠仪表控制阀智能工厂	自动化仪表/控制阀	宁夏	吴忠
41	浙江梅轮电梯股份有限公司	电梯	浙江	绍兴
42	爱柯迪股份有限公司	汽车传动系统	浙江	宁波
43	浪潮高端装备智能工厂	IT 制造	山东	济南
44	威马汽车科技集团有限公司	汽车整车	浙江	温州
45	雅戈尔服装制造有限公司	服装	浙江	宁波
46	郑州宇通客车股份有限公司新能源厂区	汽车整车	河南	郑州
47	山东京博石油化工有限公司	石油化工	山东	滨州
48	中车四方所高铁核心机电系统产品智能工厂	轨道交通	山东	青岛

序号	工 厂 名 称	细分行业	地区	城市
49	海尔冰箱中一互联工厂	家电	山东	青岛
50	中集华骏车辆有限公司	汽车整车	河南	驻马店
51	宁波普瑞均胜汽车电子有限公司	汽车电子	浙江	宁波
52	上海汽车集团股份有限公司乘用车分公司宁德工厂	汽车整车	福建	宁德
53	博格华纳摩斯系统中国	汽车动力系统	浙江	宁波
54	杭叉集团股份有限公司	物流装备	浙江	杭州
55	佛吉亚（无锡）座椅部件有限公司	汽车座椅	江苏	无锡
56	南京南瑞继保电气有限公司	电气设备	江苏	南京
57	湖北美的电冰箱有限公司	家电	湖北	荆州
58	滨州渤海活塞有限公司	内燃机活塞	山东	滨州
59	蜂巢传动徐水智能变速器工厂	汽车传动系统	河北	徐水
60	共享装备股份有限公司3D打印智能成形工厂	增材制造	宁夏	银川
61	杭州贝因美母婴营养品有限公司	食品饮料	浙江	杭州
62	盐城阿特斯阳光能源科技有限公司高效太阳能电池智能工厂	新能源	江苏	盐城
63	研华科技（中国）有限公司昆山制造园区	工控产品	江苏	苏州
64	豫北转向系统（新乡）有限公司	汽车转向器	河南	新乡
65	上海海立（集团）股份有限公司南昌海立智能工厂	空调压缩机	江西	南昌
66	广东联塑科技实业有限公司涌口智能制造示范车间	塑料管材	广东	佛山
67	赛轮集团股份有限公司青岛工厂	轮胎	山东	青岛
68	安徽华润金蟾药业股份有限公司	医药	安徽	淮北
69	海尔天津洗衣机互联工厂	家电	天津	天津
70	江苏永钢固废利用智能工厂	钢铁	江苏	张家港
71	东方电气大型清洁高效发电设备核心零部件智能制造数字化车间	发电设备	四川	德阳
72	广汽研究院数字化试制工厂	汽车整车	广东	广州
73	浙江传化化学品有限公司	石油化工	浙江	杭州
74	三一重能风电整机智能工厂	机械装备	北京	北京
75	日立电梯（中国）有限公司广州工厂	电梯	广东	广州
76	山东东华水泥有限公司	水泥	山东	淄博
77	烟台冰轮智能机械科技有限公司	铸造	山东	烟台
78	中国空空导弹研究院雷达产品总装厂	航空航天	河南	洛阳
79	武汉裕大华纺织有限公司全流程智能纺纱新模式运用工厂	纺纱	湖北	武汉

序号	工 厂 名 称	细分行业	地区	城市
80	晶科能源股份有限公司上饶五厂	新能源	江西	上饶
81	安徽合力股份有限公司	物流装备	安徽	合肥
82	中集冷藏箱制造有限公司	冷藏箱	山东	青岛
83	河南许继仪表有限公司	仪器仪表	河南	许昌
84	尚纬股份有限公司	电缆	四川	乐山
85	多氟多化工股份有限公司四分厂	氟化工	河南	焦作
86	美巢集团北京工厂	石油化工	北京	北京
87	中信重工机械股份有限公司特种机器人制造智能化工厂	机械装备	河南	洛阳
88	芜湖中集瑞江汽车有限公司	汽车整车	安徽	芜湖
89	九牧淋浴房工厂	卫浴	福建	南安
90	重庆小康动力有限公司	汽车发动机	重庆	重庆
91	湖北恒隆汽车系统集团有限公司恒盛工厂	汽车转向器	湖北	荆州
92	金盘科技海口高端干式变压器数字化工厂	机械装备	海南	海口
93	成都领克汽车有限公司	汽车整车	四川	成都
94	一汽-大众动力总成事业部数字化工厂	汽车动力电池	吉林	长春
95	三棵树涂料股份有限公司集团工厂	涂料	福建	莆田
96	海尔中德热水器互联工厂	家电	山东	青岛
97	宗申动力101工厂	汽车发动机	重庆	重庆
98	河南森源电气股份有限公司电力装备智能工厂	高压开关	河南	长葛
99	安徽天航机电有限公司智能工厂	航修	安徽	芜湖
100	四川亚度家具有限公司定制家具工厂	家具	四川	德阳

中国非标自动化集成商百强榜

  2020 年以来,受新冠肺炎疫情影响,全球制造业都遭受了重创。疫情之下,制造企业开始意识到,推进数字化转型与智能制造、建设智能工厂是应对经济与社会环境不稳定性与不确定性的有效途径。在国内疫情进入常态化防控的新阶段,建设智能化工厂的需求也加速被激发。然而,智能工厂的建设离不开非标自动化系统集成商,它们通过为制造企业提供满足特定需求、切合行业及现场应用的解决方案,帮助制造企业从稳定性、可靠性、持续性等方面满足工业自动化需求,已成为推动智能工厂建设的中坚力量。e-works 调研分析了国内数百家智能工厂非标自动化系统集成商,旨在帮助广大中国制造企业全方位了解我国智能制造领域优秀的非标自动化系统集成商所分布的区域、服务的行业、技术优势和最佳实践案例,选取能够值得信赖并提供满足企业特定需求、切合行业特点的优秀系统集成商开展合作,从而进一步推动企业智能工厂建设,加快智能制造转型步伐。2020 中国智能工厂非标自动化集成商百强榜名单见附表 2。

附表 2　2020 中国智能工厂非标自动化集成商百强榜名单

排名	公司名称	区域	服务行业	解决方案	主要业绩
1	无锡先导智能装备股份有限公司	江苏	锂电池、光伏、汽车、薄膜电容器设备制造等	为锂电池、光伏电池/组件、3C、薄膜电容器等节能环保及新能源产品的生产制造商提供高端全自动智能装备及解决方案	为泰能科技定制开发的国内首条200PPM 高速 21 700 圆柱形锂电池生产线,技术超越韩国
2	上海新时达电气股份有限公司	上海	3C、包装、汽车零部件、金属加工、建筑铝模板、物流、白电、工程车辆、农业机械、食品、医药等	提供汽车白车身焊装生产线机器人系统工程、机器人滚边系统、机器人模拟仿真/离线编程、机器人焊接系统等智能制造系统集成	向海尔胶州工厂交付空调外机底座的冲压和焊接智能产线等

续表

排名	公司名称	区域	服务行业	解决方案	主要业绩
3	宁波均普智能制造股份有限公司	浙江	汽车工业、工业机电、消费品、医疗健康等	为全球知名制造商提供"交钥匙工程"智能制造装备及工业4.0智能制造整体解决方案	承接宝洁集团全球电动剃须刀智能制造装备投资项目；向全球范围内交付超过120套全自动平面口罩生产线及全自动KN95口罩生产线
4	大族激光科技产业集团股份有限公司	广东	消费电子、显视面板、动力电池、PCB、机械五金、汽车船舶、航天航空、轨道交通、厨具电气等	提供激光、机器人及自动化技术在智能制造领域的系统解决方案	向李尔集团等世界知名汽车零部件供应商提供定制化的激光焊接解决方案；首条白车身焊装主线成功交付长城汽车
5	北京机械工业自动化研究所有限公司	北京	汽车、3C电子、医药、食品等	致力于制造业领域自动化、信息化、集成化技术的创新、研究、开发和应用，为客户提供由开发、设计、制造、安装到服务的整体解决方案	完成天水长城、潍柴动力、江苏盛虹等国家智能制造发展装备专项项目；为上饶客车量身定制智能工厂总体设计方案；承建了宁波方太厨具100亩(1亩≈666.67m²)智能物流中心项目、北京红星股份有限公司自动化仓库物流系统项目等
6	湖北三丰智能输送装备股份有限公司	湖北	汽车、机械制造、仓储物流、轻工、电子、建材、家电、食品、医药、化工、军工、机车等	智能物流输送成套装备及工业机器人系统集成解决方案	中标上汽通用JQ凯迪车身车间焊装线项目、比亚迪新能源汽车"总装车间"项目等
7	沈阳新松机器人自动化股份有限公司	辽宁	汽车、3C、电力、机械、航空航天、新能源、食品、医药、烟草等	机器人及数字化工厂解决方案，致力于为全球客户提供全智能化、数字化的产品及服务	助力长飞完成光纤行业首个智能制造工厂，提供智能物流系统、移动机器人搬运系统以及工业机器人分拣系统等

续表

排名	公司名称	区域	服务行业	解决方案	主要业绩
8	江苏哈工智能机器人股份有限公司	江苏	汽车、汽车零部件、医疗设备等	专业为汽车、汽车零部件等行业客户提供先进的智能化柔性生产线	子公司奥特博格与深圳宝能集团携手建立宝能集团西安基地焊装车间观致汽车智能制造柔性化门盖生产线
9	博众精工科技股份有限公司	江苏	消费电子、汽车、新能源等	主要从事自动化设备、自动化柔性生产线、自动化关键零部件以及工装夹(治)具等产品的研发、设计、生产、销售及技术服务,亦可提供数字化工厂的整体解决方案	签约江西永冠智能制造升级项目,帮助其打造数字化工厂
10	广东拓斯达科技股份有限公司	广东	3C、新能源、汽车零部件制造、5G、光电、家用电器等	提供以工业机器人为核心的智能装备、以控制系统及 MES 为代表的工业物联网软件系统、基于工业机器人的自动化应用和智能环境整体方案	累计向伯恩光学交付超过 90 多项自动化项目;承接了立讯精密自动化生产前端的自动化生产环境建设相关业务的智能能源及环境管理系统业务
11	天奇自动化工程股份有限公司	江苏	汽车、物流、食品、烟草、交通运输等	为规模化产品的全生命周期提供高端智能化装备的解决方案和服务,广泛应用于汽车、家电、机场机床、内燃机、冶金、化工等众多行业	中标一汽解放 J7 智能装配线项目
12	深圳市赢合科技股份有限公司	广东	锂电池行业	锂电池智能生产线整线方案	携手振德医疗开发 KN95 口罩生产线抗击新冠肺炎疫情;2020 年中标宁德时代超 14 亿设备订单

续表

排名	公司名称	区域	服务行业	解决方案	主要业绩
13	浙江杭可科技股份有限公司	浙江	锂电池制造	锂电池生产线后处理系统整体解决方案	为韩国三星、韩国LG、日本村田、宁德新能源、比亚迪、国轩高科、天津力神等国内外知名锂电池制造商配套供应各类锂电池生产线后处理系统设备
14	长园科技集团股份有限公司	广东	消费类电子、新能源、汽车、医疗健康和物流等	工业自动化设备及测试解决方案、工业自动化装配及测试解决方案、智能工厂行业装备与整体解决方案、芯片封装设备解决方案等	长园运泰利为吉利威睿汽车研发第一条EDU电控量产线并下线
15	诺力智能装备股份有限公司	浙江	食品饮料、医药、汽车、机械制造、造纸、化工、纺织服装、物流仓储、新能源锂电池等	物料搬运和物流系统集成以及智慧工厂系统解决方案	中鼎集成、法国SAVOYE、上海诺力公司自设立以来持续深耕智慧物流行业,截至目前已完成相关物流系统工程案例超过1700个
16	上海沃迪智能装备股份有限公司	上海	食品、化工、家居、冶金、汽车零部件等	专注于工业智能机器人、自动化成套装备、数字化工厂、智能制造系统集成领域,为工业自动化、标准化、信息化生产线提供一站式解决方案	阴极铜机器人自动包装机组在大冶有色公司顺利完成设备交付验收;面向汽车零部件行业,在潍柴动力、佛吉亚、三一重工、天际汽车等全球领先的客户端取得订单
17	苏州富强科技有限公司	江苏	3C电子、汽车等	致力于非标自动化设备、高精密检测设备、工业视觉系统、人机交互系统等智能制造全方位解决方案的开发与应用	承担"便携式电子产品结构模组精密加工智能制造新模式"项目通过验收;向德国客户输出自动化生产线及智能车间整体解决方案

排名	公司名称	区域	服务行业	解决方案	主要业绩
18	哈尔滨博实自动化股份有限公司	黑龙江	化工、橡胶、冶炼、饲料、粮食/食品/饮料、医药、建材、烟草、轮胎分拣等	提供工业机器人、自动化成套装备及系统解决方案,主要应用于石油化工、煤化工、盐化工、精细化工、化肥、冶金、物流、食品、饲料等行业	为万华化学提供性能可靠的包装码垛设备和服务;为浙江石化鱼山岛项目提供15条FFS膜袋自动包装线
19	大连奥托股份有限公司	辽宁	汽车行业等	专业从事汽车白车身装备规划、设计、制造及系统集成,并为汽车以外的其他工业领域自动化生产线提供整体解决方案及各类高性能输送产品	承接上汽大众公司宁波工厂Audi CSUV焊装线项目、一汽-大众佛山工厂MEB前后盖第三车型焊装线项目、华晨宝马公司大东工厂新车型后地板、侧围、总拼、调整线项目等
20	广东正业科技股份有限公司	广东	PCB、锂电池、平板显示器等	智能检测、自动化产线和智能制造解决方案	在PCB、新能源、平板显示器、汽车电子、纺织等行业都成功实现了智能制造项目,积累了丰富的智能制造集成经验,并携手龙纪股份、戈尔德、中国联通打造汽配行业智能制造示范试点
21	大连豪森设备制造股份有限公司	辽宁	汽车及零部件行业	智能生产线和智能设备集成供应商,主要从事智能生产线的规划、研发、设计、装配、调试集成、销售、服务和交钥匙工程等	混合动力变速箱智能装配线、驱动电机智能生产线、动力锂电池智能生产线和氢燃料电池智能生产线等,在特斯拉、华晨宝马、加拿大巴拉德、上汽通用、一汽大众、盛瑞传动、孚能科技、捷氢科技、新源动力和潍柴动力等下游主要客户获得推广应用

续表

排名	公司名称	区域	服务行业	解决方案	主要业绩
22	埃夫特智能装备股份有限公司	安徽	汽车及零部件、3C电子、家电、轨道交通、航空航天、工程机械、光伏、铸造、卫浴陶瓷、家具木器等	提供工业机器人和跨行业智能制造解决方案,尤其在汽车行业柔性焊装系统、通用行业智能喷涂系统和智能抛光打磨和金属加工系统等领域为合作伙伴提供交钥匙整体解决方案	在全球范围拥有汽车工业、航空及轨道交通业、汽车零部件及其他通用工业的众多客户;参与投建的面向家具行业的智能共享喷涂中心在江西赣州建成落地
23	广州明珞装备股份有限公司	广东	汽车制造业	为主流汽车制造商、零部件生产商提供智能制造解决方案	为奔驰、宝马、特斯拉、菲亚特克莱斯勒、法国标致等整车集团的全球供应商;还成功实施中国石油集团测井有限公司技术中心测井装备自动化加工生产线项目
24	长春合心机械制造有限公司	吉林	汽车制造业等	提供天窗、轮胎、座椅等汽车零部件非标自动化装配生产线、电子元器件自动化装配生产线、教育装备、N95/KN95自动化口罩生产线、刀具智能磨削无人共享工厂、电控箱共享工厂、智能制造数字化车间交钥匙工程等	是世界著名品牌米其林轮胎、伟巴斯特天窗全球供应商,汽车零部件智能制造细分领域的世界隐形冠军
25	科大智能科技股份有限公司	上海	高端装备制造业、轨道交通、综合能源、基础工业、航空航天、消费品制造业等	提供智能机器人、智能装备、智能电网终端设备、工业机器人系统化集成等产品及涵盖产品全生命周期的服务体系	成功进入汽车高端装备制造行业各主要生产厂商供应商名录,与大众、上汽、吉利、沃尔沃、福特、丰田等全球高端制造业领导厂商形成了良好的合作关系

排名	公司名称	区域	服务行业	解决方案	主要业绩
26	苏州赛腾精密电子股份有限公司	江苏	消费电子、汽车（新能源汽车）、半导体及锂电池等	为实现智能化生产提供系统解决方案，产品和服务涉及消费电子、汽车（新能源汽车）、半导体及锂电池等业务领域	与包括苹果及苹果供应链等在内的多家全球知名的消费电子产品制造商建立了良好的合作关系，客户订单量逐年攀升
27	河南平原智能装备股份有限公司	河南	汽车、工程机械、轨道交通、家电、物流仓储等	提供智能自动化生产线系统的专业解决方案，包括方案规划、工艺及非标设备设计、生产线制造和安装调试、系统运转的后续服务等	已为日产、长城汽车、奇瑞汽车、东风新能源客车、吉利汽车等提供了整条涂装生产线交钥匙工程
28	湖北京山轻工机械股份有限公司	湖北	3C、光伏等	提供产线自动化和智能物流、智能仓储系统解决方案，以及智能工厂、工厂自动化改造等	光伏自动化方面，承接了行业内最大的单体项目，即隆基15GW项目
29	广东利元亨智能装备股份有限公司	广东	锂电池、汽车零部件、精密电子、安防、轨道交通等	主要从事智能制造装备的研发、生产及销售，为锂电池、汽车零部件、精密电子、安防、轨道交通等行业提供高端装备和工厂自动化解决方案	锂电池制造装备领域与新能源科技、宁德时代、比亚迪、力神、中航锂电、欣旺达等建立了长期稳定的合作关系。在专注服务锂电池行业的同时，积极开拓汽车零部件、精密电子、轨道交通以及安防等行业
30	营口金辰机械股份有限公司	辽宁	光伏、港口物流	提供太阳能光伏组件自动化生产线成套装备优势企业和工厂自动化解决方案	光伏生产装备已获得隆基乐叶、通威股份、东方日升等国内外的主流光伏生产企业认可
31	东莞市沃德精密机械有限公司	广东	3C电子	依据客户的工艺流程，能提供外观检测、功能检测、整机测试等系统集成的全自动化解决方案	主要客户包括Apple、华为、Oppo、Vivo等

排名	公司名称	区域	服务行业	解决方案	主要业绩
32	迈赫机器人自动化股份有限公司	山东	汽车、工程机械、农业装备等	提供智能装备系统、公用动力及装备能源供应系统的研发、制造与集成以及规划设计服务	陆续实施了上汽通用五菱柳州西车柔性线、长安马自达CP区焊装线、吉利汽车焊装线、上汽红岩汽车焊装线、大运汽车乘用车项目焊装线等自动化程度较高的总包项目
33	无锡奥特维科技股份有限公司	江苏	晶体硅光伏行业和锂动力电池行业	为光伏企业提供串焊机、激光划片机、硅片分选机等自动化设备,同时面向新能源领域,提供自主研发的锂电模组、PACK智能生产线及锂电池外观分选设备	先后中标晶科能源"上饶组件4.8GW新建项目"、隆基绿能锂电模组PACK线等项目;已与力神、郑州比克、远东电池、盟固利、卡耐、格林美、金康汽车、联动天翼、恒大新能源、孚能科技等电芯、PACK、整车企业建立了业务合作
34	南京埃斯顿自动化股份有限公司	江苏	汽车、3C、纺织、印刷包装等	以领先的自主核心部件、全系列工业机器人产品和以机器人为核心的自动化应用单元和工作站为基础,为客户提供集自动化、数字化、信息化和工业互联网相融合的智能制造系统工程解决方案	智能制造系统已经广泛应用于家电、新能源、新型建材、汽车及零部件、食品与饮料、电力设备制造及烟草等行业
35	深圳市联得自动化装备股份有限公司	广东	平板显示行业	提供专业化、高性能电子专用设备和解决方案	成功中标广州国显科技有限公司维信诺第六代柔性AMOLED模组生产线项目;客户还包括富士康、京东方、华为、苹果、TCL华星、长信科技等

排名	公司名称	区域	服务行业	解决方案	主要业绩
36	江苏新美星包装机械股份有限公司	江苏	饮料制造业、酒类制造业、食用油制造业、调味品制造业等	致力于为液态产品智能工厂提供产存一体化整体解决方案	在饮料、酒类、食用油、调味品、日化等液态产品行业,已为可口可乐、达能、雀巢、大家、娃哈哈、达利、怡宝、景田、农夫山泉、益海嘉里、中粮、海天、鲁花、恒顺、纳爱斯等国内外著名品牌客户提供优质设备和服务
37	广州瑞松智能科技股份有限公司	广东	汽车及汽车零部件、3C、机械、电梯、摩托车、船舶等	专注于机器人系统集成与智能制造领域的研发、设计、制造、应用、销售和服务,致力于为客户提供成套智能化、柔性化制造系统解决方案	长期服务丰田、本田、三菱、马自达、菲亚特克莱斯勒、广汽乘用车、广汽埃安、比亚迪、日立电梯、五羊本田、中集集团、中船黄埔等知名品牌企业
38	杭州永创智能设备股份有限公司	浙江	液态食品、固态食品、医药、化工、家用电器、造币印钞、仓储物流、建筑材料、造纸印刷、图书出版等	国内大型整套包装生产线解决方案提供商,为客户提供离散/混合型智能包装系统	在智能包装生产线方面,已成为伊利、蒙牛、百威、华润等大型企业的重要设备供应商及合作伙伴
39	东杰智能科技集团股份有限公司	山西	汽车整车及零部件、工程机械、物流仓储、食品饮料、电子商务、化工、烟草、医药、冶金等	智能制造系统总承包服务及个性化定制解决方案	在智能物流装备行业拥有丰富的项目经验,在汽车、工程机械、医药、食品饮料等重点领域均有该行业内的标杆工程;2020 年上半年新签署了 5000 万元以上订单 5 个,总金额约 5.5 亿元

续表

排名	公司名称	区域	服务行业	解决方案	主要业绩
40	苏州斯莱克精密设备股份有限公司	江苏	食品、饮料制造业等	提供完整的制罐生产线,并能够达到交钥匙的程度	易拉罐、盖高速生产设备行业有着较高的技术及市场壁垒,目前国内企业中尚无在技术水平、产品性能上与该公司相近的竞争对手
41	南京熊猫电子装备有限公司	江苏	3C电子等	智能制造核心装备和智能工厂系统集成	拥有完全自主知识产权的熊猫机器人和iManuf智能制造系统,已成功为3C、液晶面板、玻璃制造、新能源、新材料、教育培训等多个行业提供定制化智能制造整体解决方案
42	杭州中亚机械股份有限公司	浙江	乳品、医疗健康、食用油脂、日化、调味品、饮料等	提供包装生产线设计规划、工程安装、设备生命周期维护、塑料包装制品配套供应等全面解决方案	获得了伊利、香飘飘、今麦郎、养元集团、祖名食品、德馨食品、浙江李子园食品集团等多家知名企业的无菌瓶装和杯装灌装生产线的订单
43	深圳市今天国际物流技术股份有限公司	广东	烟草、医药、石化和动力锂电池行业等	智慧物流和智能制造系统综合解决方案,包括生产自动化及物流系统的规划设计、系统集成等	取得广州药业白云基地项目、中国石化集团中韩石化等非烟行业大项目订单,并获取日本SECI公司系列订单
44	深圳市瑞凌实业股份有限公司	广东	军工、航空航天、船舶、石化工程、工程机械、电力工程、钢结构、车辆制造、轨道交通等	机器人焊接系统集成解决方案	成功承接了中联重科"榫头式标准节主弦杆自动化生产线"等项目

续表

排名	公司名称	区域	服务行业	解决方案	主要业绩
45	昆山华恒焊接股份有限公司	江苏	工程机械、石油化工、轨道交通、矿山、船舶制造、航空航天、军工、海洋工程、核电、医药等	在焊接工艺技术、工业机器人、自动化、智能化装备领域提供一体化解决方案	成功实施近百项大中型自动化项目,其中包括焊接智能车间项目、物流自动化生产线项目、第三方物流智能化仓储分拣配送项目、船用管道智能焊接车间(马来西亚)、管道智能制造车间(中海油)等
46	深圳市利和兴股份有限公司	广东	通信行业	专业从事智能手机检测、智能手机自动化组装、自动化包装设备及集成	产品主要应用于移动智能终端和网络基础设施器件的检测和制造领域,客户包括华为、富士康、维谛技术、TCL、富士施乐、佳能等知名企业
47	中国电器科学研究院股份有限公司	广东	计算机、通信和其他电子设备制造业	主要包括家电智能工厂解决方案、励磁装备、新能源电池自动检测系统,其中家电智能工厂解决方案主要包含智能制造与试验装备、定制化零部件两大类型	先后与日本夏普、美国惠而浦、德国博世、欧洲 Gorenje 等国际知名企业签订了家电智能装备合同
48	佛山隆深机器人有限公司	广东	汽车、家电、3C电子等	提供完整的机器人系统及整体自动化解决方案	在国内白电机器人集成应用市场占有率第一;并进入汽车领域,与东风雷诺、一汽丰田、广汽丰田等多家车企建立起合作关系
49	上海中车瑞伯德智能系统股份有限公司	上海	汽车及汽车零部件、轨道交通等	轨道交通、机加工、家电、食品药品等行业的智能制造整体解决方案	签约参与常德中车新能源世界标杆工厂建设;中标新能源汽车扩能项目五大片及零部件焊接生产线采购及安装项目、机床连线自动化总包项目等

续表

排名	公司名称	区域	服务行业	解决方案	主要业绩
50	上海天永智能装备股份有限公司	上海	汽车制造、工程机械、航空航天、军工、家电电子、物流仓储和食品、饮料、医药等	是智能型自动化生产线和智能型自动化装备的集成供应商,主要从事智能型自动化生产线和智能型自动化装备的研发、设计、生产、装配、销售和售后培训及服务等	成功进入上汽集团、北汽集团、广汽集团、长城汽车、一汽集团、全柴集团、常柴股份、上汽大众等汽车厂供应商体系,先后承接了上述汽车行业整车厂商和发动机厂商智能型自动化生产线的项目建设
51	快克智能装备股份有限公司	江苏	3C消费电子、汽车电子、5G通信等	智能制造解决方案提供商,广泛服务于3C智能终端及模组、汽车电子、5G通信、医疗电子、智能家居、新能源锂电池等行业	积累了包括立讯集团、富士康、伟创力、和联永硕、瑞声科技、歌尔集团、比亚迪、台达集团、罗技、松下、电产、莫仕、安费诺集团等一批下游精密电子制造业知名客户
52	苏州瀚川智能科技股份有限公司	江苏	汽车电子、新能源电池、医疗健康等	汽车电子、医疗健康、新能源电池等行业智能制造装备整体解决方案	在汽车电子、医疗健康等领域,拥有博世、电装、麦格纳、大陆集团、爱信精机、李尔及法雷奥、美敦力、百特、3M等知名客户
53	苏州天准科技股份有限公司	江苏	消费类电子、汽车制造等	工业视觉装备,包括精密测量仪器、智能检测装备、智能制造系统、无人物流车等	主要客户群体覆盖消费电子、汽车制造、光伏半导体、仓储物流等各领域,包括苹果公司、三星集团、富士康、欣旺达、德赛、博世、法雷奥、隆基集团、菜鸟物流等

续表

排名	公司名称	区域	服务行业	解决方案	主要业绩
54	江苏北人机器人系统股份有限公司	江苏	汽车零部件以及航天航空、船舶和重工	提供工业机器人自动化、智能化的系统集成整体解决方案，主要涉及柔性自动化、智能化的工作站和生产线的研发、设计、生产、装配及销售	进入上汽集团、一汽集团、东风集团、北汽集团以及特斯拉等主流汽车厂供应商体系；在航空航天、军工、船舶、重工等领域开拓了上海航天、沈阳飞机、卡特彼勒、振华重工、三一重工等大型客户
55	昆山佰奥智能装备股份有限公司	江苏	电子产品及汽车等	致力于智能装备及其零组件的研发、设计、生产和销售，为客户实现智能制造提供成套装备及相关零组件	积极拓展新业务，疫情期间研发制造平面口罩生产线、N95 口罩生产线等设备；与立讯精密、鸿海精密、中达电子、艾尔希汽车、李尔汽车、恩坦华汽车、中车时代、西门子、博朗等建立了长期、良好的合作关系
56	武汉华中数控股份有限公司	湖北	汽车、航空航天、3C 电子等	为各类制造企业提供多关节工业机器人整机、机器人核心零部件控制器等产品，以及智能产线、智能工厂整体解决方案	在喷涂、打磨、耳机生产线、音响生产线等领域取得突破，形成标准化解决方案
57	赛摩智能科技集团股份有限公司	江苏	机械、3C 电子、化工、钢铁、水泥、食品、医药等	致力于为流程制造业散料行业、离散制造业机械、汽车和3C电子行业客户提供工厂智能化整体解决方案的规划和实施	为南钢 JIT＋C2M 智能工厂项目提供 AGV 转运、自动化立库仓储系统；签约宝武钢铁自动化立库项目等
58	上海克来机电自动化工程股份有限公司	上海	汽车	发动机汽车电子、汽车内饰零配件等领域柔性自动化生产线与工业机器人系统应用	2020 年上半年柔性自动化智能装备与工业机器人系统业务新签订单1.38 亿元；成功开发了高性价比的1 拖 1、1 拖 2 成人（儿童）平面口罩生产线和 KN95 打片机和耳带自动熔接机

续表

排名	公司名称	区域	服务行业	解决方案	主要业绩
59	南京音飞储存设备（集团）股份有限公司	江苏	汽车、电商、医药、电力、新能源、移动通信、食品冷链、纺织服装等	自动化物流系统解决方案	2020年新增订单额近7亿元，订单来源主要行业为智能制造系统集成、物流系统集成、医疗医药行业、农产品及冷链行业
60	爱仕达股份有限公司	浙江	汽车、3C、轨道交通、机械制造等	服务项目涵盖工业机器人集成及其应用工程、自动化方案设计等多个领域，致力于为客户提供系统解决方案和交钥匙工程	上海爱仕达机器人成功为多家国内知名家居企业开发出钉架领域智能解决方案；索鲁馨正式进入黑色＋低压铸造领域
61	兰剑智能科技股份有限公司	山东	烟草、医药、图书、鞋服、电子产品、电力、印刷、汽车、国防军工、航空航天、建材等	智能仓储物流自动化系统解决方案	已为众多客户提供了智能仓储物流自动化系统解决方案，受到中国烟草、中国医药集团、美国宝洁（P&G）、唯品会、京东、国家电网等众多知名企业的认可
62	深圳市海目星激光智能装备股份有限公司	广东	消费电子、动力电池、钣金等	激光及自动化综合解决方案	在消费电子、新能源电池等应用领域，积累了苹果、华为、富士康、伟创力、立讯精密、京东方、蓝思科技、特斯拉、CATL、长城汽车、蜂巢能源、中航锂电、亿纬锂能等行业龙头或知名企业客户，实施了多个标杆项目和批量化的交付，并打造出多个应用样板工程
63	上海先惠自动化技术股份有限公司	上海	汽车及零部件行业	为国内外中高端汽车生产企业及汽车零部件生产企业提供智能自动化生产线	产品主要应用于中高端品牌汽车的生产，是大众汽车（包括上汽大众、一汽大众）、华晨宝马的动力电池包（PACK）生产线主要供应商

排名	公司名称	区域	服务行业	解决方案	主要业绩
64	四川长虹智能制造技术有限公司	四川	家电行业	致力工厂精益管理、工厂自动化、工厂信息化三个板块的一站式服务,为客户提供智能制造系统解决方案	在家电、军工、教育、家居等行业收获多个订单
65	大连智云自动化装备股份有限公司	辽宁	3C、汽车及新能源等	国内领先的成套自动化装备方案解决商,为客户提供自动化制造工艺系统研发及系统集成服务	全资子公司深圳市鑫三力及控股子公司深圳九天中创与同兴达电子分别签订了销售邦定线、偏贴线等设备合同,共超1亿元
66	福能东方装备科技股份有限公司	广东	锂电池、消费电子、办公文具、生物医疗、汽车等	智能自动化整线、整厂综合解决方案	旗下超业精密获宁德新能源(ATL)超3亿元订单;大宇精雕开拓LCD挤压封口自动线、保护片自动组装线、FPC全自动生产线等非标自动化设备
67	广州达意隆包装机械股份有限公司	广东	饮料、油脂、日化等快消品行业、塑料制品行业等	饮料及其他液体包装机械整线解决方案及工业自动化解决方案	现有国内外企业客户超过400家;"高速、节能第五代热灌装吹瓶机"项目在客户现场顺利通过专家组验收
68	浙江德马科技股份有限公司	浙江	电子商务、快递物流、服装、医药、烟草、新零售、智能制造等	自动化物流系统解决方案	中标了京东北京京威、唯品会华东、顺丰保定、顺丰义乌、顺丰内蒙古等快递电商项目,以及九牧王泉州、大华富阳等一系列智能物流和智能制造项目
69	东莞市中天自动化技术有限公司	广东	3C、锂电、光伏	标准化和定制化的自动化设备及整体工厂自动化解决方案	目前主要有全自动汽车手柄打磨机、全自动手机外壳打磨抛光机、单机自动化设备、自动化流水线以及智慧工厂整体改造

排名	公司名称	区域	服务行业	解决方案	主要业绩
70	浙江瑞晟智能科技股份有限公司	浙江	服装、家纺等缝制行业	为工业生产企业提供数字化、信息化的生产传输、物流、仓储管理系统	参与建设九牧王西裤智能制造生产车间项目;向大杨集团提供的悬挂式仓储分拣系统设备等
71	苏州澳冠智能装备股份有限公司	江苏	风力发电、工程机械制造等	机器人自动化焊接工作站、机器人自动化生产线	产品以金属结构件、机器人工作站为主,金属切割部件、金属切割服务客户订单增加
72	昆山迈致治具科技有限公司	江苏	消费电子、汽车、食品、医疗及新能源等	专业从事自动化测试设备及提供全面解决方案,产品广泛应用于消费电子、汽车、食品、新能源等多个领域	其开发的电子智能检测设备及自动化生产线,具备对PCB、FPC、光电元件及整机等相关领域全方位技术检测能力
73	深圳连硕自动化科技有限公司	广东	3C电子	工业机器人系统集成解决方案供应商,提供平板显示器件生产工艺优化的自动化装备,3C产品零配件的精密加工处理装备与自动化组装系统等	成功研发提供数十款工业机器人产品以及工业机器人集成应用方案,如MGU(电子手刹电机齿轮单元)自动线、Iwatch自动上下料测试设备等
74	浙江田中精机股份有限公司	浙江	3C、汽车、家电、医疗、物流等	提供包括数控自动化生产设备的设计、生产、安装、检测、售后服务在内的一体化解决方案	在电子线圈生产设备制造领域具有突出的行业品牌优势,主要客户有立讯精密(昆山)有限公司、信维通信(江苏)有限公司、日本电产汽车马达(浙江)有限公司等
75	苏州德迈科电气有限公司	江苏	食品饮料、精细化工、生物制药、电商物流、电子、汽车、机加工、基础设施等	提供过程自动化、生产线自动化、机器人智能装备和智能包装、物流等一站式智能制造解决方案	客户主要为国内外知名的消费品、食品饮料、电商物流、汽车及工程设备等领域企业,如3M、玛氏食品、百事食品、亿滋食品、GE、杜邦、阿尔斯通、京东、富士康、蔚来汽车等

续表

排名	公司名称	区域	服务行业	解决方案	主要业绩
76	巨轮智能装备股份有限公司	广东	轮胎行业等	提供车铣一体化柔性生产线、自动化电极柔性生产线等工业机器人及智能生产线解决方案	工业机器人与智能制造系统控制及集成技术研发和应用项目荣获广东省测量控制与仪器仪表科学技术一等奖,被广东省工业和信息化厅认定为广东省战略性新兴产业骨干企业
77	中船重工鹏力(南京)智能装备系统有限公司	江苏	家电、汽车、船舶、海洋工程、工程机械、石油石化、铁路车辆、核电、风电等	提供大中型智能装备系统集成整体解决方案,构建高效智能的"智慧制造系统"	与海尔、格力、西门子等业内巨头建立合作关系,承接了海尔空调智能装配线、风电大型结构件智能装配及焊接系统、热水器热泵智能制造系统、冰箱压缩机智能制造系统等千万级项目
78	广东东博自动化设备有限公司	广东	3C、锂电	主要提供聚合物锂电池 PACK 全自动产线设备、新能源动力电池 PACK 全自动产线设备、CCD 焊点检测机、自动化产线完全解决方案	以效率快、精度高得到了客户的认可,与飞毛腿集团建立了深度战略合作伙伴关系
79	中国科学院沈阳自动化研究所	辽宁	军工、航空航天等	主要从事先进制造和智能机器、机器人学应用基础研究、工业机器人产业化、水下智能装备及系统、特种机器人、工业数字化控制系统、无线传感与通信技术、新型光电系统、大型数字化装备及控制系统等研究与开发	承接中国航天科工四院南京晨光集团"航天产品总装智能车间"项目、中国兵器晋西工业集团某发动机智能总装生产线项目等

续表

排名	公司名称	区域	服务行业	解决方案	主要业绩
80	厦门航天思尔特机器人系统股份公司	福建	军工、汽车制造、工程机械、石油装备、电力产品、机床管理、压力容器、卫浴产品、通用五金等	提供机器人系统集成及智能高端装备，为用户提供最佳的自动化解决方案	已累计制造5000多套自动化装备,客户包括 ABB、戴尔、日立、海尔、中车、九牧、路达、华联、忠旺、三一、江铃、徐工等知名企业
81	深圳市佳士科技股份有限公司	广东	船舶制造、石油化工、工程机械、车辆制造、压力容器、铁路建设、五金加工等	为客户提供有竞争力的焊接整体解决方案	国内少数能够实现焊割设备规模化生产的企业之一。在产品和品牌、技术研发、销售渠道、生产制造、产品检测等方面具有明显优势
82	广东汇兴精工智造股份有限公司	广东	卫浴、家电、新能源、LED、食品等	智能制造自动化系统集成、智慧工厂整体解决方案、生产自动化与信息化深度融合解决方案	截至2019年12月,其家电智能生产线、陶瓷马桶存胚、组装、试水、老化生产线等9项产品被认定为广东省高新技术产品
83	湖北国瑞智能装备股份有限公司	湖北	汽车及零部件	提供机器人系统集成及自动化智能装备生产线	具备汽车总装、冲压、焊装、涂装四大工艺输送设备及发动机、车桥、变速箱、轮胎线装配输送线的总包设计、制造、安装调试能力,提供交钥匙工程,客户包括华达汽车、大福中国、吉利汽车等
84	浙江智昌机器人科技有限公司	浙江	汽车及零部件、家电、3C电子等	提供群智机器人智能工厂解决方案	在机械制造、纺织印染、金属冶炼、家具等行业领域建立了大量优质案例,与江苏兴达集团、福田实业集团、郑煤机集团、南方有色集团、中集集团、江丰电子、更大集团、申菱电梯等行业龙头企业建立了长期稳定的合作关系

续表

排名	公司名称	区域	服务行业	解决方案	主要业绩
85	江苏汇博机器人技术股份有限公司	江苏	通用设备制造业	专注于机器人控制器,覆盖机器人核心部件、单双臂机器人和智能工厂生态网络三大高端智能制造业务领域	旗下广东汇博的"卫生洁具高效生产的机器人集成智能产线关键技术与应用项目"获得2019年度广东省科技进步奖二等奖
86	广东鑫光智能系统有限公司	广东	家电、家居、金属材料等	主要提供以机器人为载体的智能制造单元及产线自动化改造和智能工厂解决方案	服务过的客户包括美的、格力、顶固、欧派、海尔、TCL等
87	宁夏巨能机器人股份有限公司	宁夏	汽车、航空航天、军工、船舶、轨道交通、新材料、石油化工等	智能化生产线、少人化零部件加工工厂综合解决方案	成功为国内多家企业提供了700多条自动化生产线,客户包括一汽汽车、长城汽车、天津一汽、东风日产、中国一拖等
88	上海浩亚智能科技股份有限公司	上海	汽车等	为汽车制造、工业装备生产、物流配送等领域提供自动化输送系统解决方案	西门子集团FA部门的白金系统集成合作伙伴;长期服务于包括华晨宝马、天奇股份、上汽大众、上汽大通、上汽通用、理想制造、西门子、一汽集团、上海航天及拜腾汽车等在内的优质客户
89	黄石邦柯科技股份有限公司	湖北	铁路行业	致力于铁路智能安全监控系统、铁路检测检修自动化系统、仓储与物流自动化系统及系统集成控制软件的研发设计、生产销售、维保服务	先后参与动车组检修基地、客专基地、和谐大功率机车检修基地、北京南口斯凯孚铁路轴承有限公司、广佛地铁等项目的配套设备建设
90	哈尔滨三迪智能装备有限公司	黑龙江	汽车及其零部件行业	致力于汽车试验检测设备、省力搬运设备及与流体控制技术相关的非标设备研发和生产	已服务了广汽集团、吉利控股、长城汽车、江铃集团新能源、李尔、一汽-大众等汽车行业知名企业

续表

排名	公司名称	区域	服务行业	解决方案	主要业绩
91	济南奥图自动化股份有限公司	山东	汽车	专注于工业机器人成套装备及生产线的系统集成,致力于为制造行业提供全面优质的自动化集成服务	成功交付襄阳东昇机械 1000 吨高速六轴冲压自动化生产线、日照兴业汽车配件 5000T 大梁冲压自动化生产线等项目
92	青岛宇方机器人工业股份有限公司	山东	汽车、家电	提供行业领先的工业 4.0 解决方案,并致力于为客户打造数字化工厂	承接一汽高端品牌红旗轿车新车型焊装 HE 项目
93	江苏金恒信息科技股份有限公司	江苏	钢铁、化工、有色金属、装备制造、水务等	聚焦工业 ICT,以冶金机器人、工业 AI 技术、智能制造解决方案与数字化产品,为企业提供数字化、智能化转型服务	在国家大力推动智能制造政策的驱动下,冶金机器人集成与服务、自动化项目实施及服务业务量迅速扩大
94	宁波江宸智能装备股份有限公司	浙江	汽车及零部件	主要从事汽车动力总成、新能源汽车电池、车身焊接、轴承等自动化装配检测生产线的研发、制造、安装调试及服务,为客户提供整体解决方案	已积累了上汽集团、沃尔沃、北汽集团、昌河汽车、万向集团等知名客户
95	武汉人天包装自动化技术股份有限公司	湖北	食品、饮料、乳品、盐化工等	专注于全自动包装生产线主机和线体集成业务,以贯穿从规划到交付的全流程专业服务来帮助客户高效完成自动包装生产线的建设	在食品、粮油、调味品、乳品、医药等领域拥有雀巢、伊利等高质量客户群
96	连云港杰瑞自动化有限公司	江苏	汽车零部件加工、轨道机车零部件加工等	提供工业机器人系统集成、数字化车间等解决方案	成功中标重庆建设工业(集团)有限责任公司"4000T 热模锻生产线"项目、沙钢集团智能仓储项目等

续表

排名	公司名称	区域	服务行业	解决方案	主要业绩
97	沈阳蓝英工业自动化装备股份有限公司	辽宁	橡胶和塑料制品业、电力、钢铁、水利、发电、建材、造纸、矿山、轨道交通等	提供包括输送、移载、分拣、堆码垛、立体化仓库、工业机器人、控制系统和管理系统在内的物流自动化系统的完整解决方案	承接万力轮胎自动化物流系统项目、玲珑轮胎数字化工厂项目等
98	重庆机电控股（集团）公司	重庆	基础工业、化工、环保、能源等	主要提供高精智能产品、离散型智能工厂设计以及传统产业自动化、智能化整体解决方案	承接重庆盟讯科技智能工厂建设以及三峰卡万塔垃圾焚烧炉关键装备焊接工作站等
99	苏州通锦精密工业股份有限公司	江苏	汽车零部件制造、纺织机械、军工装备、5G行业等	为客户制定自动化整机和运动控制系统,提供一站式自动化系统解决方案,实现自动化、无人化、绿色化工业生产线	目前已与吉利汽车、三一、大众、长安工业、比亚迪等建立了合作关系
100	广东天机工业智能系统有限公司	广东	汽车、服装、纺织等	"制鞋及成衣无人化工厂"整体解决方案等	天机智能的 JABCO 自动检测组装上下料设备被认定为广东省高新技术产品

备注:

(1) 智能工厂非标自动化集成商是指面向特定行业,以交付非标自动化产线为主,且与工业机器人等自动化、智能化装备的应用相结合,可为智能工厂建设项目提供交钥匙工程或 EPC 总包服务的自动化解决方案供应商。

(2) 若上市公司非标自动化系统集成业务以旗下单一子公司为业务主体,则仅统计其子公司;若上市公司及其多家子公司均涉及非标自动化系统集成业务且合并报表,则仅统计上市公司。

(3) 榜单由 e-works 基于公开信息及调研所得,部分企业不愿意提供相关信息或参与排行,故未列入榜单。

智能制造趋势与策略课程

5G 与智能制造

产品创新数字化技术发展与应用趋势

智能工厂建设与规划策略

智能制造热点与 MES 应用

中国标杆智能工厂建设观察

部分名词缩略语中英文对照

AGV(automated guided vehicle)自动导引小车

AI(artificial intelligence)人工智能

AM(additive manufacturing)增材制造

APC(advanced process control)先进过程控制

APM(assets performance management)资产性能管理

APS(advanced planning and scheduling)高级计划与排程

AR(augmented reality)增强现实

ASIC(application specific integrated circuit)专用集成电路

B/S(browser/server)浏览器/服务器

BI(business intelligence)商业智能

BIM(building information modeling)建筑信息模型

BOM(bill of material)物料清单

BPM(business process management)业务流程管理

C/S(client/server)客户端/服务器

C2B(customer to business)消费者到企业

CAE(computer aided engineering)计算机辅助工程

CAN(controller area network)控制器局域网络

CAPP(computer aided process planning)计算机辅助工艺规划

CIM(computer integrated manufacturing)计算机集成制造

CIMS(computer integrated manufacturing systems)计算机集成制造系统

CNC(computer numerical control)计算机数控

CPS(cyber-physical systems)信息物理系统

CRM(customer relationship management)客户关系管理

DCS(distributed control system)分布式控制系统

DMS(distribution management system)配送管理系统

DNC(distributed numerical control)分布式数控

DPS(digital picking system)摘取式拣货系统

EAI(enterprise application integration)企业应用集成

EAM(enterprise asset management)企业资产管理

EBM(electron beam melting)电子束熔化

ECAD(electronic computer aided design)电气设计

EDA(electronic design automation)电子设计自动化

EDI(electronic data interchange)电子数据交换

EDM(electronic data management)电子数据管理

EMS(energy management system)能源管理系统

EP(enterprise portal)企业门户

ERP(enterprise resource planning) 企业资源计划

ESB(enterprise service bus)企业服务总线

ETO(engineering-to-order)按订单设计

FCS(fieldbus control system)现场总线控制系统

FDM(fused deposition modeling)熔融沉积成型

FMS(flexible manufacture system)柔性制造系统

FPGA(field programmable gate array)现场可编程门阵列

GIS(geographic information system)地理信息系统

HCM(human capital management)人力资本管理

HMI(human machine interface)人机界面

IaaS(infrastructure as a service)基础设施即服务

ICS(industrial control system)工业控制系统

ICT(information and communications technology)信息与通信技术

IETM(interactive electronic technical manual)交互式电子技术手册

IIoT(industrial internet of things)工业物联网

IPMC(intelligent platform message control)智能平台管理控制模块

IT(information technology)信息技术

JIS(just in sequence) 准时化顺序供应

JIT(just in time) 准时制生产方式

KPI(key performance indicator)关键绩效指标

LIMS(laboratory information management system)实验室信息管理系统

LOM(laminated object manufacturing)分层实体制造

M2M(machine to machine)机器与机器互联

MBD(model-based definition)基于模型设计

MBE(model-based enterprise)基于模型的企业

MBSE(model-based systems engineering)基于模型的系统工程

MCAD(mechanical computer aided design)计算机辅助机械设计

MDC(manufacturing data collection)机器数据采集

MDM(master data management)主数据管理

MES(manufacturing execution system) 制造执行系统

MOM(manufacturing operations management)制造运营管理

MR(mixed reality)混合现实

MRO(maintenance,repair & operations)维护、维修和运行

MRP(material requirement planning) 物料需求计划

MRPⅡ(manufacturing resource planningⅡ) 制造资源计划

MTO(make-to-order)按订单生产

NB-IoT(narrow band internet of things)窄带物联网

OA(office automation)办公自动化

OEE(overall equipment effectiveness)设备综合效率

OLE(overall labor effectiveness)整体劳动力效能

OPC(OLE for process control)用于过程控制的 OLE

OT(operational technology)运营技术

PaaS(platform as a service)平台即服务

PDM(product data management) 产品数据管理

PLC(programmable logic controller)可编程逻辑控制器

PLM(product lifecycle management)产品生命周期管理

PM(preventive maintenance)预防维修

PM(project management)项目管理

PMC(production material control)生产计划与物料控制

QMS(quality management system)质量管理系统

RFID(radio frequency identification)无线射频识别

RGV(rail guided vehicle)有轨穿梭车

RTU(remote terminal unit)远程终端单元

SaaS(software-as-a-service)软件即服务

SCADA(supervisory control and data acquisition)数据采集与监视控制

SCM(supply chain management)供应链管理

SKU(stock keeping unit)库存量单位

SLA(stereo lithography appearance)光固化成型技术

SLM(selective laser melting)选区激光熔化

SLM(simulation lifecycle management)仿真生命周期管理

SLS(selective laser sintering)选择性激光烧结

SMT(surface mounted technology)表面贴装技术

SPC(statistical process control)统计过程控制

SPS(set parts supply)零件分拣系统

SRM(supplier relationship management)供应商关系管理

TMS(transport management system)运输管理系统

TPM(total productive maintenance)全员生产维护

TSN(time sensitive networking)时间敏感网络

VMI(vendor managed inventory)供应商管理库存

VR(virtual reality)虚拟现实

WCS(warehouse control system)仓库控制系统

WMS(warehouse management system)仓库管理系统

3DP(three dimensional printing)三维打印/3D 打印

参 考 文 献

[1] 王菅,臧易非. 工业自动化控制技术的发展与应用[J]. 中国新技术新产品,2018(10):
   22-23.

[2] 卢川,巩潇,周峰. 工业控制系统历史沿革及发展方向[J]. 中国工业评论,2015(10):
   38-47.

[3] 饶志波. 国产 PLC 发展任重道远[J]. 自动化博览,2020,37(4):22-23.

[4] 黄焕袍. 智能制造背景下 DCS 未来发展四大趋势[J]. 自动化博览,2020(10):27.

[5] 工控网. SCADA 市场需求持续向好,原因何在?[EB/OL]. (2020-05-08)[2021-03-01].
   https://mp. weixin. qq. com/s/66KYj8nbgJ2PTtPuY2hmlA.

[6] 郑辉. 传感器技术在工业自动控制系统中的应用[J]. 内燃机与配件,2019(22):198-199.

[7] 刘丁. 制造系统智能控制技术[EB/OL]. (2018-11-06)[2021-03-01]. https://mp. weixin.
   qq. com/s/zapOFlfMywrGn5aFS9i-Wg.

[8] Credit Suisse. Global Industrial Automation Industry Primer(2019)[R]. Zurich:Credit
   Suisse,2019.

[9] 王建民. 中国工业大数据技术与应用白皮书[Z]. 北京:工业互联网产业联盟(AII),2017.

[10] 李杰. 工业大数据:工业 4.0 时代的工业转型与价值创造[M]. 北京:机械工业出版社,
   2015:147-149.

[11] 中国信息通信研究院,中国人工智能产业发展联盟. 人工智能发展白皮书技术架构篇
   (2018 年)[R]. 北京:中国信息通信研究院,中国人工智能产业发展联盟,2018.

[12] 彭健. 人工智能的关键性技术[J]. 互联网经济,2018(12):46-51.

[13] 胡中扬. 7 大增材制造技术大盘点[EB/OL]. (2018-9-30)[2021-03-01]. https://mp.
   weixin. qq. com/s/8XARyAsbKz8a3ql1_dv-mA.

[14] 周松. 基于 SLM 的金属 3D 打印轻量化技术及其应用研究[D]. 杭州:浙江大学,2017.

[15] 林峰. 电子束粉末床熔融技术研究进展与前瞻[J]. 新经济导刊,2019(1):35-39.

[16] 于灏,黄瑶. 为什么要发展增材制造?(下)[J]. 新材料产业,2014(5):22-29.

[17] 吴星星. 2019 中国增材制造行业发展观察[EB/OL]. (2019-06-06)[2021-03-01]. https://
   articles. e-works. net. cn/3dp/Article143882. htm.

[18] 吴星星. 增材制造服务产业迎来发展新契机[EB/OL]. (2020-02-21)[2021-03-01].
   https://articles. e-works. net. cn/viewpoint/article145701. htm.

[19] 吴星星. 国产金属增材制造设备厂商巡礼[EB/OL]. (2021-03-09)[2021-05-20]. https://
   articles. e-works. net. cn/3dp/article148173. htm.

[20] 中国增材制造产业联盟. 中国增材制造产业发展报告(2017 年)[R]. 杭州:中国电子信息
   产业发展研究院,2017.

[21] Gartner. Artificial intelligence,machine learning,and smart things promise an intelligent
   future[EB/OL]. (2016-10-18)[2021-03-01]. https://www. gartner. com/smarterwithgartner/
   gartners-top-10-technology-trends-2017/,2016.

[22] Gartner. Artificial intelligence,immersive experiences,digital twins,event-thinking and
   continuous adaptive security create a foundation for the next generation of digital business
   models and ecosystems. [EB/OL]. (2017-10-03)[2021-03-01]. https://www. gartner.

com/smarterwithgartner/gartner-top-10-strategic-technology-trends-for-2018/,2017.

［23］ Gartner. Blockchain，quantum computing，augmented analytics and artificial intelligence will drive disruption and new business models.［EB/OL］.（2018-10-15）［2021-03-01］. https：//www. gartner. com/smarterwithgartner/gartner-top-10-strategic-technology-trends-for-2019/,2018.

［24］ 李巍.虚拟现实技术的分类及应用[J].无线互联科技,2018,15(8)：138-139.

［25］ 刘华益,汪莉,单磊,等.虚拟现实产业发展白皮书［R］.北京：中国电子技术标准化研究院,2016.

［26］ 中国信息通信研究院.虚拟（增强）现实白皮书（2017 年）［R］.北京：中国信息通信研究院,华为技术有限公司,2016.

［27］ 代锐,彭菲菲.3D 虚拟现实（VR）技术在生产工艺开发上的应用[J].精密成形工程,2016,8(6)：107-110.

［28］ 王龙江,荆旭.虚拟现实技术在汽车设计中的应用[J].农业装备与车辆工程,2006(11)：7-9.

［29］ 费敏锐,王滔.虚拟现实技术及其在工业工程中的应用[J].微计算机信息,2000(4)：3-7.

［30］ 吴星星.海克斯康：从精密测量走向智能制造的广阔天地［EB/OL］.（2020-08-11）［2021-03-21］. https：//www. e-works. net. cn/interview/leader_893. htm.

后　　记

本书是一本面向制造企业推进智能制造实践的参考书。制造业细分行业众多，千差万别，所以"兵无定法"，企业需要应用各种新兴技术，结合行业特质和企业的实际情况，来确定智能制造的整体规划和实施方案。

推进智能制造是一个理论结合实践，不断学习、探索和实践的过程。同时，也是一段持续改善的旅程。一方面，各类数字化、自动化和智能化新兴技术不断涌现，给企业带来了新的机遇；另一方面，大多数制造企业利润率较低，投资能力有限。因此，制造企业推进智能制造，既要"仰望星空"，又要"量力而行"。

推进智能制造需要构建健康和谐的生态系统。对于制造企业而言，要真正把自己选择的各类智能制造厂商当作合作伙伴，而不是简单的供应商，需要树立平等合作的观念。对于智能制造厂商而言，需要真正把同行当作"友商"，而非竞争对手；智能制造厂商应当明确自身的行业和领域定位，在细分行业和领域做深做透，形成差异化；智能制造厂商之间，实际上是合作大于竞争。智能制造厂商应当加强生态合作的理念。现在很多大厂商都谈生态，但实际上更多地还是发展自己的渠道体系，这种生态是星形结构，以某个厂商为中心，还不是完整意义上的生态系统。智能制造的生态系统应该是网状结构，厂商之间、厂商和企业之间平等合作。构建智能制造生态系统，中立的第三方专业服务机构可以担当重任。

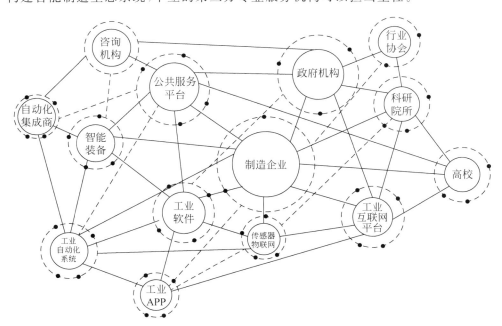

网状结构的智能制造生态系统

当前,智能制造推进如火如荼,各行业都出现了一批真正取得成效的标杆智能工厂。2021 年 3 月,e-works 正式评选出 100 家 2020 中国标杆智能工厂。这些企业积极应用人工智能技术赋予工厂工业大脑,开始应用 5G 通信支撑工厂"万物互联",VR/AR 为智能工厂建设开启了新的视角与体验,工业互联网应用助力生产模式变革,工业大数据为工厂挖掘"不可见世界"的价值。这些标杆企业,为广大制造企业建立了榜样。本书的"附录 1"中介绍了详细的榜单内容。

伴随着智能制造的热潮,我国智能工厂非标自动化集成商迅速成长。e-works 连续第二年发布了《中国智能工厂非标自动化集成商百强榜》,为制造企业以及自动化厂商选择非标自动化集成商开展合作提供了指南。本书的"附录 2"中介绍了详细的榜单。

本书是 e-works 智能制造服务实践的"不完全"总结,编委会包括 e-works 长期从事智能制造知识传播、产业研究和咨询服务的业务骨干。大家结合长期的实践经验,从多个角度分享了对智能制造前沿趋势、关键技术、市场动态、实施策略的理解,并概要介绍了 e-works 智能制造评估诊断与咨询服务的方法论。

本书在撰写过程中,得到了中国工程院李培根院士等专家的指导和清华大学出版社的大力支持,在此深表感谢! 同时,限于作者的视野和时间,本书还存在一些疏漏和值得商榷之处,欢迎读者提出宝贵意见和建议。